U0372695

广州锦纶会馆整体移位保护工程记

广州市文化局编

中国建筑工业出版社

编辑委员会

序

锦纶会馆创建于清雍正元年（1723年），是广州市级文物保护单位。原坐落于广州西关的下九路西来新街21号，是一座三进三路的砖木结构宗祠式建筑，因建设康王路，整体移位到其北面约百米的华林寺东邻。移位工程在2001年8月18日启动，先从南向北平移80.04m，然后顶升1.085m，转轨，再由东向西平移22.40m，9月28日凌晨5时会馆整体成功地移位到今天的新址。这座不可移动文物的“搬家”保护创下了两项可载入史册的记录：一是在我国砖木结构的古建筑中把上部结构连同基础一起整体移位的尚属首例；二是在整体移位过程中，包括了平移、升高（顶升）、转向（转轨）再平移这样的复杂的技术，且取得圆满成功，这在国内和国际上也属第一次。

研究锦纶会馆维修保护的问题始于6年之前。其时，我在广州市政府分管城市规划、建设管理工作，并兼任广州市文物管理委员会主任。根据市政规划要在城西开辟一条南北贯通的康王路，以舒缓上下九路一带繁闹商业区的交通压力，锦纶会馆适处于规划路线当中。文物要保护，市政建设也急不容缓，这是个棘手的问题，怎样解决？当然，市政建设应考虑尽可能地为文物保护让路，但文物保护早有“重点保护、重点发掘”、“既有利于文物保护、又有利于经济建设”（简称“两重”、“两利”）的方针、原则可循。我们首先听取专家学者们的意见。专家分析研究了这座会馆的价值所在，认为：锦纶会馆虽然从其建筑形制特点来看，与珠江三角洲乡镇中一般的宗祠无异，不属罕有，但它是广州现存惟一的一座基本保存完好的行业会馆，当时在广州与它齐名的如梨园会馆、八和会馆、银行会馆、眼镜公所（会馆别称）、钟表公所等行业会馆，早已凋零或湮没了，独锦纶会馆幸存；其次，它是见证广州丝织业发展从明清时的鼎盛到后来式微的历史遗迹，在广州现存的海上丝绸之路历史文物中也显得重要；还有，会馆中保存有19方石碑，这些碑刻资料对研究我国近代经济发展中的资本主义萌芽有其重要价值，而且还填补了锦纶会馆不见于地方史志记载的空白。所以，它是广州历史文化名城一份珍贵的文化遗产，应切实保护。我们要对锦纶会馆作出重点保护，这是毫无疑问的了。但如何选取可行的、最佳的保护方案？把多次专题研究会中听取的各方意见汇集起来，得出3种方案：一是会馆原地保护，道路可在其前后分由两侧绕行；二是原址不动，道路从下面穿行；三是会馆先拆除，再易地重建。我们考虑选用的方案必须从“文物工作贯彻保护为主、抢救第一”的方针着眼，看它是否能够最大限度地保护文物建筑本体的原真性，能否安全地、高质量地对文物进行保护，这是首选条件。当初，我曾考虑采用原地保护，通过下沉隧道或两侧绕行的第一、二两方案，但经专家及工程技术人员研究，都因其周边环境所限而不可行；就算有条件实施，当道路开通之后，会馆被夹在中间，也不利于保护与利用。至于第三方案的先拆除再易地复建，虽属省事易行，但与这座有重要价值的文物建筑重点保护的要求相悖。此外，我们还要深一层考虑，这座会馆除了以上所列举的文物价值之外，就是建筑物本体的台基、墙体全用富有地方风格的麻石、大青砖、木料，以传统手法砌造的，其中的木构、釉陶瓦脊、灰塑、木雕等建筑装饰也保留了许多南方地区早期的建筑传统，它的一砖一瓦、一木一石都是珍贵的，若拆除再建，会给各种建筑构件造成损坏以至毁失，必定会失却其原真性，实不可取。那么，可否改用整体移位、易地保护的方案？回答是肯定的。尽管要将锦纶会馆整体移位，其技术难度极高，但广州市拥有这方面的优秀专家，拥有经验丰富的技术人员和成熟的施工队伍，如此雄厚的技术力量，足以确保锦纶会馆能顺利整体移位。

当时，适逢广西北海市因道路建设将一座原为英国领事馆的砖石结构建筑物整体移位、易地保护。有这个成功的实例可资借鉴，于是有关部门委托广州大学建筑设计研究院作进一步研究，该院提出了《广州市荔湾区康王路工程中锦纶会馆平移可行性研究报告》，后由广州市鲁班建筑防水补强有限公司承担了锦纶会馆整体移位工程的设计和施工，再经过有多个职能部门和众多专家的参与论证与补充后，报经上级文物主管部门批准实施。还有一点我们没有忽略，会馆移位坐落于今址，其环境是否合适？因为我们要移位保护的不仅是古建筑的本体，还有产生它的历史环境、社会背景、地理位置和自然环境等诸因素，这些都不容忽视。我们把会馆移位前与移位后所处位置、其周边的历史环境以及会馆碑刻资料中的相关记载进行新旧环境对比，发现没有太大的变化，而且新址的基础更牢固可靠，移位的选位是合适的。

自20世纪50年代以来，锦纶会馆一直是被作为民宅使用，共有住户30余家。在移位之前，住户虽已全部迁出，但遗下许多后加后建的构筑物还要悉数拆除，再进行原状测绘、拍照、录像等记录工作。由于年久失修，这时我们见到的锦纶会馆已显得相当的残危了。维修工程人员将之比喻为一盘“水豆腐”，如果稍有大的震荡，就会有散架倒塌的危险。如何把这座建筑面积668m^{2}的“水豆腐”，整体移位一段，再顶升1.085m，然后转轨西移22.40m至新址，这个过程务求使建筑本体的各个部位、每个构件都能保持平稳均衡，不得有丝毫的闪失，才可确保其不散不塌，这无疑是摆在我们维修保护工程人员面前的科技难题。此次移位工程的成功，不仅技术上有创新，也为今后的文物保护增添了经验，培养了人才。

历时4年的保护工程，是按先移位后维修，分两步进行的。当整体移位坐落到新址之后，还需要有一段时间进行观测。维修工作始终要遵照“四保存”原则进行：保持会馆原来的平、立面布局形制，保存原结构，保存原材料，保存原工艺特点。经过 15 个月认真细致的修残补缺工作，达到了保持文物原状的要求，2004 年 7 月，修缮工作宣告完成。

可以说，锦纶会馆的保护工程，既尊重传统，又敢于创新。它是采用现代科学技术与传统文物保护技术相结合的成功实例，又是切实贯彻执行“两重”、“两利”方针原则的一个典范。至此，令我们回想起在广州 50 多年文物保护历程中的一些事例。20 世纪 50 年代期间，有些不可移动文物年代较早，是有价值的古建筑，例如南海神庙的大殿，明代遗构的广府学宫大成殿、五仙观前殿等，其时却困于资金与技术条件的缺乏而无力抢救，终被拆毁，今天想起来仍深感可惜。因为文物建筑是历史的产物，它是城市最大的物质性遗产，是不能再生产、再建造的，毁一个就少一个。锦纶会馆有幸保留到今天，采取一切可能的办法对其进行抢救保护，这是我们要尽的责任。

锦纶会馆的维修，在广州市是一项空前的、重大的不可移动文物保护工程。我高兴地得知，当维修工程竣工后，由广州市文化局主持，邀集了参与这项文物保护工作的有关专家、学者、工程技术人员一起共商，把维修保护工程中有关资料汇集起来，整理编纂成册，交付出版，作为向社会公开的文物保护维修报告。我们出版了这本专题报告，保护工程才算完整，这是对历史负责、对社会负责、对未来负责应该做好的实不可少的工作，是有其深远意义的。

广州市副市长
广州市文物管理委员会副主任

2006 年 11 月 28 日

目 录

錦綸會館

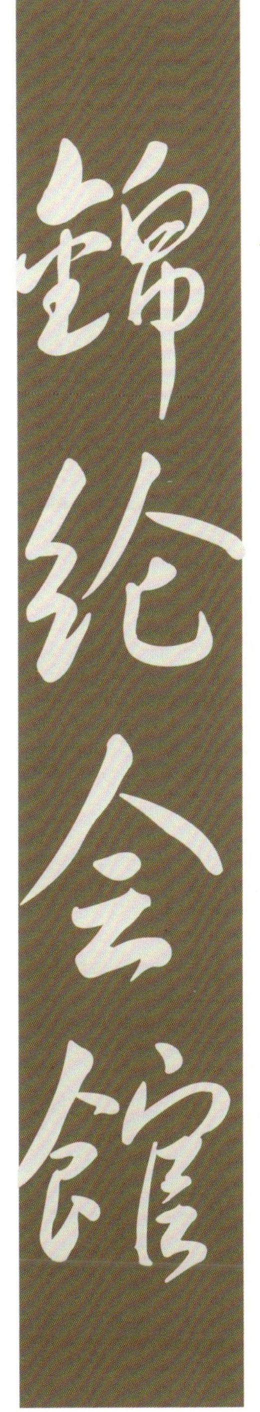

上篇

第 一 章
锦纶会馆保护始末[①]

原位于广州市下九路西来新街的广州市文物保护单位锦纶会馆，始建于清代雍正元年（1723），是广州惟一保留下来的丝织业行业会馆，是反映清代广州丝织行业盛衰的历史物证，更是研究中国传统社会行会制度和资本主义发展问题的重要实物资料（图版 1-1）。2001 年，广州市计划在老城区西关开辟一条南北向 40m 宽的城市干道——康王路。按其设计路线，需要拆除老城区一大片老房子，锦纶会馆适在其中。于是，究竟是让锦纶会馆 “拆迁让路”，还是道路设计适当绕行，以保存会馆建筑成为当时人们非常关注的热点问题。最后，在广州市政府各级领导、政府各部门的大力支持和社会各界的关心下，经过这方面的优秀专家的悉心指导，以及经验丰富的工程技术人员和技术成熟的施工队伍的共同努力，锦纶会馆最终得以整体移位的方式成功保存了下来，再经过文物工作者按照《文物法》“保存文物原状”的原则精心组织修缮，现已对外开放，为城市建设与文物保护提供了宝贵的经验。本人由于工作关系，参与了锦纶会馆保护、移位与修复的全过程，值锦纶会馆整修完成之日，特草此文记其始末。

第一节　锦纶会馆的历史价值

锦纶会馆是清代广州丝织业行会的所在地。明清时期，以广州为中心的对外贸易空前繁荣，丝与丝织品为当时中国与欧洲之间贸易之最大宗的商品之一。从广州出口的丝和丝织品，主要来自当时中国的丝业中心江南地区。但随着广州口岸丝和丝织品贸易的发展，广州本地的丝织业在清代也成为广州地区一个重要的手工行业。在清代广州商业中心西关建立的锦纶会馆（图 1），作为广州地区丝织行业议事和活动的场所，是广州丝织业发展的一个历史见证。据保存于会馆内的乾隆年间《重建会馆碑记》和道光年间《添建碑记》记载，锦纶会

图1　锦纶会馆旧照

① 本章由广州市文化局陈玉环执笔。此文的资料搜集与写作，得到刘春华、黄海妍、胡晓宇三位同事的大力协助，华南理工大学冯建平教授、广州大学汤国华教授和广东民间工艺博物馆的李继光副馆长也给了很好的修改意见，特致深深的谢意！

馆于雍正元年建成后，曾于乾隆二十五年（1760）和嘉庆二年（1797）两次重修，至道光五年（1825）又添建后座和西厅，道光十七年（1837）最终建成。

作为清代以后广州制造业中龙头行业（丝织业）的组织机构，锦纶会馆在广州历史上曾经扮演过非常重要的角色，但在历史文献中，罕见有关锦纶会馆的记载，令人们长期以来对锦纶会馆的历史缺乏了解。在锦纶会馆内，目前仍保存有19方碑刻（图2），这些碑刻内容丰富，是我们了解锦纶会馆的创建和重修、锦纶会馆的内部运作等情况的主要依据。从中可看到明清时期广州丝织行业生产关系的形态。这完整保存下来的19方碑刻还详细记录了锦纶会馆的始建、扩建、重修、供奉的祖师以及行业状况、丝织行业例规等，为研究明清时期广州丝织业的发展和近代化转型，以及广州与世界贸易体系的关系等课题，提供了重要的实物资料（图3）。

由于锦纶会馆是清代广州经济繁荣的重要历史见证，具有重要的历史价值，1997年，作为广州市目前保留下来的惟一一座丝织行业专业会馆，锦纶会馆被市人民政府公布为广州市第五批文物保护单位。

现存的锦纶会馆，是一座面宽三间、深三进、主体建筑和东西两路附属建筑组成的大型祠堂式建筑。1958年，锦纶会馆曾由民政部门接管作为民居，内有30多户人家居住。因年久失修，陶脊缺失，灰塑、墀头砖雕损毁严重；不少住户还在里面搭建了阁楼、厨房炉灶、杂物间，并在承重墙上多处随意打洞开窗等等。幸好这些加建的建筑，较少涉及到对主体建筑的拆改，对建筑主体影响不大，原会馆的建筑格局仍然比较完好地保留下来，其轮廓及历史韵味依然清晰可见。记录会馆历次重修及重要活动的19方碑刻，虽然有少量断裂不全，绝大部分依然完好地镶嵌在原建筑墙体上，其中有部分因被住户后加的建筑所掩盖，遂得以保存下来。

图2　锦纶会馆碑刻照片

图3　锦纶会馆碑刻照片

第二节　锦纶会馆整体移位保护

（一）缘起

有关锦纶会馆的整体移位及其保护问题最早可追溯到1999年。

1999年，为适应广州城市建设的发展，在广州市“三年一中变”工程的实施过程中，市政府与荔湾区政府计划共同修建一条由南至北贯穿老城区西关的交通主干道——康王路。这条道路有40m宽，成为荔湾区内一条高标准的大马路，从东风西路起，穿越西华路、中山七路、下九路等与人民桥相接。它的兴建，对解决西关老城区的塞车现象将起到重要作用。但要修筑这条道路，需要拆除沿线一大片西关老房子，其中最具历史文化价值的锦纶会馆刚好位于长寿路与下九路之间，在规划中的康王路西边线内延20m的位置（图版1–2）。文化名城的保护，讲究的是整体风貌，如能大片、整体地保护、利用当然是最好的，但在无法达到整片修缮保存的情况下，文物部门只能争取把最精华部分保护下来。

因此，新道路应该如何修，如何保留这座有重要历史文化价值的建筑，就成为当时市、区两级政府和有关各部门要面对的一个问题。

1999 年 4 月，在筹备召开第五届文管会会议时，我们向当时分管文物工作的李卓彬副市长和分管文化工作的陈传誉副市长分别作了汇报。两位副市长听了汇报后，都以积极的态度，同意专家就地保护的意见。

1999 年 4 月 22日 上午，广州市文物管理委员会召开第五届全体委员会议，保护锦纶会馆列为会议一项重要的内容，并将李卓彬副市长建议锦纶会馆原地保留，道路绕行的手绘示意图作为一种意见，向各位委员介绍，供大家研究并提出意见。在会上，专家们一致认为，锦纶会馆作为广州市内惟一幸存的行业会馆，不仅具有较高的历史文化价值，而且在建筑技术和艺术上也有重要的价值，应原地保留。专家们还就会馆的保留、保护、工程费用、居民动迁、会馆后续管理和使用等问题，提出了很好的意见。

在此同时，由于道路建设工期紧迫，道路建设部门很快就委托有关单位做了拆除重建的方案，并且开始建筑实测。

广州市文物管理会员会办公室根据文管会第五届全体会议作出的原地保留的意见，着手开始进行了一系列相关的工作，包括：请广州大学在北京古建筑研究所原来测绘的基础上，进行了全面的补充测绘；请专业人员对会馆的历史作了进一步的调查和资料的收集工作；会同规划、建设等部门就保护方案进行了多次的反复的研究。

文管会的“原地保护、道路绕行”方案提出后，建设部门认为，若实行这个方案，需要拆除会馆西侧一栋五层旧楼，涉及动迁太多，道路绕行的办法不能被接受。文物部门充分理解绕行方案实施的困难，而且绕行道路开通之后，对文物建筑的保护与利用定必带来影响。从实际出发，文物部门与有关专家重新研究新的保护方案，提出可否采取道路下穿，文物建筑原地保留的办法，并请广州大学建筑设计研究院帮助制定道路下穿建筑原地保护方案，提交给建设部门考虑。建设部门研究后认为，若采取道路下穿方案，出入隧道口的道路南北拉出位置不够，建筑原地保护技术难度高，且资金投入巨大，认为不宜采取下穿办法，应采取拆卸易地重建的方式进行保护。

文物管理部门在与规划部门、建设部门就锦纶会馆保护事宜展开了多次研究磋商，在意见不能统一的情况下，于 2000 年 1 月 19 日再次提交给广州市文物管理委员会举行的五届二次会议上讨论，会议作出决定：锦纶会馆采用整体移位的方式保护，并根据文物的性质及其所处的社会历史环境，提出迁移地点应就近选择，使其保留在它原来所处的历史人文地理环境之中。

（二）各方声音

广州市文物管理委员会作出以整体移位方式保护锦纶会馆的决定后，引起政府不同部门以及社会各方的关注，出现了各种不同的声音。在各种不同的会议上，人们提出了种种不同的意见，甚至在大众传播媒体上也议论纷纷，各种反对的意见，归纳起来，大致有几种理由：

① 锦纶会馆从建筑上看没有太特别之处，不过是明清时期普通的房子，不值得花巨资保存；

② 会馆已经长期用作民用住宅，受损严重，加上是砖木结构，犹如一块水豆腐，移动过程有倒塌之虞；有建筑专家甚至认为，锦纶会馆本身是危房，移位的过程就是破坏的过程，认为这样折腾，对于保护会馆是危险之举；

③ 锦纶会馆的历史意义有多大只是少数人的观点，用纳税人的钱去做是一种浪费；

④ 康王路工期紧迫，如要移位，势必影响整个修路工程，等等。

面对这些声音，道路建设部门也倾向于采取“拆卸复建”的做法。但作为广州市的文物行政管理部门，市文化局则认为：锦纶会馆建于广州在近代世界贸易体系中地位最为重要的时期，锦纶会馆兴盛之时，也是广州在世界上声誉最为显赫的时期。锦纶会馆不但见证了广州在世界历史上的重要地位，而且见证了广州在资本主义世界体系运行中经历的经济转变和社会变迁，虽然这个时期广州在商业、手工业和农业的发展上已经走在了全国的前列，以丝织业等出口加工业和对西方世界的出口贸易，缔造了广州历史最为辉煌的一页，但在广州现存建筑中，反映这一历史的同类建筑，已经非常罕见，因此锦纶会馆的历史文化意义远远超出其建筑价值。这座建筑的外观虽然可能不甚起眼，却是广州历史文化名城的精华部分，在中国历史以至世界历史上，都有其不可取代的地位，这不单是广州人民的历史遗产，而且是人类的重要历史文化遗产，无论有什么困难，应以尽可能原址原貌保护的方式加以保护，这是我们的责任。

在原地保护、道路绕行和道路下穿以保存建筑等几个方案都被否决的情况下，广州市文化局提出了原地整体移位的办法，并依据《文物保护法》的规定，文物保护单位的拆除、迁移，须由原公布的人民政府批准，并报上一级文物行政部门备案，办理审批程序。文化局为此去函报请市政府，提出锦纶会馆整体移位的方案。同时积极主动地向李卓彬和陈传誉两位副市长详细汇报整体迁移的想法，取得他们的同意。两位副市长指示，在认为有把握、做好方案、经过可行性论证后，可采取整体迁移的保护办法。

文物行政管理部门和文物专家们一再坚持对锦纶会馆实施整体移位的要求，也引起建设部门的重视。2001年1月10日，在由市建委召开的“康王路建设协调会”上，市建委要求文化局组织有关设计单位在2月上旬之前完成会馆整体移位的可行性方案，方案中还必须包括投资概算和工期指标，设计费用由康王路项目支付。然后再由市建委牵头召开专家评审会，对拆卸复建与整体移位方案进行综合经济技术指标评审，选出可实施方案后，立即进行锦纶会馆的迁建工作，力争3月中旬交出场地给康王路下穿隧道施工。

会议结束后，由于临近春节，为了避免在做方案的过程中锦纶会馆发生安全事故，我们多次与荔湾区道路扩建工程办公室，商量加强安全防范，确保锦纶会馆及内部文物的安全。同时，又委托广州大学建筑设计研究院加紧做《锦纶会馆整体移位可行性研究报告》。

（三）整体移位方案的确定

2001年2月3日，广州大学建筑设计研究院完成了《广州市荔湾区康王路工程中锦纶会馆整体移位可行性研究报告》，报告根据对锦纶会馆的全面检测和移位所经路线上的地质勘探结果，对房屋进行必要的加固（包括临时支撑）和对移位的下轨道进行地基处理后，便可实施移位施工。他们提供了两个详细的施工方案，并提出为对文物保护负责，可以首先把锦纶会馆本体加固，整体移位若干米后，再原状修缮。

我们首先邀请有关方面和建筑、文物专家对报告进行研究，专家们认为，该报告基本上是可行的，作补充修改后可以实施。广州大学的汤国华教授等专家给予我们工作极大的支持，夜以继日将可行性研究报告修改完善。

随后，市文化局于2月12日致函市建委，请求由市建委组织专家就锦纶会馆整体移位可行性研究报告进行审议。3月14日，由市建设科技委办公室与荔湾区道路扩建工程办公室共同组织，市建委邓汉英副主任主持召开了“锦纶会馆整体移位可行性研究报告评审会”，参加会议的有：市建设科学技术委员会的有关专家、文物保护专家及市建委城建处、科技设计处、建筑业管理处、市规划局、市国土局、市道路扩建工程办公室、市文化局、荔湾区人民政府、广州大学建筑设计研究院、广州园林建筑工程公司等单位的领导和有关人员。会议首先由专家们审议广州大学建筑设计研究院提出的平移方案。经过认真审议，专家们提出了许多宝贵的建议，华南理工大学吴仁培教授首先表示整体移位是可行的，但该建筑物已弱不禁风，且无整体性可言，犹如一块水豆腐。因此，必须采用特殊技术措施才能确保安全，其中关键是应先对建筑物作捆紥加固，然后在其下制作一个刚强的兜底托盘等等。专家们最后一致同意采用整体移位方案。会上形成的10条补充意见，其中第一条就是：“原则上同意整体移位的初步方案，并建议整个会馆（包括左、中路）为一体进行整体移位，整体移位路线宜取折线（即与建筑轴线正交）的整体移位方式实施，并由广州市鲁班建筑防水补强有限公司根据专家意见制定具体平移设计方案和施工组织方案。”

根据《文物保护法》要求，为了尽快进入实施工程，市文化局随即抓紧做好报批手续，分别于3月15日和3月22日 就迁移市级文物保护单位锦纶会馆的问题请示广州市政府和广东省文化厅，很快得到了广州市人民政府和广东省文化厅的批准。至此，关于锦纶会馆整体移位保护的决定和实施方案总算尘埃落地。

负责锦纶会馆整体移位的设计和施工单位是广州市鲁班建筑防水补强有限公司。锦纶会馆整体移位方案得到政府及有关部门的正式批准后，我们又得悉鲁班公司有多次成功进行现代大楼整体移位工程的记录，更重要的是广州还有一支在建筑、结构等技术方面造诣很深的专家队伍，鲁班公司也拥有经验丰富的技术人员和成熟的施工队伍，他们的智慧、成功经验和精湛技术，增强了我们对整体移位保护锦纶会馆的信心。

（四）整体移位工程的实施

虽然锦纶会馆的整体移位保护方案已经敲定，但要整体移动锦纶会馆绝非易事。正如参与锦纶会馆保护的华南理工大学吴仁培教授所说的那样，整座会馆的部分墙体就像是一大堆砖头垒在一起，它的墙体是“空斗墙”，原有的灰泥已没有黏结作用，里面有的柱子也只是“放”在石础上，下没有与基础连接、上没有固定物联系。吴仁培教授提出，要解决这些问题，可以在会馆的下边用钢筋混凝土做一个“兜底”托盘，上边墙体则“五花大绑”，然后连“底”一起固定（图4）。后经鲁班公司会同吴仁培、冯建平二位教授研究后，将方案具体化为：第一步是对锦纶会馆上部进行初步加固，用钢管将屋面和墙体联系、支撑固定，避免做“兜底”施工时对上部产生影响；第二步是做好“兜底”，做穿越墙基础底的“兜底”钢筋混凝土小梁；第三步是完成与小梁紧密连接的墙体夹梁和上轨道体系以及下轨道体系，上下轨道间放置滚轴；第四步是采用脚手架、钢管等对整个结构进行二次加固，使其移动时不致晃动。然后用若干个电动液压千斤顶推动建筑物移位，先向北推动，再提升至预定标高后转轨向西推动。

大体说来，锦纶会馆的整个整体移位过程分为四个阶段：一、整体移位前的临时加固和上下轨道梁的施工；二、整座建筑向北面平移80.04m；三、整体顶升1.085m；四、转轨再向西移动22.40m，落位于新址，即华林寺地下停车库顶面之上。在整体移位的过程中，我们一方面安排市文物考古研究所派专人负责全程拍摄记录整体移位的全过程及整体移位的文物督导与资料搜集工作，由广州大学岭南建筑研究所负责平移过程中的变位监测工作。另一方面成立了锦纶会馆保护专家组，由结构工程专家吴仁培、冯建平，古建筑保护专家汤国华和文物专家麦英豪、黎显衡、苏乾组成。为了确保整体移位工程安全，我们多次组织专家到锦纶会馆施工现场检查整体移位工程情况，尤其是在每一次台风和大雨之前，专家们都非常揪心，他们经常都是相约而往或不约而同地到现场指导工作，鲁班公司则充分听取吸纳专家意见，力求做到万无一失移到位置。

图4 “五花大绑”后做好“兜底”

2001年8月18日上午，备受国内外关注的锦纶会馆整体移位工程试移开始整体动了1m多，移动试验成功后，及时总结和休整了一个星期，然后进入正式整体移位的紧张有序的路程。在这个过程中，鲁班公司应用在锦纶会馆整体移位工程中的技术，有三项申报了国家专利审批。据专家们讲：移位相对好处理，顶升才真正有难度，因为是百余个千斤顶同时启动，稍有处理不当，房子可能会严重损坏。为确保顶升的安全，建设方、施工方、监理方以及建筑和文物保护方面的专家对会馆顶升方案进行细致的多次研究，确保万无一失。整体顶升后，专家们进行及时的验收，以保证转轨后再向西移的安全。经过多方努力，2001年9月27日凌晨五点，锦纶会馆的整体移位施工终于全部完成，并顺利通过了工程验收（图5）。

图5 推进了80m的锦纶会馆

锦纶会馆的整体移位过程体现了领导重视、组织严密，也体现了建筑和结构专家个个身怀绝技；这一工程还表现了由各行业专家组成的专家组的群体合作精神以及设计和施工单位鲁班公司的经验丰富、技术高超，也是文物行政管理部门高度的责任感以及各有关部门通力合作的结果。

在锦纶会馆的整体移位工程进行过程中，一直备受传媒和市民的高度关注。《广州日报》、《南方日报》、《南方都市报》、《羊城晚报》以及中央电视台、广东电视台、广州电视台、香港凤凰卫视等多家媒体全程跟踪了会馆的整体移位工程，广州市民也十分关注这次工程，在施工现场围蔽处经常人头攒动，市民们以兴奋和好奇的心情在关注和见证着这个曾经伴随广州走过了风风雨雨300年历程的古迹的整体移位保护。

锦纶会馆成功实施整体移位还获得了专家和上级领导的高度赞扬。2001年9月到访的世界遗产中心官员亨利博士对锦纶会馆的整体移位工程给予了高度的评价，他指出，建筑整体移位工程他知道有很多例，但就砖木结构的房子进行移位，是世界上第一例。同年11月，国家文物局在广州召开的全国文物保护工作现场会议上，国家文物局的领导和来自全国各地的有关文物专家在参观了锦纶会馆整体移位现场和听取了有关方面人员对整体移位工程的介绍后，对该项整体移位工程的成功经验给予了充分的肯定和高度的评价。锦纶会馆得以成功地整体移位，原样保留下来，其更大的意义还在于为现代化城市建设和文物保护矛盾问题的妥善解决开创了一条新路子，也为今后现代化城市中的地上文物保护工作增添了宝贵的经验。

第三节　艰巨细致的维修工程

锦纶会馆整体移位之后，摆在我们面前的任务，是如何对这座饱经风霜的建筑进行全面维修，并对日后的管理利用作出规划。2001 年 12 月 6 日，经市政府批准，广州市建委正式将锦纶会馆项目的使用管理和修缮工程交由广州市文化局负责。广州市文化局马上着手就锦纶会馆成功整体平移后的修缮保护和合理利用等一系列问题进行研究。我们在当年的文物维修经费中划出专款，并明确必须按照《文物保护法》的规定，按照不改变文物原状的原则对锦纶会馆进行修缮。同时考虑到锦纶会馆的维修工程复杂、艰巨，局党委决定在局系统内找有维修经验的专家负责。鉴于广东民间工艺博物馆有这方面的人才，我们决定将锦纶会馆交由广东民间工艺博物馆管理，负责维修和筹建丝织行业博物馆，维修后即移交给荔湾区管理。

锦纶会馆艰巨细致的维修工程由此展开。

（一）“落地加固”与“动态设计”

由于锦纶会馆年久失修，且整体性极低（图 6），要对锦纶会馆进行修复，首先要解决的就是锦纶会馆的承重墙基础和地下停车场顶面的连接问题（即所谓的“落地”），接下来就是柱的连接问题。这就要求对锦纶会馆进行基础加固、结构补强、墙柱、屋架扶正等相关工程。考虑到在国内尚没有对整体移位后的文物建筑进行维修可供参考的先例，加上工程的延续性以及迁移后的锦纶会馆维修过程的不可预见性，对上述工程的承包单位经慎重考虑，由广州市文化局提出，广州市建委同意免去招投标程序，直接指定广州市鲁班建筑防水补强有限公司总承包锦纶会馆维修工程，重点处理建筑的落地及结构施工的一系列问题。建筑的具体修缮则由具有文物维修资质、古建维修经验丰富的广东省五华一建广州分公司负责。同时委托了以汤国华教授为首的广州大学建筑设计研究院岭南建筑研究所制定了《锦纶会馆平移后修缮方案》，并多次召开专家论证会，对修缮方案进行论证和完善。

在完成了锦纶会馆使用管理权移交、工程报建等一系列前期工作后，2003 年 4 月 17 日，锦纶会馆的维修复原工程正式动工。首先要处理的是锦纶会馆的落地加固工程，包括房屋落地、墙体加固、柱子扶正、屋架扶正等。在进行落地加固工程时，还特别强调要做好动态设计和动态施工的准备，即根据维修加固过程中墙体、梁柱的变化，随时修改设计方案和施工方案。

图6　平移后未维修的锦纶会馆

例如，2003年8月15日正遇台风暴雨，施工人员发现东厢房墙体和第三进东墙出现不同程度的倾斜，部分墙体相当危险，随时有倒塌的可能。为慎重起见，负责维修管理的广东民间工艺博物馆李继光副馆长马上于8月19日下午，组织建筑和文物方面的专家，在锦纶会馆现场召开维修复原工程紧急会议。会议就锦纶会馆第三进东山墙和东厢的墙体出现的险情及紧急维修方案等问题进行了研究，认为第三进东山墙和东厢的墙体偏斜严重，均属于非常危险的墙体，必须立即进行维修，提出了三种具体方案，并积极反映到文化局。8月20日下午，由文化局领导主持，召开了有建筑专家吴仁培、冯建平、李国雄、汤国华和文物专家麦英豪、黎显衡、苏乾以及维修工程双方负责人参加的专家咨询会议。专家们认为，从锦纶会馆整体移位的意义和遵循尽可能保持文物原状的原则出发，应尽量避免拆除重建的维修方式，尽可能保留原来的建筑砌体，使维修工程成为整体移位工程完美的延续。经反复比较研究，最后，形成一致的维修办法，即：逐段拆除与后进东墙相邻的东厢西墙底部若干层砖块，浇灌出一条钢筋混凝土托梁，在两墙间浇灌水泥浆，使之连成整体，夹稳两墙后，利用钢筋混凝土梁纠偏，达到纠偏目的。为进一步完善方案，又于8月30日上午和9月11日下午，两次召开专家咨询会议，对第三进东山墙和东厢墙体的维修保护问题进行进一步研究。尤其在9月11日会议召开时，为慎重和负责起见，李继光、汤国华在施工单位的配合下，在会馆前广场临时砌筑一堵长3m，高3m，厚25cm的双隅砖墙体，进行危墙纠偏实验（图7），记录纠偏过程各项变化的数据。专家们对这个危墙纠偏实验给予了高度的评价，认为这一实验，对于第三进山墙和东厢墙体的纠偏方案的制定提供了实际经验和参考数据。最后，在大家的努力下，第三进东山墙和东厢墙体的维修保护问题终于得到圆满解决（图8、图9）。

图7　墙体纠偏实验

图8　东厢墙体纠偏前情况

图9　纠偏后的东厢墙体

类似这些技术难点，在维修过程中出现了远不止一次，每次都是依靠专家们的共同智慧，攻克了一个又一个难点，采取的都是慎重、安全的方式。

在维修过程中，我们特别重视原来镶嵌在墙体上的锦纶会馆碑刻，要求施工人员小心加以保护，不因为维修工程遭到任何损毁，目前，这些碑刻全部完完整整保存了下来，成为研究锦纶会馆历史的重要资料。

（二）用旧材料、旧工艺以保持文物原状

锦纶会馆的维修保护工程除了“落地加固”外，还包括更换损坏构件、安装缺失构件、墙体及屋面维修、木构件油漆、修建给排水系统、安装消防装置、适当装修、装饰。

在维修过程中遵循的是最大限度不改变文物原状的原则，尽量使用旧材料、旧工艺。在装修和装饰时参考相同建筑年代中至今保存较完好的同类型建筑和历史照片，不求完美，只求真实。

比如说，锦纶会馆首进和二进的陶塑瓦脊已缺失，维修复原中就选用了原来由广东民间工艺博物馆和广州市文物考古研究所多年来收集保存的数组属相同年代的釉陶瓦脊，成组拼砌（图10）。檐口木雕花板的复原维修也是选用上述两单位从民间建筑中收集保存的旧木雕花板。还有装设在东西厢房的成套的木屏门，也全部采

用广东民间工艺博物馆在西关旧民居收集保存起来的清代旧木屏门（图 11）。另外，不少木构件和石构件，如青石板、墙脚石、窗套石等，则采用收集的旧建筑构件，比如墙脚石就取自原锦纶会馆西侧的原关帝庙遗留下来的墙脚石。这样不仅可以提高维修质量，还可以使锦纶会馆更接近原来的风貌。

对于一些没有把握原样复原的部位或建筑构件，就暂时保留原样，而不是想当然地复原，如头门前檐石柱出挑石雕，有一侧尚未找到，则让其原样留空，待日后找到合适的再补上（图 12）；门口两侧的墀头砖雕已掉下来不少，也是暂时让其留空，而没有为了复原而想当然地重新安装复原。而对于一时找不到旧材料替代的部分，便参照锦纶会馆旧照片，对有迹可寻的建筑部位和构件，尽量按照原来的建筑风格重做。如首进瓦脊基座上的灰塑，旧照片中可看到的灰塑有吉祥图案和诗文题字，但遗留下来的吉祥图案痕迹还勉强可辨，诗文内容却已模糊不清了，在重新做灰塑基座时，吉祥图案按原样修复，诗文题字则选用了清初屈大均描述当年广州丝

图10　旧瓦脊的利用

图11　旧屏门的利用

图12　因无把握复原而留空的头门石雕

织生产与出口贸易繁荣景象的《广州竹枝词》:“洋船争出是官商,十字门开向二洋,五丝八丝广缎好,银钱堆满十三行”补填,十分恰当地突出了锦纶会馆的历史与文化意义。

在维修中,对一些局部的地方,我们也根据实际情况,从整体上保持清代岭南建筑风格的需要出发,作了新的修建。如第三进两侧廊顶的挡雨墙,原来是常见的民国风格的木板条抹灰沙做法,这种墙体,比较难以长期保护。在充分听取专家的意见后,利用在陈家祠道发现的大批蚝壳片,修建成蚝壳横陂隔窗,既起到间隔的作用,又加强了采光,更保留了广州古建筑的传统工艺,一举三得,成为锦纶会馆复原维修的一道神来之笔(图13)。又如在东、西厢参照广州郊区传统建筑常见的边廊形式之一加建的吊廊,则是既考虑了古建筑的建筑风格,又联系到今后会馆的实际使用需要,以免在今后的实际使用中被使用者加建与整体建筑风格不相符的现代遮雨棚。

锦纶会馆的复原维修工程,前后经历了15个月,终于在2004年7月圆满完成。2005年2月28日,锦纶会馆正式移交广州市荔湾区管理,并即日向市民开放。从2001年4月至今,经过整体移位、复原维修两大工程后,锦纶会馆终于“原汁原味”地重现在人们面前(图版4-66)。

当中多少波折、多少经验,多少个群策群力的日日夜夜,值得好好回味和总结。笔者相信,作为现代化城市建设中文物保护的一次成功尝试,锦纶会馆的整体移位和复原维修经验必将为今后的文物保护工作提供许多可资借鉴的地方(图14～图18)。

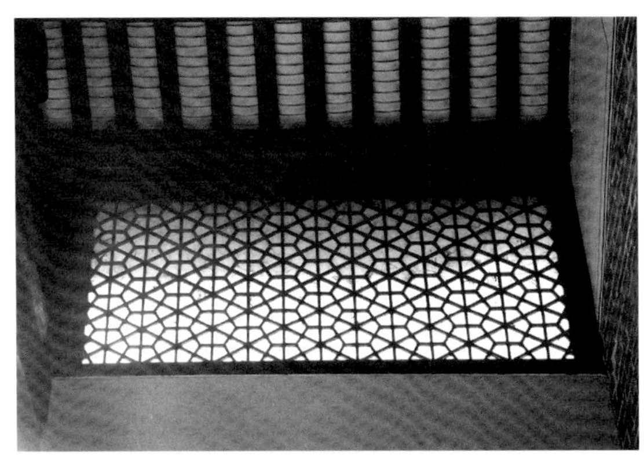
图13 维修好的蚝壳横陂窗

图14 维修好的头门瓦脊

图15 维修完成后的碑刻情况

图16 维修完成后的碑刻情况

图17 天井侧壁的"花基"

图18 全面维修后的锦纶会馆全貌

第 二 章
锦纶会馆历史沿革及其建筑特色①

第一节　历史沿革

锦纶会馆建于清初雍正年间，位于广州旧城西关地区，邻近广州佛教四大丛林之一的华林寺，是广州当时丝织业海外贸易鼎盛期的行业会馆，它供奉我国西汉时通西域的张骞为祖师爷。初建时为二路二进，到了清中道光年间加建西路和第三进，其附近还有关帝庙以及许多纺织行业作坊与民居。至今会馆里面的墙壁仍保存着19方石碑，上面刻上了从清初、清中、清末到民国初期有关锦纶会馆的大事记。解放后，会馆由广州市民政局接管，安排多户居民入住。会馆前的照壁早已拆除，附近的关帝庙早已不存，附近的作坊民居也多已改建为集体宿舍楼，只剩下会馆前的一条大街——西来新街和西北角的财星楼②。

第二节　建筑特点

（一）建筑形制的演变

1. 岭南广府地区厅堂建筑形制称谓

岭南广府地区厅堂建筑朝向是依据风水环境选取，也有顾及祖先或主人的生辰忌讳。大多数总体取坐北向南而不正南，也有取其他朝向。不管朝向如何，其总体平面布局基本大同小异，房屋呈纵横分布，院落组合。纵为“路”，横为“进”。从正面大门开始计算，第一横排为第一进，第二横排为第二进……一般有二进或三进，最多有九进。每进之间由一院子或天井分隔。站在正面大门向前，从中轴线向两边分，中轴线的纵列建筑为中路，左边的纵列建筑为左路，右边的纵列建筑为右路，形成左中右三路。大型建筑群，其左路的左边再增加一路，其右路的右边再增加一路，形成五路。路与路之间有以小巷（俗称“青云巷”）或纵向天井分隔，也有并联共墙。并联后如何区分是同一路建筑还是二路建筑？这就看屋顶的情况，如果共用一个屋顶，就是同一路建筑，如果屋顶不同，分出高低，就是不同路。“路”和“进”都是从总体建筑布局而言，如果从建筑功能来分，各进各路又有自己的称谓。中路是主要建筑，也叫主体建筑，有称为“堂”，如果建筑曾做庙用，就称为“殿”。但从建筑构造来说，厅堂式建筑和殿堂式建筑有很大区别，主要是造型、体量和斗栱的数量和分布的区别。称“殿”主要是功能上的尊称。两边路也称为“厅”、“厢”，“厢”多为北方的称呼。对于书院建筑，也称“斋”。如果把左右路称“厢”或“斋”，则中路就称为“厅”。所以，左中右三路，可以分别称西厅、正堂、东厅或西厢、正厅、东厢或东斋、中厅、西斋。对于“进”的称谓，沿中路从前到后，第一进称“头进”、“头门”、北方称“门屋”。头门的门墙又把头门分为前后两空间，门墙之前为“门廊”，门墙之后为“门厅”。门厅多安设门口的守护神，叫“门官”，所以门厅也称“门官厅”。如果建筑只有两进，则第二进称“后进”，也称“正堂”、“正厅”。如果建筑有三进，则第二进称“中堂”、“中厅”，第三进称后进、后堂、因这里多用于祭祖，也称“祖堂”。如

① 本章由广州大学岭南建筑研究所汤国华执笔。

② 在锦纶会馆平移前，在其东南角未发现楼房，反而在西北角发现四方形楼房。是否当年财星楼的建设没有按照石碑记载建在东南角而改在西北角？还是东南角的财星楼早已拆除？有待进一步考究。

果建筑有四进，则第二进称“轿厅”，“客厅”，第三进称“正厅”、“正堂”，第四进称“后堂”或“祖堂”。超过四进，最后一进始终是“祖堂”，其他叫“厅下”或“厅厦”。在中路，各进之间造成围合的院落。围合的方式有用两侧院墙围合，也有用两侧边廊围合。“边廊”较长的称“游廊”、“巡廊”。有些院落的边廊中间建“廊屋”或“廊亭”。前后进和院墙或边廊围合的空间，宽广者称“院子”，窄小者称“天井”。三进的建筑就有二个天井，分别称“前天井”和“后天井”，四进的建筑有三个天井，分别称“前天井”、“中天井”、“后天井”。一般正堂前的空地较大，叫“院”。如果“院子”栽种了绿植，则称“庭园”。如果正堂前的院子不设边廊，则必设甬道，即位于院子正中、下雨时不被水淹的凸出地面的纵向石板路。因岭南多雨，如果院子不设边廊，穿行两进之间易被雨淋，有个别院子设中廊。还有些设了边廊的院子，为了防雨，还增设中亭，称“礼亭”、“拜亭”、“香亭”。同一进的中路建筑，如果用间隔墙分为三间，则左右两间称为“耳房”，就像人的耳朵一样，紧贴在头部的两侧。一些建筑的门厅次间不设塾台，设小阁或称“阁仔”，也是为需要时搭戏台对内演戏之用。东西两路建筑从前向后顺序是：倒座（门口朝北，也有设阁楼，称“前阁”）、前天井（也有不设天井）、偏厅（面向中路者设侧廊，面向前天井者设侧巷，此侧巷阴凉通风，俗称“冷巷”）、后天井、后厅（门口朝南，也有设阁楼，称“后阁”），一般边路设前阁者就不设后阁，设后阁者就不设前阁。

总之，岭南建筑的院落空间是丰富多彩的。锦纶会馆各功能空间称谓如图 1。

2．锦纶会馆的建筑形制

锦纶会馆位处广州城西关密集的街巷之中，属民间建筑，朝向南偏东 14.4 度，为传统的“丙”位（图 2）。

图1 锦纶会馆各厅堂的称谓

图2 平移后的地形图

锦纶会馆的平面布局和空间组合是由两个时期形成的。根据镶嵌在会馆第三进东墙上的道光十七年（1837）《添建碑记》（见附录十一）记载，清初雍正年间会馆创建时只有一路一院（天井）二进三开间的建筑，东侧附设一间厨房，侧门在西，建筑占地 370m²。到了道光年间，经风水先生相地，又购地加建第三进，改建东路，新建东厅、东阁，开东侧门，添加完整的西路，新建倒座、侧院、西厅、西阁、并在东南角建财星楼。至此形成三路三进五开间五院（天井）一巷（青云巷）一楼的广州传统厅堂大屋格局，建筑占地 700m²（图 3）。锦纶会馆的布局与广州典型祠堂稍有区别：分隔中路与东路的青云巷到第二进前墙终止，不再延伸到第三进后墙；中路与西路之间不设青云巷，两路建筑紧贴，反映了广州传统建筑的发展过程及其平面布局因地制宜的灵活性。到民国初期修缮时，估计已发现中路第二进两侧山墙有外倾现象，为加强它们的稳定性，加建中路第二进后墙以拉结两侧山墙，防止继续外倾；改变后天井边廊屋顶与第二进后檐柱和山墙的搭接构造，把原石柱、木梁和山墙共同承重的构造改为只由新建的后墙承重，并开砖拱门作进入后边廊的洞口；另外把第三进的屋顶降低 60cm，以增加第三进的空间稳定性。这次移位保护，又对锦纶会馆进行全面的结构加固和建筑复原，尽量保留 20 世纪初以前各时期的建筑特色。特别注意保存前两进清初凹曲屋面和后进清末民初直坡屋面的建筑特点（图 4）。现状的锦纶会馆涵盖了清初、清中、20 世纪初和 21 世纪初四个时期的建筑风格和建筑技术。

图3　锦纶会馆鸟瞰

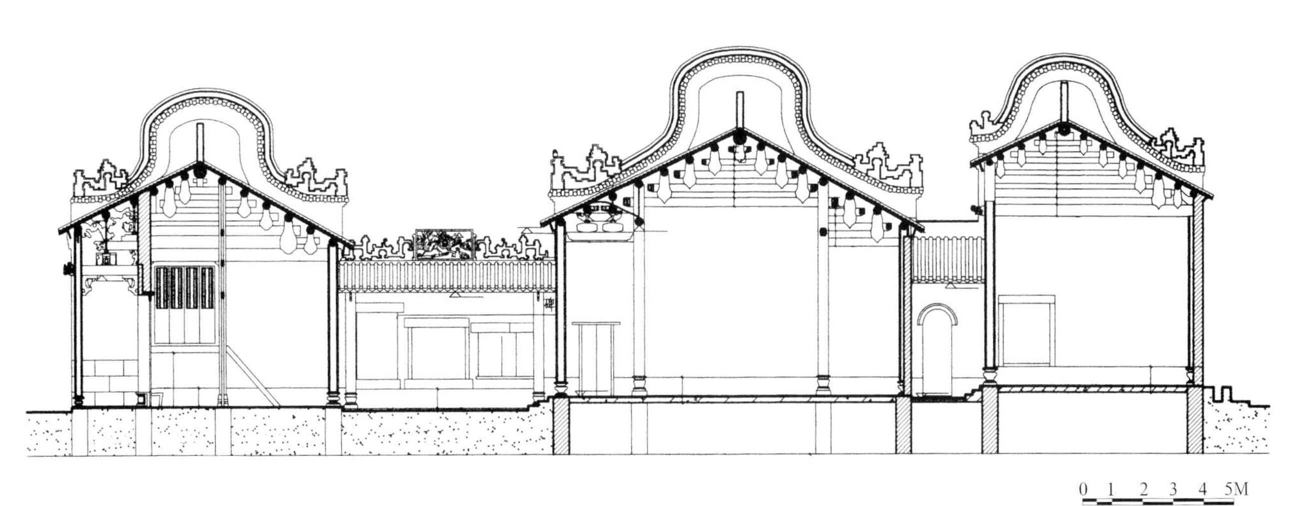

图4　中路剖面图

（二）平面布局和空间组合

岭南建筑的平面布局和空间组合是岭南建筑地方特色的重要体现。

锦纶会馆前面向着大街，大街南侧建有与中路等宽的照壁。左、右、后三面与民居相邻。现后立面还镶嵌着遗存的“界碑”一块（图版 4-65）。

锦纶会馆门前的照壁与中路门廊前沿之间构成一个宽敞的室外空间，成为锦纶会馆的“前明堂”。这里既是节日行业人士聚集的地方，也是平时过往行人的交通节点。

1. 平面布局

中路：第一进头门，面阔三间共 10.8m，进深三间一墙三柱十三桁（其中 2 桁与墙结合）共 8.3m。从大街上一级台阶到门廊。从门廊跨过大门的门槛进入门厅。门厅正面设有仪门（俗称“挡中”），此门平时关闭，

图5　后堂

图6　东厅东阁

图7　西厅的冷巷

喜庆日子和特殊情况才打开（图版4-37）。门厅两侧倚靠门墙和山墙建有架空1.8m的东、西小阁楼（图版4-12），西阁楼有便门与西路倒座相通。据祠堂与会馆形制，此两阁楼是供在门厅临时搭戏台演戏时作两侧后台之用　。过门厅可经前院或东、西边廊上三级台阶到第二进的中堂。中堂设前轩。前轩两侧山墙有通往东、西路的便门（图版4-13）。中堂面阔三间共10.8m，进深三间四柱十五桁一墙共11m，当心间现不设屏风，估计是民国初期在中堂后檐柱之间添建了后墙，屏风作用已经消失，为扩大中堂实际使用面积便取消了屏风。中堂左右次间后墙各有一砖拱门。拱门与通往第三进后堂的东、西边廊相接。后堂面阔三间共10.8m，进深一间二柱（其中一为壁柱）一墙12桁（其中1桁与墙结合）共6.85m。后天井的东、西边廊分别有砖拱门通往东、西路建筑。边廊较短，过边廊即登三级台阶上后堂（图5）。由于二进中堂增建了后墙，堵塞了中轴线通道，所以后天井正中的三级台阶几乎不使用。

东路：第一进是青云巷的巷门（图版4-4）。第二进为杂房（现改建为厕所）和一层的倒座组成，但杂房与倒座没有直接的联系。倒座面阔一间4.26m，进深一间5m，其与第三进相对，两进之间及东外墙、西隔墙围合成一个天井，由西边吊廊相连，东有闸门通外街，西有拱门通中路。第三进是二层的住宅，首层前厅后房，二层为一大房，面阔一间4.26m，进深二间4.9m（图6）。

西路：第一进是一层的倒座，面阔一间4.8m，进深一间6.3m，有侧门与中路相通。第二进是一层的住宅，面阔一间4.8m，进深二间8.2m，前厅后房，厅的前轩东侧有门与中路相通，西侧有闸门与横巷相通，房的东侧有冷巷通后天井（图7）。一、二进之间和西外墙、东隔墙围合成一个侧院　，由东边柱廊相连。第三进是二层的住宅，面阔一间4.8m，进深1间5.4m，下厅上房，其与第二进后墙、西外墙、东隔墙围合了一个天井，由天井东边吊廊相连，东侧有拱门通中路，西侧有闸门通横巷（图8）。

2. 空间组合

中路：头门，以门墙划分前后两个空间。前空间为门廊，面阔三间，进深一间，空间较少。为室内外的过渡空间，供进门前的客人等候及迎送客时的暂留，也可供大街的行人避雨稍息。后空间为门厅，面阔三间，进深二间，比门廊空间大。这里的仪门又把门厅分为前后两空间。前空间有东、西阁楼。阁楼底下的架空层只能作储存物件之用，所以前空间实际是由东、西阁楼和仪门围合的“过厅”。因阁楼的楼梯是活动木梯，随时可以收起，所以门厅的后空间有足够地方摆设桌椅，用于等候和会客。过门厅沿中轴线越过前院，上三级台阶登上中堂。下雨时又可以经东西边廊过前院，也上三级台阶登上中堂。东、西边廊除作通道之外，在侧墙上镶嵌有多块石碑，客人可在廊下观看碑文。

中堂，也划分前后两空间，前空间为前轩，面阔三间，进深一间，后空间才是厅堂，面阔三间，进深二间。北方厅堂的前后两空间常用隔扇屏门分隔，而岭南厅堂因通风散热需要，一般不设屏门，有些厅堂只在两边次间设屏门，明间多不设屏门，故称“敞厅”。前后空间的分隔是由顶面的区别来分隔，前空间的顶面采用卷棚顶，后空间的顶面就是屋面底，两者的区别很明显。卷棚顶内侧有隔板，这小面积的空中隔板就把第二进分为前后两空间（图 9）。由此可见，第一进的门廊和门厅两空间是用实体的门墙和大门划分的，而第二进的前后两空间是由两根前金柱和卷棚顶的隔板组成的虚界面来划分，这就是岭南建筑常见的一实一虚相结合的空间划分方式。中堂的心间后金柱隔架上悬挂“锦纶堂”横匾。这里是议事决策、接待贵客的主要地方，等级比第一进高。第二进除地面比第一进地面高 31cm 外，屋脊和屋檐都比第一进高，实测知道：第二进的正脊桁、正脊顶和前檐分别比第一进的正脊桁、正脊顶和后檐分别高出 1m、1m、45cm。除此之外，第一、二进之间的空间也是演戏和看戏的场所。需要演戏时，把第一进大门关闭，在第一进门厅三间都全搭临时平台，明间和次间平台高度都与东西阁楼地面平齐，这时戏台口朝北，面向中堂，因广州绝大部分时间都没有正北来的阳光，所以演员白天演戏不会有眩光刺眼现象。明间平台是前台，次间平台是伴奏的地方，仪门后平台是后台，仪门左右是演员出入口。这时东、西阁楼的西、东屏门都打开，与仪门后台相通，演员可以在阁楼内更衣和化装。因西阁楼有便门通向西路倒座，使后场有更大的活动开间。按照身份等级，有地位的观众占据第二进前轩最好的座位，这里可以摆设桌椅，边品茶边看戏。东西边廊有顶盖，也是较好的座位，可摆放椅子。露天的前院是普通座位，摆放长条凳（俗称“轿凳”）。据说，女眷只能坐在前院看戏（图 10）。

图8　闸门

图9　中堂的前轩

图10　临时戏台想像图

后堂，也称“祖堂”，是拜祭锦纶行业先师张骞的厅堂。这里的两侧山墙嵌有重要碑记，是锦纶会馆演变史的见证。因为第三进是后来购地加建，建筑用地短少，所以后天井进深不足，东西边廊较短，后堂建筑进深只做一间。又因后堂与中堂靠得太近，不利于后堂内采光，所以第三进前檐抬得较高，现离地面 6.9m。又考虑第三进正脊要比第二进高，以符合“步步高”的传统建筑形制。综合各种功能要求，致使第三进的前坡缩短，形成特殊的侧立面。根据修缮时的勘查，第三进屋面高度在民国初期被降低 60cm，估计当时是考虑避风和防震。

东路，从青云巷进入，到尽端左转进入中路第二进前轩，过中堂，穿东侧拱门进后天井东边廊，再穿边廊的侧拱门，才进入东路后天井。东路二、三进建筑体现了珠江三角洲地区典型民居的形制：南部是一层的倒座，曾作厨房用（图 11）。北部是二层的楼房，被称为“东厅东阁”。南、北部之间以天井相隔，用吊廊相连（图 12）。天井开一口水井，供生活用水。东厅符合“前厅后房、光厅暗房”之制。厅前设轩，轩东侧山墙开便门通横巷。上二楼的木楼梯设在后房西侧，为一直跑梯。二层也可分前房后厅，这次修缮没有再作分隔。东厅东阁上下之间有设在楼板的“隔栅光井”透光和通风（图 13）。

西路，被称为“西厅、西阁、西院”。从锦纶会馆西边的横巷经两便门分别进入西路的第二进和第三进。西路第一进为倒座，与第二进之间有一南北向长方形的侧庭院，院东侧建柱廊连通第一、二进，院西侧墙开漏窗，漏窗下设花池种竹。第二进的前厅为敞厅，面向倒座的屏门（图版 4–33）。后天井也开一口生活用水井，边廊也做成吊廊，以方便通行。第三进西厅设屏门，可作厅也可作房。西阁面积比东阁小，只能作房，上下不开光井。

图11　东路的倒座

图12　吊廊

图13　隔栅光井

（三）立面构图与细部装饰

立面构图和细部装饰是岭南传统建筑特色的又一重要体现。

1. 立面构图

锦纶会馆的正立面明显看到左中右三路的区别，除中路立面左右对称外，左右两路并不对称。这是建筑有先后、用地有松紧所致；也是岭南建筑既遵从古制，又灵活变通的体现。其实，中路的正立面、左路的青云巷、右路的倒座，就单体而言，都严格遵从明清时期珠江三角洲地区祠堂建筑的传统形制。左中右三路立面的区别，形象地表现出建筑群的主从关系（图版 4-3）。

中路正立面为竖向三段式构图：台基、屋身、屋顶。因锦纶会馆属商业建筑，立面要有亲民性，所以台基做得很低，只有一级台阶高。门廊左右次间不设塾台，以减少庄严感。横向三开间，明间较宽、次间较窄。正间方正，次间靠山墙侧檐口和屋脊微微升起，体现了屋顶的力度。次间檐柱与山墙之间保留联系梁，并由北方的木月梁发展为岭南的石弓梁，原来联系梁上的驼峰斗栱也演变为石狮顶花（图 14）。明间檐柱之间大胆取消联系梁，以扩大明间立面的可视面积，使建筑入口显得更加轩昂，消除压抑感。檐柱已取消侧脚，其石柱础从明末清初厚实的覆盘形发展为清末轻巧的束腰形（图版 4–63）。以上变化明显是清末建筑在技术上已解决了明次间之间、柱梁构件之间的受力稳定后的大胆做法，这种技术发展增加了正立面结构美和构图美的效果。屋檐保持岭南传统建筑特有的"檐口三件"：滴水瓦、飞子、封檐板（图 15）。屋面瓦铺砌采用岭南广府祠堂常见的素瓦辘筒屋面绿色琉璃剪边的做法。屋面坡度保持清初的凹曲屋面形制，上陡下缓，为防止瓦件下滑，每隔一桁加一瓦钹，以卡住板瓦（图版 3–48）。为了增加正立面的抬头可观性，正脊设重脊，以增加脊的高度，下脊施灰塑装饰，上脊用琉璃陶塑，并在脊顶增加鳌鱼宝珠（图版 4–7）；两侧垂脊也作呼应，在脊下端加博古装饰，并在博古上增加蝙蝠图案和花瓶灰塑，使屋脊显得更加热闹，充分反映了岭南商业文化对生意兴旺的追求（图版 4–8）。这种做法正符合岭南民间流行的说法：商人建筑外看豪华，内看朴素，以引人注目；官员建筑外看朴素，内看豪华，不引人注意。

图14 石狮顶花

图15 檐口三件

东路正立面的青云巷门屋是传统凹门形式，但门头没有镶嵌横额，也不设门闸竖栊，只设普通的对开大门，避免守卫森严的感觉，而门屋顶正脊施加内容丰富的灰塑，与烘托中路气氛（图 16）。青云巷实际是相邻两路建筑之间的分隔空间，既是交通便道，也是防火分隔区，故有人称"火巷"。又因露天，是排水通道，也又人称"水巷"。因这种小巷较狭窄，两侧山墙又较高，身处其间，抬头只看到两侧高墙之间的青天白云，故有"青云巷"之称。青云巷也因两侧山墙的互相遮蔽，太阳除正午时分才照到地面，所以青云巷内空气温度较庭院低，成为建筑群的冷源，有利于建筑群内部的自然通风，所以也俗称为"冷巷"。至于有说法曰：此巷随建筑"步步高"，所以寓意"平步青云"故称"青云巷"。这种说法有些牵强，因为青云巷位于主体建筑的两侧，毕竟是下人所走之便道而非主人和读书人常走之道。

西路正立面其实是西路倒座的后立面。按照传统形制，建筑后立面不开窗，但倒座例外，其后立面就是建筑群的前立面，晚清时期一般都开窗，以利室内通风采光和观景，也打破立面的封闭感。

中路两侧的东西立面是一进跟着一进，一面比一面高的 6 面镬耳山墙，远看像波浪起伏，很有动感和韵律（图 17）。岭南建筑山墙造型有多样：人字形、镬耳形、茶杯耳形、台阶形、多拱形等。这些山墙的起源与寓意传说多样，有待考究。其中镬耳形有说象征鳌鱼或龙脊；也有说寓意明代官帽或象征皇家马房的马鞍形。后者说法有点道理。据广泛调查，凡建镬耳山墙的建筑或村落，历史上必有先人获取过功名或当过官的记载。在增城的坑背村，整条村除 2 间房子不做镬耳外，全部做镬耳。向村里老人一打听，原来在明代本村有人考取功名，回村后把本家族的所有房子拆除，重新规划，全部建镬耳山墙，而这 2 户人家不是该官员家族的成员，就不许建镬耳山墙，这种例子在珠江三角洲比较多见。镬耳山墙顶的垂脊有些铺板瓦抹灰，有些铺板瓦

图16　青云巷

和瓦筒，但绝不装滴水瓦。这可能是镬耳形脊使瓦件排布不等距，难于安装滴水瓦的缘故。镬耳山墙垂脊前、后端部做象征“水压火”的博古装饰，也称夔纹。墙顶下的博风带刷成表征水的黑色，其表面前后端部塑卷草或龙头草尾以增强“水压火”的意象（图版 4-9）。

因东西路是居住区，侧立面是普通的人字形山墙，其博风带也与中路一样，刷黑塑草尾。除博风带外，所有墙面采用岭南常见的青砖清水墙的做法。侧墙开窗在清末民初的居住建筑已经很普遍。窗顶上做窗眉以防雨。东路青云巷外墙和西路侧院外墙开漏窗，也是岭南庭院的常见做法（图 18）。这种漏窗有琉璃花格组合，有砖雕花格组合，有琉璃竹节组合等多样。锦纶会馆的围墙顶已经采用清末民初的大阶砖压顶及墙顶与阶砖交接处塑西式线脚的做法。东西侧墙的便门都有门楣，门楣采用传统的挑砖铺瓦塑线脚的做法，在门楣两翼角下塑福鼠含吊环，以便晚上吊灯笼照明（图 19）。

三路建筑的后立面并列，东路稍凸出，中路高大，东路次之，西路最矮，主从、轻重关系清楚。全部后墙都不开窗。虽说遵

图17　起伏的镬耳山墙

从传统建筑风水理念，认为后墙开窗会漏财，但从房屋居住功能来看，后墙不开窗是有一定道理。第一是后立面向北，开窗不利于冬天防御寒冷的北风。第二是后墙开窗不利于防盗。第三是传统建筑前后 2 间建筑相靠很近，一般不超过 60cm，这里最阴暗潮湿，即使开窗也不利于采光和通风。所以后立面是最简洁的立面。锦纶会馆的中路屋顶后坡做了后水槽，实施有组织排水，落水管是陶瓦筒，表面做了竹节形灰塑，这是岭南传统建筑落水管常见的装饰手法（图 20）。

图18　侧院漏窗

图19　福鼠含吊环

图20　后立面

2. 细部装饰

锦纶会馆的细部装饰有石雕、砖雕、木雕、灰塑、陶塑、壁画、彩色玻璃拼接、蚝壳拼接等各项岭南建筑常见的艺术装饰。

现存石雕构件都是用花岗岩制作，未找到红砂岩石雕。而第一进头门内墙的墙脚石和地面石是暗红色砂岩，这是清初的遗构，估计取材于番禺莲花山。虽然经清中、清末、民初各次修缮，容易风化破坏的红砂岩石雕未能保存下来，但从现存在红砂岩墙脚顶的水平饰线和石碑的红砂岩石框来看，当时的石雕技术已经很成熟。用花岗岩作受力构件和装饰构件是在清中以后的普遍做法。锦纶会馆的花岗岩石雕艺术在如下构件运用：柱础、檐柱的四角边线、弓梁、石狮顶花、梁头才子佳人、门套、门礅石、台阶两侧垂带石、侧门的“天圆地方”顶石、井口套、金钱眼排水口、碑石套及界碑石，而大部分的碑石是使用黑色大理石。这些石雕大部分集中在引人注目的头门。

图21　墀头砖雕

现存砖雕不多，只在头门两侧“山墙出”顶部墀头出现。砖雕内容是如意斗栱和戏台人物（图 21）。另外头门正立面保留完整的水磨青砖丝缝拼接的装饰艺术。

现存木雕艺术在如下构件运用：头门门廊的单步梁、双步梁、陀墩斗栱、木狮（图版 3–20）、撑角、系板、替木、二进前轩的单步梁及斗栱、陀墩、三步梁、弯桷、所有屋顶檐口的封檐板、鸡胸飞子、入口大门、门厅的屏风、各房间的隔扇门、横披花格、窗槛板、天弯罩、梁架的瓜柱、梁头、楼梯望柱等。这些木雕也较多集中在头门。

图22　琉璃陶塑

灰塑艺术分黑白和彩色两种。黑白灰塑主要在各山墙的博风带和中路后天井两侧拱门顶运用（图版 4–59）。彩色灰塑在中路各进的正脊基座（下脊）正背面、垂脊的两面、中路前院两侧边廊的廊顶华板正面、中路后立面的竹节形落水管、西路侧院的漏窗顶和两侧及花基立面、东路青云巷门屋顶华板前后立面、东西路各山墙出顶部墀头运用。

岭南的挂釉陶塑也就是北方的琉璃构件。锦纶会馆中路三进正脊都以灰塑脊为基座，上面再安装琉璃脊、鳌鱼、宝珠光环（图 22）。在东西路围墙漏窗也使用琉璃花格和琉璃竹节。

岭南传统建筑的壁画一般画在不被雨淋的头门门廊和室内屋面瓦和墙体交接处，有“墙檐彩画”之称。这里是墙体砌筑的收口或留洞放置桁头的位置，砌砖难以整齐，为了美观，需要抹灰，既然已经抹灰，岭南艺人就在上面绘画作诗，以增加建筑的文化内容。壁画分黑白和彩色两类。黑白壁画一般画在门厅内的大门顶上，除此，彩色壁画几乎在所有屋面瓦底与墙体交接处都可以绘制。可惜锦纶会馆的彩画受破坏最大，全部被石灰水覆盖。

图23　后堂的蚝壳横披

彩色玻璃在建筑门窗的运用是在清末民初开始，是西方教堂装饰文化的引进和改进。锦纶会馆的彩色玻璃用在东西路居住建筑的门窗上。常见的颜色有红、黄、绿、蓝、橙、白几种。玻璃质地有平滑、蚀刻和压花多种，都采用镶嵌在木花格上的做法。

在没有玻璃技术之前，利用蚝壳遮雨和采光是岭南珠江三角洲的传统做法，蚝壳窗和蚝壳横披较早使用在民间建筑中，到清末民初玻璃普遍使用后，蚝壳窗和蚝壳横披才逐渐消失，但蚝壳天窗直到20世纪60年代还在广州民居中使用。锦纶会馆在第三进次间前檐下采用了蚝壳横披（图23）。

第三节　建筑的周边环境

历史建筑的环境包括人文环境和物理环境。人文环境指建筑周围的社会活动和建筑文化。物理环境是指建筑内外的通风、隔热、遮阳、避雨、防潮、隔声、采光等使用功能。

从碑文记载和平移前的历史建筑、历史构件分布情况以及在平移后在附近的挖掘情况来看，历史上的锦纶会馆是在西关地区众多的生产和居住相结合的民间作坊和寺庙所包围，从附近小巷还存在的支承布卷辊轴的Y形大石（现收藏在锦纶会馆内）可以证明作坊的存在。锦纶会馆原址的南面不远是布匹贸易繁华的德星路、杨巷路、下九路，西北面约200m有现存的华林寺，西北方附近有三层方形楼房（平移时拆除），该楼房北面有关帝庙遗址（其墙基石已挖出，部分用于这次锦纶会馆西路重建的墙基）。由此可见，历史上的锦纶会馆周围非常热闹，丝织业的民间作坊的工人、参拜寺庙的人群和布匹贸易的商人混杂在一起，形成西关文化重要的一环。

锦纶会馆周边的房屋都很低矮，所以不会影响锦纶会馆的日照、通风、排水和采光，为锦纶会馆提供了较好的室外物理环境。锦纶会馆内部的通风、散热、采光、排水都依靠里面的院子和天井完满地解决。在岭南建筑的内院中，宽高比大于1称为“院子”，宽高比小于1称为“天井”。锦纶会馆有二院四天井，其中东路的青云巷也看作长天井。锦纶会馆的内部通风和散热就是由这些院子和天井之间的空气流动实现的。锦纶会馆的厅堂都是敞厅形式，既有利于散热，也有利于采光。东西路的房间除靠面向天井的玻璃屏门采光外，还靠侧墙开窗采光。打破清中以前侧墙不开窗或开小窗的传统做法。东西阁的采光更合理，除屋面设置玻璃瓦（俗称“明瓦”）外，侧墙和前墙都开窗，侧墙开单个窗，前墙全开槛窗，除解决采光问题，还解决阁楼散热问题。东阁地面还开光井，向首层房间提供光线并利于其通风。锦纶会馆地面的防潮是从地面构造解决问题。珠三角传统建筑地面都是采取沙垫层上铺黏土大阶砖的做法。沙和大阶砖对水蒸气有呼吸作用，是地面防潮的好材料。因为大阶砖解决了处于岭南湿热气候的建筑地面防潮问题，所以被称为“广东阶砖”（图版3−72）。

第三章
锦纶会馆整体移位保护方案（摘要）[①]

第一节　保护原则

对文物建筑的保护要遵照国家文物法规定的“不改变文物原状”的大原则。在大原则的前提下，根据锦纶会馆的具体情况制定如下原则：

1．迁走全部居民，腾空建筑进行勘查、加固和修缮。

2．为协调文物保护和市政道路建设的矛盾，整体移位到附近不远的位置，朝向不变。

3．保留清初、清末、民国各次修缮形成的原状，使原状具有可读性。但要拆除20世纪50年代至80年代众多居民聚居时期的不合理维修、改建、加建的现状。

4．尽量利用原材料原工艺进行结构加固，最大限度保存原建筑的结构真实性。

5．利用新材料、新技术对原结构进行加固中尽量减少对原建筑的干预。

6．根据石碑记载和旧照片的信息，并参考同年代广州地区保存完好的同类型建筑形制，真实地恢复锦纶会馆的一些附属建筑物和构筑物，使其布局具有历史的完整性。

7．已缺失的建筑装修和装饰构件尽量收集同年代广州地区民间的建筑构件代替，以保留该年代的历史信息。个别缺失构件可参考同年代广州地区保存完好的同类型建筑构件重新设计并重做。

8．结合新址环境和今后的合理利用，修缮设计中妥善解决排水、防水、消防、照明、隔声、交通、停车等新的使用功能要求。

第二节　整体移位的文物保护

在整体移动前必须登记和测量损坏情况，在移动过程中随时解决移动过程中出现的新问题。

（一）移位前建筑损坏情况的勘查

在整体移动前，拆除后来乱分隔、乱加建的房间后，发现如下缺失和损坏情况：

1．缺失的建筑构件

中路前面照壁不存，入口门槛不存，门厅挡中不存，东阁楼不存；前院西边廊不存；第一、二进屋顶正脊不存；檐口滴水瓦当大量缺失，所有檐口封檐板不存；各进地面大阶砖大部分不存。

东路青云巷不存；东厅弯罩和房门隔扇不存，东阁槛窗缺6扇，倒座隔扇不存。

西路被改建得面目全非。

2．损坏的建筑构件

各路所有地面石块、大阶砖碎裂严重；所有屋面瓦件、桷板、桁条损坏严重；所有柱子都有不同程度歪闪、弯曲和沉降，中路第三进的后墙与护壁柱分离；所有外墙都被后开大小洞口作门窗使用（图版3−26）；不少青

① 本章由广州大学岭南建筑研究所汤国华执笔。

砖开裂和酥化，特别是东路的南墙和北墙；所有外墙都有不同程度的沉降和外倾现象，外倾最严重的是东路的东墙和中路的东墙，倾斜度已超过 4%；中路头门大门严重损坏，西阁楼隔扇部分损坏；中路门厅右侧梁架接后檐柱的 9 步梁（底梁）榫头霉烂（图版 3−22，图版 3−23）；东路上东阁的楼梯损坏（图版 3−30）。

（二）移位过程中建筑主要部位的保护

1．石碑的保护

内墙中嵌有从清初至民初的 19 方石碑，保护这些古碑是锦纶会馆保护的一项重要内容。考虑到不少石碑已经开裂，如果采取先拆下来保护，到移位修缮后重新安装复原，这一过程有可能造成新的损坏，经研究决定，采用原位保护。就是在移动施工前，要先把石碑拓印和拍照，然后采用从软到硬的保护方法，即先用软物如海绵和泡沫压在碑石表面，上面再压上纸板、夹板、木板，最后才用木枋与墙体固定，整体移动，直到基本完成修缮，才把保护层揭开，以保护石碑无损（图版 4−15）。

2．木构件的保护

在平移前几乎所有门窗隔扇都已不存在，能够保护的只有木梁架、木柱、第二进后檐已破坏的封檐板和东阁的一只槛窗。对木梁架和木柱要采用隔离法，即凡与加固的钢构件接触的部位采用木块隔离，以免刚硬的钢构件损坏质软的木构件。封檐板和槛窗采用暂时拆卸保管，修缮后重装。

3．石构件的保护

会馆内因整体平移要做整体的承重墙柱基础的托换结构，所以不能一起平移。必须在平移前把所有地面的石块编号，然后搬离锦纶会馆，存放在新址附近。东路水井的井套，天井的金钱排水口也要起出，待平移后修缮工程时复位。特别要收集清初留下来的红砂岩，平移后尽量用作铺地材料。对于要移动的石柱础、石柱、石梁、石墙脚，凡有与支撑铁构件接触的部位，都要先用木板隔离，避免直接接触。

4．砖构件的保护

锦纶会馆是砖木结构建筑，除厅堂和柱廊的檐柱和部分地面是石材外，主要承重构件是砖和木。三路的各进建筑的承重墙都是硬山墙。硬山墙的一个最大特点是其外表面全部裸露，终年经受日晒雨淋，只要最初的砌体是合格材料，使用过程中不会经常处于阴暗潮湿和地下水腐蚀的环境，砖砌体可经久不衰。所以，锦纶会馆的砖砌体除后墙损坏及祖堂东山墙与东厢房相连的墙体上部偏移较严重外，其他地方基本完好。在头门正立面的装修水磨丝缝青砖，是清中以后的产物，至今还光滑无损，可见砖的质量和施工水平都非常好。在头门正立面两侧山墙出的墀头，砖雕装饰部分已经被破坏和掉失。侧墙和后墙在不当使用中开了很多门窗洞口，甚至在头门的西侧镬耳，也被凿墙开了一个窗。针对以上情况，并考虑到平移工期的紧迫和施工阶段的区别，决定：为保证平移过程砖墙的稳定性，先把所有外墙的大洞口和大裂缝填补。大洞口用同规格的青砖按照原来的丁顺关系填补，一次到位，以免平移后再作二次施工。大裂缝可暂时用石灰砂浆填补，平移后再处理。所有砂浆都不加水泥，使用原材料。对于头门的丝缝砖墙，用夹板封闭；对于艺术砖雕，用海绵和泡沫包裹封闭，保证在整体平移过程中不受损坏。

5．琉璃构件的保护

平移前剩下第三进正脊的琉璃构件，其他两进的琉璃脊已不存在，只剩下脊座。第三进琉璃脊是清代遗物，文物价值很高。在拍照登记编号后先拆卸下来，放在仓库保管，待平移后修缮时才安装复位。

中路三进屋顶都是素瓦顶琉璃瓦剪边。维修前，大部分的琉璃瓦当和滴水瓦已经散失，剩下的瓦当、滴水瓦的尺寸和样式都很杂，是后来多次修缮的遗物。在平移前先把它们卸下，分类保管。选定最早的瓦当滴水为这次复原的统一瓦件，依样订造（图版 3−60）。其他的瓦件留在广东民间工艺博物馆保管。

6．必要的墙体钻孔

平移前需进行整体加固，所以在加固工程中的钢管穿墙是不可避免的。遵照文物建筑修缮的“最少干预原则”，对原砖墙和石墙不能乱穿孔。把加固所必须的穿孔控制在最少数量，特别是对于难以修补的石墙更应慎重，尽可能避开。

第四章

锦纶会馆整体移位的设计与施工[①]

锦纶会馆的整体移位工程由广州市鲁班建筑防水补强有限公司负责方案设计、施工图设计并负责施工。锦纶会馆建筑分三部分：正堂、西厢房、东厢房，东西厢房与正堂在结构上是分离的；正堂与厢房交接处的承重墙为双墙，屋面结构是分开的。移位前西厢房结构已不完整，无法进行平移，故当时决定拆除，待移位到位后再重建。东厢房结构保留较完整，只是墙体存在倾斜，因此决定与正堂一起整体移位（图1）。

图1　锦纶会馆原貌

图2　锦纶会馆室内原貌

图3　会馆原室内支撑柱

图4　会馆内碑刻

图5　会馆内的碑刻

① 本章由广州市鲁班建筑防水补强有限公司李国雄、李小波执笔，写作过程中得到华南理工大学吴仁培、冯建平教授的悉心指导。特致深深谢意！

第一节　整体移位的原理

会馆的整体移位过程包括三个重要组成部分：首先整体纵向亦即由南向北平移 80.04m，接着顶升 1.085m，最后转轨（转向）整体横向亦即由东向西平移 22.40m（图 6、图 7）。因此，会馆的整体移位包含了平移、顶升、转轨（转向）三个重要技术内容。

（一）平移和顶升的原理

平移的原理其实和火车在铁轨上行驶差不多，在房子平移前要先建造好上、下轨道体系，上轨道体系相当于火车的底盘；会馆相当于火车的车厢，支承在上轨道体系上；上轨道梁的下面是滚轴，相当于火车的轮子；滚轴下面是下轨道体系，相当于路轨。上轨道体系在外加动力作用下，载着锦纶会馆沿着下轨道移动，这就是锦纶会馆移位的简单原理（图 8）。

图6　会馆位移顶升示意图

图7　锦纶会馆移位俯视图

按照这一原理，具体应用于锦纶会馆平移中，可用图 9 予以说明。会馆纵向平移时共设 5 条轨道，图 9a 示出一条纵向墙体下两条轨道的构造。上轨道体系是指在滚轴以上各构件的总和，它包括墙基础下小梁、夹梁、纵横向上轨道梁、斜梁、上轨道槽钢等。下轨道体系则指滚轴以下各构件的总合，包括钻孔灌注桩、下轨道梁、下轨道槽钢等。图 9b，9c，9d 分步示出形成上下轨道体系的主要工序。锦纶会馆顶升就是通过在上、下轨道体系之间设置多个千斤顶，通过千斤顶的同步顶升，达到使会馆整体升高的目的（图 9）。

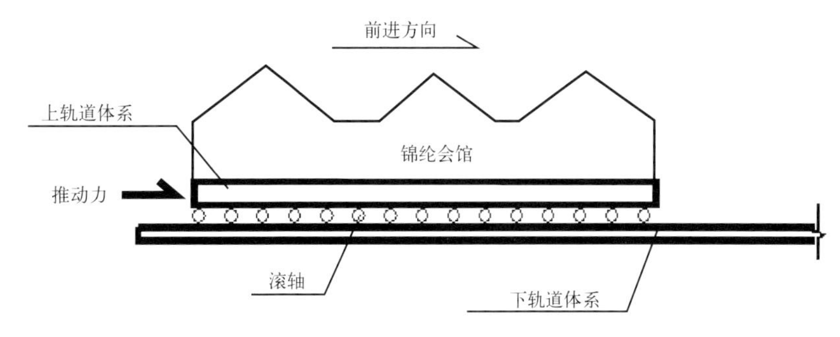

图8　锦纶会馆移位原理示意图

（二）平移、顶升、转轨（转向）存在的技术难点

1. 会馆是一座有近 300 年历史的单层空斗墙砖木结构建筑，它的墙体结构经过长年的日晒雨淋，强度已经很低，人们形容锦纶会馆犹如一块水豆腐，随时都有破碎的

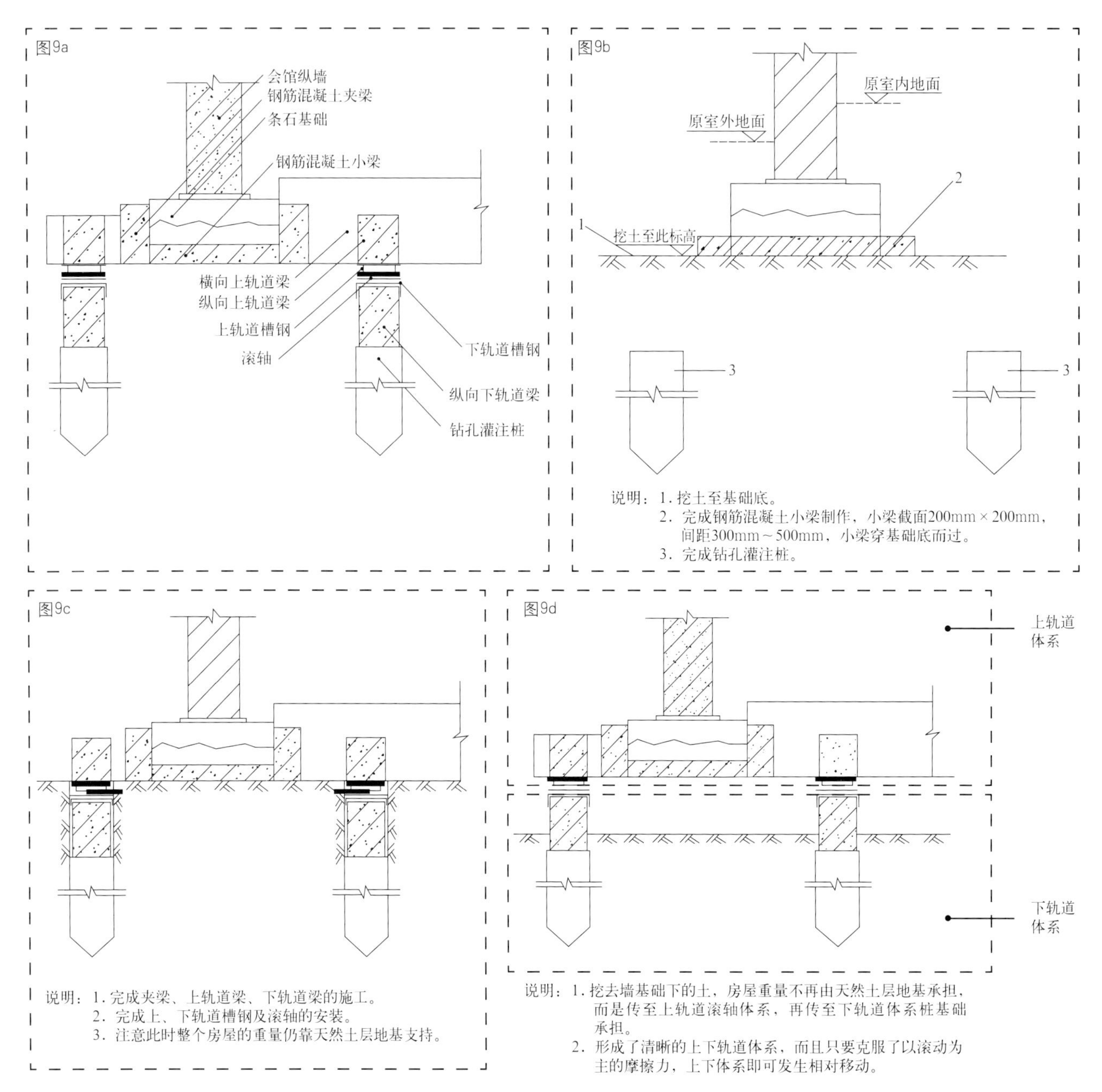

图9　锦纶会馆顶升示意

危险(图 2 ~ 图 5)。将这样一幢几乎不存在整体性，且平面尺寸较大的古文物建筑进行远距离迁移和大位移顶升，如何才能保证其绝对安全？

2. 通常的建筑物移位都是将上部结构与基础分离，只将上部结构进行移位，然后在移位终点重做基础。而锦纶会馆是古文物，为了“原汁原味”地保留原建筑，要求该工程连同基础一起原封不动地进行移位和顶升，建筑物基础中间部分是没有埋深的（图 10），地台面铺青石板，石板上放石础，石础上再放石柱或木柱，而墙体的埋深约 1.4m，要实现柱基础及墙基础整体移位，风险极大；另一方面如上述墙砌体强度极低，所以也不可能采用简单的上部结构与基础分离方法进行移位，这就使得工程的难度大大增加。

3. 由于锦纶会馆是内有大量的木梁、木柱和石柱，以及记载锦纶会馆历史的极其珍贵的 19 方共 21 块石碑，屋顶山墙则是高耸的镬耳墙。在移位顶升过程中，如何才能保证这些文物构件不受到任何的损坏？

4. 该工程是国内外没有先例的整体平移、顶升、转向工程，没有任何可供参考的文献资料。

（三）移位顶升方案的制定

根据规划，锦纶会馆移位后的新位置位于现位置的西北方向。因而，在移位方案的制定中存在两种选择：一种方案是直接从现位置斜向平移到新位置，移动方向与房屋的纵向轴线成一角度，这一方案的好处是可以一次平移到位，平移距离也稍短，其不足之处是移动时的受力方向（也就是移动方向）与房屋的强轴方向（即房屋受力有利的方向）成一角度，从而增大了房屋在移动过程中损坏的风险，并且由于移动方向与墙体长度方向不平行，增加了施工时的难度。另一种方案是先纵向平移再横向平移，移动路线分别平行于房屋的长向和短向，这一方案的好处是房屋移动的方向也是房屋受力的有利方向，因而有利于降低房屋在移位过程中的风险，施工时的难度相对也较小。通过反复论证，最后决定采用第二种方案，即先纵向移位再横向移位的方案。

锦纶会馆的新位置比原位置高了 1.085m，因此需要将会馆整体升高。在确定顶升方案时，也有几种选择：第一种是平移轨道做成倾斜，边移边升；第二种是平移轨道是水平的，然后在某一位置进行垂直顶升。

经过分析，第一种方案若轨道做成倾斜，则一方面移位时的外加动力会增加，作用于房屋结构的内力也会增大，同时房屋放在倾斜轨道上，会产生重力的水平分力，这一水平分力对房屋的受力状态、稳定性也构成不利影响，因此这一方案被否决。对于垂直顶升方案，也存在两种选择：一种是先在原位置顶升，然后才进行平移；另一种是先平移到某一位置再顶升。从节约施工成本考虑，应该是先在原位置顶升后才平移合理，因为房屋顶高后，整个移位结构随之抬高，这样移位沿线的土方就可以少挖很多。但当时由于锦纶会馆的原位置要进行地下隧道施工，有关方面要求锦纶会馆尽快移离原位置，以便隧道能尽早投入施工，故最后决定先将锦纶会馆纵向平移 80.04m，然后顶升 1.085m，再进行横向平移。

（四）平移顶升前的加固保护

锦纶会馆建筑面积为 668m^2，房屋以纵墙承重为主，屋盖荷载通过屋架传给纵墙；房屋内部有二幅横墙及十几条木柱、石柱，用以承受房屋内部的梁架及过廊荷载，柱子支承在石制的柱础上，而柱础则直接放置在石板地面上。锦纶会馆的墙体为青砖空斗墙，经多年的风雨侵蚀，不少部位已肢离破碎，砌筑墙体的黏结材料也早已风化，强度为零，墙体结构的强度极低。房屋内部木梁、柱也存在不同程度的损坏，有些木材已腐朽，有的梁柱节点已分离，梁端脱落，摇摇欲坠。因此，房屋上部结构的整体性极低，或者可以说基本上丧失了整体性。墙体的基础则是由 2 ~ 3 层的红砂石板条相互叠砌而成，整体性也是极低的。可见，锦纶会馆的现状是根本经不起平移顶升的折腾，只有在对会馆的各个部分进行加固保护后，才有可能进行移位。

经过反复研究、论证，最后决定采用在房屋内外用钢管搭设一个空间网架结构体系。该结构通过竖向杆件与上轨道梁体系牢固连接在一起，形成刚度极大的空间结构体系，利用该体系将“墙夹住”、“柱箍住”、“梁托住”(图 10、11、14)。

1．墙体的保护

锦纶会馆墙体的保护思路是：在达到保护目的的前提下，尽可能保持墙体的原貌，减少对墙体的破坏。

墙体保护的具体方法是在墙体的两侧铺设木板，通过钢丝、钢管等将墙体两侧的木板夹紧，再通过钢管斜撑与地面相连，达到加固墙体的目的（图 12，图版 2−11、图版 2−12)。

2．柱的保护

锦纶会馆柱的保护包括两个方面，一是对柱子本身的保护，另一是对柱子的托换保护。

（1）对柱子本身的保护

对锦纶会馆柱子本身的保护，其目的就是要保证柱子在移动过程中，即使受到各种外力作用也能始终保持直立状态，具体做法是在柱的四周用钢管做成一个支架，在柱子的上、中、下三个位置将柱子箍住，钢管与柱子之间用柔性材料垫隔，另用钢管斜撑将此柱支架与上轨道体系连接。这样处理，既保证了柱子维持其直立状态，又不会损坏柱子的外表。

（2）对柱子的托换保护

图10　锦纶会馆的条石基础

图11　密布的网架将会馆牢牢托住

图13　锦纶会馆柱加固

图12　锦纶会馆墙体加固

图14　锦纶会馆石碑保护

锦纶会馆内的柱子有石柱和木柱，形状有方形和圆形，为了使柱子能随会馆一起平移顶升，应预先将柱子与柱基分离，另做一临时托换结构来支承柱子，托换结构本身则支承在上轨道体系。托换结构视柱子的具体情况采取不同的类型。对于石柱，采用钢管卡在石础的凹槽处垫柔性材料对柱础予以保护；对于木柱，采用两个半圆形的钢板箍，内垫橡胶片，用螺栓将钢板箍固定在木柱上，钢板箍与型钢焊成一整体，型钢则支承在上轨道梁上（图 13，图版 2−7、2−8）。

3．梁的保护

锦纶会馆的梁均为木梁，为保证在房屋移动时梁的安全，在梁底设置了几道钢管托住梁体，钢管与梁底的空隙处垫柔性材料加以保护，使木梁处于多支点支承状态，木梁所受到的荷载直接传给钢管，减少了木梁本身的负荷，相应也减少了梁传给柱子的荷载，对柱子的受力状态也起到了改善作用。

4．石碑的保护

锦纶会馆内保存的 19 方石碑，记载着锦纶会馆的历史，是极为珍贵的历史文物。对于石碑的保护问题，有二种意见：一种是在房屋移位前先将石碑拆下，平移到位后再重装；另一种意见是石碑保持原状不动，与房屋一起移位。最后决定采用后一种意见。这样，如何保证石碑在房屋移位顶升过程中不被损坏，就成了一大难题。经过多方论证，石碑的保护方案是：

（1）先在石碑表面覆盖一层泡沫板；

（2）在泡沫板外用木板覆盖；

（3）用方木固定覆盖层（图 14，图版 2−4～ 2−6）。

实践证明，上述对石碑的保护措施是行之有效的，石碑在房屋平移、顶升过程中没有出现损坏现象。

第二节　上轨道体系的设计与施工

前已论述，锦纶会馆经过几个世纪的洗礼，材料强度已经很低，房屋几乎丧失整体性。如何保证在平移、顶升过程中的整体稳定性是首先要考虑的问题，有人形容锦纶会馆的现状就如一块水豆腐，稍一受力就会散塌开来，如果要将这样一块水豆腐捧到另一个位置，最好的方法当然是做一个结实的盘子，把水豆腐放在盘中来移动，并且捧到新的位置后这个盘子最好保留不要拿走。现在，这个盘子就是担任锦纶会馆整体移位重要角色的上轨道体系，整个会馆的上部结构都由上轨道体系承托着。同时，对墙、柱、梁支撑保护的空间钢管网架也由上轨道体系支承，在平移、顶升过程中，所有的外加动力也作用在上轨道体系。可见，只要上轨道体系在房屋搬移过程中不破坏，就能保证锦纶会馆在平移顶升过程中安然无恙。

（一）上轨道体系的设计思路

在进行上轨道体系设计时，应考虑以下几个问题：

1．上轨道体系应具有足够的承载力和刚度，这样才能保证锦纶会馆在平移顶升过程中的安全。

2．上轨道体系应能够与锦纶会馆的墙基紧密结合，这样才能起到将会馆上部荷载可靠的托换（转移）到上轨道体系上。

3．上轨道体系在整体移位完成后能否不拆除。若不拆除，不仅能减少拆除时对房屋的振动冲击影响，还能减少施工费用，而最重要的是，上轨道体系平移后不拆除让其保留的话，它对锦纶会馆原结构是一次极好的加固，将大大增加锦纶会馆尤其是基础的整体性。

（二）上轨道体系的结构类型选择

目前最常用的建筑结构类型是钢筋混凝土结构和钢结构，相比之下，前者更加合适，这是因为钢筋混凝土结构造价较低，与原墙基能很好的结合，并完成荷载传递的转换过程，同时混凝土结构不存在锈蚀问题。在设计上轨道体系时，增设了不少的斜梁、纵梁、横梁，斜梁及墙基两侧的夹梁共同组成一个平面刚度很大的结构体系。

1．上轨道体系制作位置的确定

以往的房屋移位工程，都是将地面 ±0.000 以上的结构与基础分离后进行移位，然后在移位终点重做基础，因此上轨道体系都是做在地面以上。由于锦纶会馆是连基础一起移位的，这样，整个上轨道体系便选择做在地面（±0.000）以下。这样做的好处是：

（1）有利于对文物的保护：对锦纶会馆地面以上的部分基本上没有影响，能最大限度的保留历史原貌。

（2）不需拆除上轨道体系：避免了拆除时的冲击、振动对建筑的不利影响。

（3）节省了拆除上轨道体系的施工费用。

（4）相当于对会馆的基础进行了一次永久性的加固：前已提及，上轨道体系是用钢筋混凝土制作的刚度、承载力很大的格构式结构，而锦纶会馆的墙基都坐落在上轨道体系上并且与之连接成为一个整体，使得原墙基的强度、刚度都得到了大大的加强。

2．如何将锦纶会馆的荷载托换（传递）到上轨道体系。

要将房屋移位，就必须将它与地基分离，房屋的荷载先传至上轨道体系，然后传至滚轴，再传至下轨道体系，在外加动力作用下，房屋就随上轨道体系一起移动。

锦纶会馆是砖墙承重的砖木结构，主要荷载也就是墙体荷载，墙体荷载是通过下面二个途径传到上轨道体系的：

（1）在墙基两侧制作钢筋混凝土夹梁，墙体荷载通过墙基与夹梁之间的黏结力、摩擦力和机械咬合力将荷载传递给夹梁，夹梁再将荷载传给上轨道体系的横梁（图 15）。

（2）上面所说的荷载是极小的，因锦纶会馆的墙体为斜墙且强度极低，另一方面也不可能采用加侧压力的手段来增加墙与夹梁之间的摩擦力，又考虑到会馆的基础是 1 ～ 3 层的石块叠砌而成，整体性极低，故在墙基的基底每隔 30 ~ 50cm 设置一条钢筋混凝土小梁托住墙基，小梁穿过墙基底，两端锚固在墙两侧的夹梁内，使得部分墙体荷载可以通过小梁传给夹梁再传给横梁（图 16）。实际上会馆的墙体荷载主要是通过这一途径传到上轨道体系的。

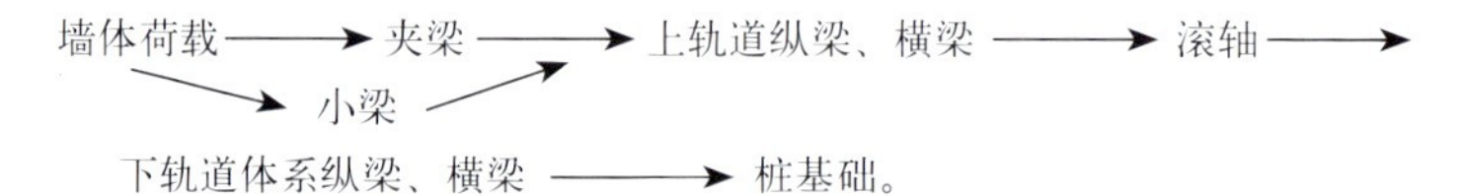

图15　夹梁及上轨道梁的施工

（三）上轨道体系的施工

锦纶会馆的上轨道体系是由钢筋混凝土纵梁、横梁、斜撑及墙基两侧的夹梁组成的平面格构式结构。

上轨道体系施工时，首先需在墙底施工小梁，在此过程中，或多或少对原基础都有一定的扰动。因此应考虑如何保证锦纶会馆在施工时不发生基础的附加沉降，避免因沉降导致房屋开裂。在实际操作中采用了分段、跳开的方法进行施工。

小梁施工完毕，接下来就施工夹梁和纵、横梁。在施工夹梁时，为保证夹梁和墙体能紧密结合、可靠传递荷载，需对两者连接的界面进行处理。

在进行上轨道体系的纵横梁施工时，要求梁底一定要平直，因为移位时纵横梁也是轨道梁，若梁底不平，会造成移位时的阻力增大。若梁不直，则会导致移动荷载偏心作用在梁上，使梁受到附加扭矩的作用，对梁的受力不利。

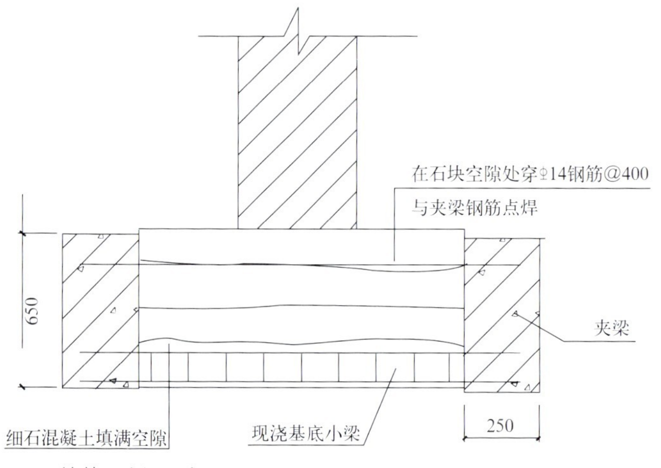

图16　墙基下小梁示意图

第三节　下轨道体系的设计与施工

下轨道体系在锦纶会馆的移位过程中扮演路轨的角色，它主要是由下轨道梁和基础组成。由于下轨道体系属于临时结构，在房屋移位完成也就结束历史使命，故在设计时主要考虑移位时的安全可靠性，而不须考虑其耐久性。

锦纶会馆的地质勘探报告显示，由地面至地下 10m 左右，依次为杂填土、素填土和淤泥。土质情况不理想，土的压缩性高、变形大，若在其上建浅基础路轨，恐沉降较大，危及锦纶会馆的安全。因此决定采用桩基础，桩基沉降很小，虽然造价稍高，但能确保锦纶会馆移位时路轨的安全。选择采用桩基础的另一个原因是：因为整个上轨道体系已经是做在地面以下，而下轨道体系比上轨道体系还要低，所以若采用浅基础作为下轨道梁的支承，则施工时对锦纶会馆的基础存在超挖（即开挖的深度超过了锦纶会馆基础的埋深）而危及房屋的安全。采用桩基础，则只需沿桩的路线开一条沟槽做下轨道梁即可，对房屋基础的影响较小（图 17）。

（一）下轨道体系的设计思路

1．下轨道基础的设计

如上所述，下轨道梁基础决定采用桩基，桩类型为钻孔灌注桩，桩径分成 300mm、400mm、500mm 三种，

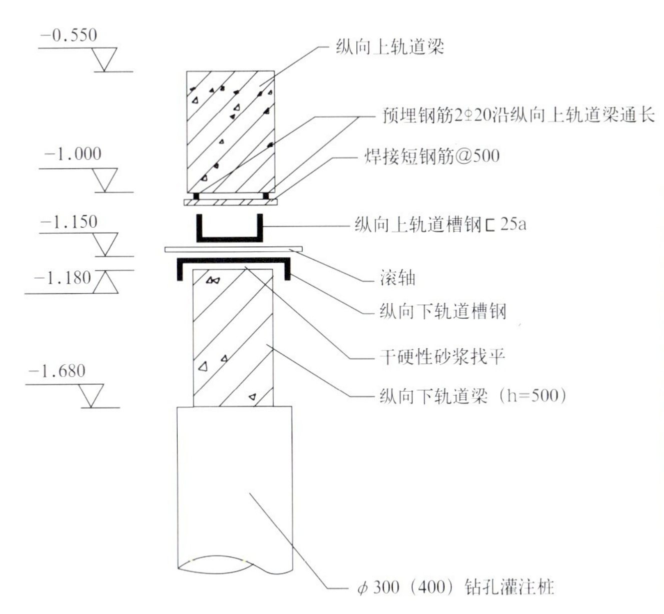

图17　上下轨道梁关系剖面图

图18　室外下轨道梁在施工当中

300mm 和 400mm 直径的桩用于平移沿线，500mm 的桩用于顶升段，桩端支承在强风化或中风化泥岩上，平均桩长 12m 左右。钻孔桩应相间跳开施工，成孔后应尽快浇捣放了早强剂的桩混凝土，避免对地基基础的影响。

2．下轨道梁的设计

下轨道梁采用钢筋混凝土结构，主要是考虑用钢筋混凝土结构与桩的连接较为可靠、简单，梁本身的刚度较大，房屋移动时产生的挠度变形较小，工程造价也较低。

在进行下轨道梁的强度设计时，其内力计算模型及构造处理均按连续梁考虑，不考虑塑性调幅（即不考虑内力折减），以此作为强度储备。

（二）下轨道体系的施工

下轨道体系的施工主要是钻孔灌注桩和下轨道梁，在进行桩施工时，桩位一定要准确，因为平移轨道的方向是固定的，桩位不准将导致下轨道梁的支承偏位，危及房屋移位的安全。

下轨道梁按一般土建规程进行施工，由于房屋移位的工期要求紧，因此在浇筑下轨道梁的混凝土时，掺了早强剂，同时不拆底模，这样在下轨道梁完成 5 天后，就可以让房屋通过（图 18、图 19）。

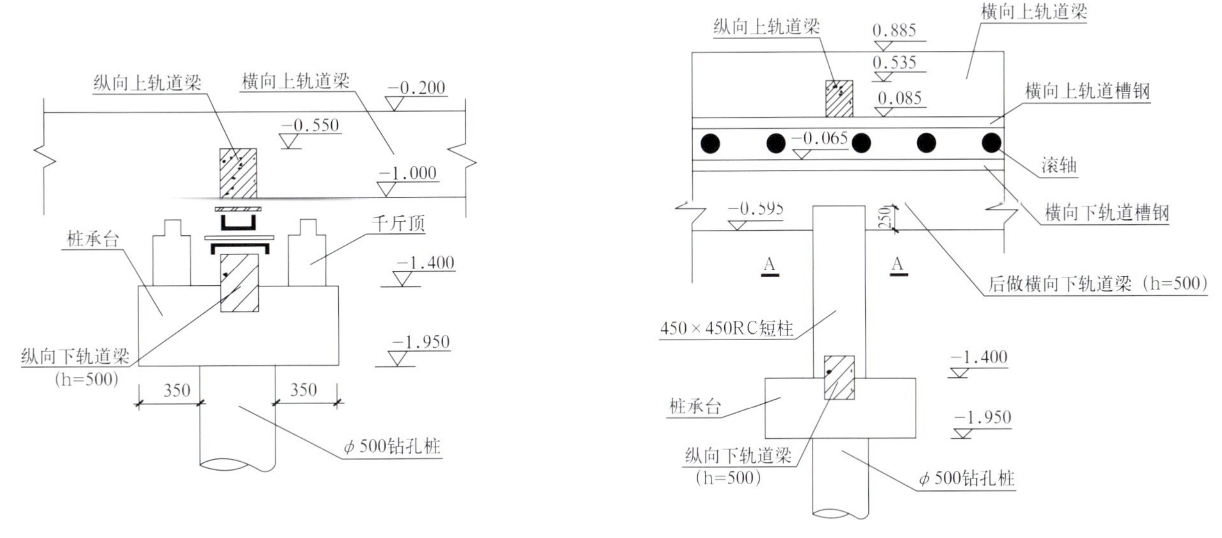

图19　上下轨道梁移位前后关系剖面图

第四节　顶升的设计

（一）顶升的技术难点

建筑物的平移和整体顶升都属于高技术、高风险的施工过程。锦纶会馆在平移过程中还要整体升高1.085m，因而难道更大，技术要求更高。这是因为必须考虑：顶升时，千斤顶的支承点如何考虑（千斤顶支承在何处）？如何使平移的结构和顶升的结构巧妙地结合在一起而不会互相影响？如何才能保证在平移路线上（而不是在原址）对会馆进行顶升时的安全？如何保证会馆在顶升过程中不出现侧向位移乃至失稳？如何解决平移与顶升的转换过程？因为会馆纵向平移后进行整体顶升，顶升结束后还要进行横向平移，怎样才能做到工序之间的交替进行而又不互相阻碍？

（二）顶升体系的设计思路

将锦纶会馆升高的动力来自千斤顶。根据设计，共用了142个千斤顶，千斤顶上端顶在横向上轨道梁，下端则支承在专门制作的顶升承台上，顶升承台呈矩形状，其尺寸为1200mm×500mm×500mm，矩形的两端用来支承顶升千斤顶（图20），顶升承台由ϕ500mm的钻孔灌注桩支承（已预先施工完毕）。顶升承台位于纵向下轨道的两侧，承台面标高比下轨道的轨道面标高稍低，这样就不会影响房屋的纵向移动，经过这样的处理，就能够满足会馆纵向平移完成后接着进行顶升这一转换过程所需的条件。但是如何保证锦纶会馆在顶升过程中的安全，是设计人员遇到的又一难题。

显然，将房屋升高的难度、风险性都远大于平移，稍有不慎，轻则房屋开裂，构件损坏，重则房屋可能因失稳而倒坍。

为了保证锦纶会馆在顶升过程中的安全，采取了以下项措施：

1．在锦纶会馆纵向上、下轨道间（千斤顶则是放在横向上轨道和顶升承台间）放置垫块（钢管或混凝土垫块），千斤顶每顶完一级行程，就将垫块垫紧，从而保证了在安装、调整千斤顶期间的安全。由于整个顶升过程需几天才能完成，故在每天完工后，除了千斤顶支承着房屋外，其两侧的垫块也垫紧，相当于房屋增加了一倍的竖向支承，安全性大大增加。

图20　锦纶会馆柱托换

2．由于在顶升过程中，整幢房屋就支承在142个千斤顶上，此时的房屋就靠这142个接触点的摩擦力来抵抗水平力的作用。而在顶升过程中，因各种因素的影响，会产生一定的水平作用力，一旦此水平作用力大于接触点处的摩擦力，就会引起房屋水平位移，后果不堪设想。

为此，设计人员在锦纶会馆的上、下轨道体系中均匀设置了8个防侧移装置。每个防侧移装置由四条侧限柱组成，分别位于纵横上轨道梁十字交接处的四侧，该四条柱下端固定在桩承台上。在顶升时，若锦纶会馆一旦出现水平位移，则防侧移装置就起到限制水平位移的作用（图21）。实践证明，防侧移装置在顶升过程中确实起到了很大的作用。

图21　侧限柱的应用

（三）平移与顶升的动力装置

1．平移动力的设计

要使房屋移动，只须克服滚轴与上、下轨道间的摩擦力即可。根据计算，使锦纶会馆移动所需的动力约为1500～2000kN左右。锦纶会馆纵向平移时有5条轨道，横向平移时有16条轨道，在设计动力时，纵向平移采用10台100t的电动千斤顶，5台在前面拉，5台在后面推。横向平移时，也采用10台千斤顶，全部布置在后面推。由于千斤顶的动力有较大的富余，因此移动时并不需要同时开动全部的千斤顶。

2．活动反力架的设计

由于千斤顶的行程有限，故需设计一个可移动的、能为千斤顶提供后座反力的装置，活动反力架的作用就是为千斤顶提供一个固定的支点，它应有足够的承载力和刚度，房屋移动时，千斤顶的前端抵在上轨道梁上，尾部则通过活动反力架抵在下轨道梁上，活动反力架用钢板焊拼而成，其两端下伸的钢板刚好卡着焊在下轨道槽钢上的卡板（下轨道槽钢每隔1.5m左右焊一对卡板），随着房屋的前移，千斤顶和活动反力架也随之移动（图22）。

3．顶升动力的设计

锦纶会馆总重约1800t，根据上下轨道体系的布置情况及受力分析，在会馆内外共布置了142个千斤顶作为顶升的动力。千斤顶下端支承在预先制作好的顶升承台上，上端顶着横向上轨道梁。单个千斤顶需提供的顶升力经计算，最大为600kN，最小为60kN。千斤顶采用液压及机械千斤顶，根据顶升力大小采用了100t、50t、32t和20t几种规格。

第五节　移位实施前的各项准备工作

在会馆移位实施前，已经先后完成了以下工程内容：

对会馆进行第一次加固→室内、室外钻孔灌注桩施工→上轨道体系施工→柱托换处理→对会馆进行第二次加固→下轨道体系施工→安装上下轨道、滚轴。完成了上述这些工作，就具备了墙基与地基分离改变房屋荷载传递路线的条件，即由原来的墙体荷载→墙体基础→地基（土层）转变为墙体荷载→上轨道体系→滚轴→下轨道体系。将墙基与地基分离的方法是将墙基下的土挖去一层（图23），使墙基不与地基接触，墙基就自然转而由上轨道体系承担了。

图22　活动反力架

图23　工人将墙基下的土挖走

（一）安装动力推动装置

使锦纶会馆移动的动力来自千斤顶，为了保证在移位时能做到步调一致，在安装之前，应先对每个千斤顶进行调试，掌握其推进速度，合理调配，对直接承受千斤顶作用的部位应做局部加强处理，防止因局部受力过大而破坏。

（二）建立指挥与监控系统

1．建立指挥协调系统

房屋移位是一项由多层次管理人员和具体操作人员同时参与的工作，同时，房屋移位的同步性要求很高，故统一指挥协调至关重要。

在会馆平移顶升工程中，分别成立了指挥部、技术组、轨道组、电工组、机械动力组、应急组及后勤组等部门。各个部门在指挥部的统一指挥和领导下，各司其职，一切行动听指挥，确保指挥部下达的各项指令能准确、快捷地得到贯彻落实。在平移顶升过程中出现任何异常情况，也能第一时间反馈到指挥部。

2．建立测量监控系统

房屋在平移及顶升过程中，需要对大量的数据进行测量、处理，如：房屋每条轨道在千斤顶每次行程中的移位量、偏位量、相邻轨道移位量的偏差值、房屋各个测量点的沉降量及沉降差、每个千斤顶的压力表数值等等。所有这些测量工作都有专人负责实施，并把测量数据及时准确地反馈到指挥部，指挥部的电脑操作员将各种数据输入电脑进行处理，其结果作为指挥人员进行指挥决策的依据。

第六节　整体移位实施过程

（一）试移

在锦纶会馆正式移位前，先进行了试移。所谓试移就是让千斤顶动作很短的时间，一般是几秒至十几秒。试移的目的一是对上、下轨道体系和动力系统的可靠性进行最后一次的检验；二是对指挥体系和测量监测体系进行“路演”，以检验指挥部下达的指令能否得到贯彻执行，各类测量工作的数据反馈是否及时、通畅；三是让参加移位的不同岗位的工作人员有一个互相适应的磨合期。

（二）纵向平移过程

经过试移，一切正常后，会馆就正式开始了纵向平移。为了保证会馆平移过程的安全、准确，在平移时，共用了七台水准仪对会馆四周墙体的沉降及位移进行动态观测，用两台经纬仪对会馆前进方向的偏移进行动态观测，每次观测的结果都输入电脑进行处理。测得的数据一旦超过控制警戒值，马上采取相应措施进行调整。

千斤顶每次行程约15cm，需时约2min，这也意味着会馆平移的前进速度是2min移动15cm，相当于每小时4.5m的前进速度。然而千斤顶每走完一个行程后，反力架和千斤顶要随之前移，重新安装顶紧。这样，千斤顶完成一个行程的时间约在10min左右，所以会馆实际的移动速度大约是每小时1m左右。

由于房屋移动时非常的平稳、缓慢，因此在锦纶会馆里面的人丝毫感觉不到房屋的移动，杯子里装着的水没有一丝的晃动，安放了一个乒乓球也没有任何滚动。

在平移过程中，当前进方向偏离到需进行调整时，可通过调整滚轴（特别是最前面一跨的滚轴）与轨道轴线的夹角来实现。若偏离的数值较大，还需同时调整电动千斤顶的工作时间。

锦纶会馆从2001年8月18日开始纵向移位，至9月10日完成80.04m的路程，共用了24天（期间因各种原因停移了6天），其中最多的一天移动了11m（图24，图版2−41）。

（三）顶升过程

锦纶会馆纵向平移到位后，接着是要将其顶升1.085m。其施工顺序是：在每个顶升承台安装2个千斤顶→顶紧千斤顶→拆除纵向上、下轨道槽钢及滚轴→在纵向上、下轨道间垫上垫块→千斤顶向上顶升→垫紧上、下轨道间的垫块→千斤顶向上顶升→垫紧上、下轨道间的垫块→千斤顶向上顶升……

由于顶升过程的风险性远高于平移，因此“稳定压倒一切”就成为是否能够保证锦纶会馆顶升过程安全的关键所在。

为了保证顶升的同步性，在顶升时，既要控制各个千斤顶每级顶升时的压力值，又要控制每级顶升时的顶升位移量，即要达到“双控”（图 25）。

图24 路漫漫，终有期——纵向移位结束

图25 顶升工作在进行中

整个顶升过程从 2005 年 9 月 14 日开始，9 月 16 日完成，共用了 3 天时间，锦纶会馆整体升高了 1.085m。

（四）横向平移

顶升结束，接着进行的工作是横向平移 22.40m，并最终将锦纶会馆安放在华林寺地下停车库（与锦纶会馆移位期间同时建造）的顶板上。地下车库钢筋混凝土顶板做成反梁形式，反梁兼作会馆横向平移时的下轨道。顶板下面特别放置了橡胶隔震垫，使这座 300 年前建造的古建筑也具有了抗震能力。

由于顶升的缘故，整个房屋标高抬高了，所以会馆的横向下轨道梁除华林寺旁车库顶板反梁外其他部分只能在顶升完毕后才能制作。

横向平移的施工顺序是：制作横向下轨道梁的支承柱→制作横向下轨道梁→铺设横向下轨道槽钢→放置滚轴→铺设横向上轨道槽钢→横向平移。

由于锦纶会馆呈矩形，故横向平移时方向更难以掌握，而且也更容易产生扭转，从而导致严重后果。故在进行横向平移时轨道多达 16 条，每级的位移量较纵向位移量略小，以便于前进方向偏位时的调整（图 26、图 27）。

图26 横向下轨道体系在施工中

图27 工人在敲打滚轴以调整前进方向

图28 锦纶会馆安全地整体平移到位

第五章
锦纶会馆移位后结构维修概要[①]

锦纶会馆整体移位到新址后，对其保护还未大功告成。不少人甚至有个别专家预言移位后的锦纶会馆只要松绑，马上倒塌。所以，整体成功移位只是锦纶会馆保护的第一步。如果锦纶会馆松绑后倒塌，那么第一步的整体移位就没有意义，而且是最大的浪费和对文物最大的破坏。所以，对整体移位后的修缮不可轻举妄动。

第一节　松绑和临时支撑

锦纶会馆落地后第一工序就是松绑。当然，不采取措施就贸然松绑，肯定会像某些人预言那样马上倒塌，因为整体移位中，锦纶会馆的整体结构已达到新的力学平衡，捆绑支撑力一旦撤销，锦纶会馆就会处在非稳定状态。所以拆除平移时的满堂红支撑必须分步实施，并且增加某些必要的临时新支撑。

第二节　落地

整体移动两段共102m后的锦纶会馆如何下地？是第二步修缮的第一个难题。新址的基地就是地下停车场的顶板。所谓“落地”，就是锦纶会馆的新基础——钢筋混凝土夹梁如何与地下停车场的顶板连接。广州大学岭南建筑研究所提出的方案是用花岗石块逐段把上下轨道之间的槽钢和钢辊轴置换，不留铁构件在锦纶会馆的地下，避免日后因铁构件生锈后失去支承力而使锦纶会馆产生不均匀下沉。广州市设计院提出的方案是用混凝土把上下轨道连同槽钢和钢辊轴全部填埋，施工干脆利落。最后，市建委认为第二方案风险少，决定采纳第二方案。因为锦纶会馆的产权问题一直没有解决，使报建工作拖延了一年多，至2003年4月，锦纶会馆再启动落地修缮的加固工程（图版2-40）。

第三节　架空层的浇制

锦纶会馆的地面纵向标高本来是一进一进递增，又因按照复原设计，平移后第一进地面标高要比新建的康王路人行道高30cm，而锦纶会馆的新址是新建的地下停车场顶面，所以，对锦纶会馆地面的回填土有较多的限制：一、回填土要有隔水性；二、回填土要控制在一定的厚度，以免因渗水和荷载过大影响下面的停车场顶板。

经研究，决定前后广场、第一进和前天井（内院）地面与地下停车场顶面之间的空间回填隔水性能好的黏土，分层夯实。因后来找不到合格的黏土而改用石屑加6%水泥作回填材料。第二进后天井和第三进地面与停车场顶面之间的空间因有1m多高，宜采用架空处理，以减少对地下停车场顶面的荷载。利用平移时的钢筋混凝土底盘作框架梁，上面浇制20cm厚的钢筋混凝土地板，为防水，架空层内的停车场顶板上表面涂永凝液。架空层内侧墙夹梁底预埋疏水管，以排走可能进入的积水，管口封钢丝网防老鼠进入。架空层内布置毒土防白蚁。地面留多个检修口。但架空层内的通风未作处理。

① 本章由广州大学岭南建筑研究所汤国华执笔。

第四节　结构加固

锦纶会馆松绑后就要进行结构加固。结构加固分如下五项进行。

（一）承重墙基础的加固

锦纶会馆的主要承重墙是两侧山墙，或称纵墙。横墙是自承重墙。承重墙基础不牢固或不均匀下沉，必然引起墙体倾斜或开裂。锦纶会馆落地后，其地基实际上就是停车场顶层的钢筋混凝土肋形楼盖，该楼盖按满足支承会馆的全部荷载来设计，因此是很安全的。而会馆的基础实际上已扩展为整个上轨道体系。考虑到在移位过程中，夹梁与墙体间可能有局部剥离松脱，从而影响墙体与“扩大”了的基础的连结，因而作了灌浆处理，效果是良好的。

（二）倾斜墙体纠偏与加固

倾斜墙体纠偏是非常困难的工程。因为墙体经历了几百年风雨影响，砂浆强度已经降至很低；后人乱开洞乱搭建等不当使用的破坏也很严重；屋顶长期漏雨造成的墙体砖块潮湿霉烂较多，所以倾斜墙是较松散的危墙。对于倾斜墙体的纠偏采取两种方法：一、对上下倾斜度接近、整体性较好的山墙，进行整体纠偏，纠偏后灌浆加固基础和墙体，并采用钢筋拉结两侧山墙；二、对于下部倾斜量较少上部倾斜量较多的后墙和廊墙，拆除上部严重偏斜的部分重砌并加压顶梁加强整体性。

对于倾斜严重的承重山墙的纠偏要非常慎重，如中路第三进东山墙和东路第三进东山墙。特别是中路第三进东山墙，厚 28cm，与正脊桁交接处高 8m，从墙脚开始倾斜，至正脊桁底，向东倾斜 38cm，远远超出安全极限值，而且墙面呈窝形不平，把比它矮的紧靠它的 24cm 厚的东厅西山墙也压歪，暂时靠外支撑撑顶才不倒（变形观察参阅附录五）。对它的纠偏，曾有以下四个方案：

1．全部拆除按原状重砌。

2．倾斜墙体不动，在倾斜方向即墙的东面新浇制一堵钢筋混凝土墙，作为倾斜墙的支托，并在东厅做框架梁支撑新墙，达到同时保住两路东墙的效果，所有混凝土表面贴旧青砖片以保证墙面一致性。

3．保留上部镬耳墙体，先把它夹牢移开，拆除下部倾斜墙体重砌，再把镬耳墙体移回新砌墙顶复位。

4．整体纠偏，墙体的窝形不作处理。在石墙裙顶部沿墙纵向、分段浇筑一条整体的入墙钢筋混凝土梁，在该梁的垂直方向，整体连结着若干小梁，这些小梁即为撬动整墙向垂直方向转动的“杠杆”，当用千斤顶在小梁端部加力时，会带动入墙钢筋混凝土梁轻微转动，在梁上的墙体也随着转向垂直方向。

对于第一方案，虽然是施工时风险最小，重建后墙体最安全，也可以把墙体的窝形消除，但有以下几点需慎重考虑：一、此墙虽然倾斜严重，但墙的整体性还算好，未到非拆不可的程度。二、此墙顶部的镬耳是最有特色的部分，基本完好，拆除重建难免改变原状，违背当初确定锦纶会馆移位保护的宗旨。三、墙上古碑要卸下。

对于第二方案，虽然可以阻止墙体继续倾斜，但视觉上墙体仍然是倾斜的，而且墙体厚度增大，东厅室内空间变小，对原状改变较大。

对于第三方案，虽然保住顶部的镬耳，但是施工难度大，而且影响到古碑的保护。

对于第四方案，如能整体纠偏成功，就可以保住墙体原状和古碑，符合整体移位保护的宗旨，但是施工难度和风险都很大。

对以上方案进行了多次利弊比较和施工细节的论证，并在现场做了探索性实验，最后决定采取第四方案（图版 3–53）。

在第四方案实施中，还克服了一些预想不到的难题。如：在纠偏过程中发现墙体整体有微量水平位移，如何控制这些位移，工字钢的支点设置在哪里最合适？因墙体不平整，呈窝形状，纠偏时哪段工字钢提升多一些，哪段少一些？等等。由于在施工过程中加强了监测，能及时发现并能群策群力及时解决问题，这些难题最终都能得到解决。

（三）山墙拉结

岭南传统建筑硬山墙的一个最大弱点是容易外倾。在清中以后，岭南祠堂会馆建筑的山墙发展到高厚比大于25：1，也就是说，墙厚27cm，墙高达8m以上。这种承重砖墙做法在后来的类似的民国建筑中，已经在外侧正中增加了壁柱，提高了抗风和抗震性能。但现存锦纶会馆的山墙是清代遗物，不允许改变原状，为了加强其防外倾能力，除了加强所有木桁头与山墙搭接的紧密性外，还参考清末民初为加强砖木结构整体性而使用的铁件加固方法，在两侧山墙的山尖内埋设前中后3条铁拉杆，中间用花篮螺丝收紧，达到增强山墙上部稳定性和整体性的效果，避免日后山墙可能的外倾（图1）。

紧贴中路的东、西路建筑对中路山墙的扶持起很大作用。因为中路镬耳山墙很高，对它们的稳定性除了采用上述拉杆技术外，还利用较矮较稳定的东西路建筑对它们的扶持作用。

东路的东厅和东阁紧靠中路第三进东山墙，加强了它们的稳定性，则对已纠偏的东山墙起到了很好的扶持作用。东路的倒座的南墙和西墙，因整体太破碎和歪斜严重，实行了拆除重砌，这对中路第二进没有纠偏的东山墙也起到了扶持作用。

西路全部要重建，在重建设计时，考虑本身的整体稳定性，还要考虑防止中路没有纠偏的前中后三进西山墙的继续外倾，采用隐蔽钢筋混凝土框架构造，以保证新建西路建筑的稳定性，同时对已经外倾的中路西山墙起支撑扶持作用。

（四）压顶梁

为了增强松散的中路前院的左右廊墙墙体整体性，在中路前院的左右边廊外墙顶加设了钢筋混凝土压顶梁，再在压顶梁上重砌护墙（即古代防盗墙）。另外，中路第三进的后墙原有两条紧贴后墙的半边石壁柱，其作用是与后墙一起支承第三进的两榀木梁架。这种采用半边石壁柱承重是极不稳定，也是少见的。为了把该历史信息传给后人，又要保证修缮后的使用安全，采用了如下结构措施：先把木梁架的底梁（九步梁）端头按照原状压在石柱顶和后墙顶上，再在后墙顶上设置压顶梁，把底梁端头牢牢压住。同时，压顶梁在东西两端转90度，伸入两侧山墙内1m，这样就加强了后墙、壁柱和山墙三者承重结构的整体性。在压顶梁面还复原了后天沟，以解决岭南建筑常见的后天沟漏水的问题。

图1　两侧山墙的拉结

（五）柱的提升和扶正

1．下陷柱的提升与复位

柱子下陷的原因是柱基础下陷。一般情况下柱基础下陷量不大，较容易提升复位。在锦纶会馆移位前的柱基础托换中，因地基情况复杂，处理经验不足，第三进西檐柱下陷了43cm，导致屋顶正脊在正间和次间连接处也下陷36厘米。对此柱的提升复位有二个方案：顶升法和吊升法。前者要在下陷的柱底设置千斤顶，把柱子和屋架整体顶升至原标高。后者是先把压在屋架上的桁条移开另外支承，然后把下陷的屋架与柱子同时吊起。根据重心与支点的力学平衡关系，支点在重心下面是不稳定平衡，支点在重心上面，是稳定平衡。顶升法是属于不稳定平衡，吊升法是属于稳定平衡，所以采用吊升法对倾斜柱提升更安全、更准确（图2）。

图2　下沉柱的吊升

吊升法是：下陷柱提升复位前要先把部分屋面瓦卸下，桁条移开。因屋架多条梁与柱子连接而不可能完全脱离柱子，所以先把屋架另行支撑，减少下陷柱的荷载。然后把下陷柱和屋架同时分步吊升，在吊升的每一步，都要加楔子支撑屋架，并把屋架扶正。柱子吊升到原高度后停住但不松绑，再提升石柱础至原高度固定。当柱子与柱础对位后，慢慢把柱子放在柱础上才把柱子松绑，最后把梁架的支撑卸掉，其荷载重新落在柱子上。

2．倾斜柱的纠偏

锦纶会馆的所有柱子都有不同程度的倾斜，个别还有弯曲。这种现象在移位前已经发生，在整体移位后，也有一些新的变化。维修中仅对倾斜严重的柱子实行纠偏处理。参照柱子提升的经验，对倾斜柱的纠偏采用吊升法。先把柱顶梁架扶正，另行支撑和固定，使梁架重量不落在纠偏柱上；再把纠偏柱用手动葫芦吊起，扶正下部，对准柱础，然后慢慢放下柱子，让它落在柱础上；扶正上部后，最后把梁架的重量也落在柱顶上。

（六）木屋架的扶正

因为两侧山墙的外倾，木桁移动，不可避免会把屋架拉歪。比较严重的是中路第三进东边屋架，因东山墙严重外倾，连带东边屋架也有东倾。屋架不正，对柱子产生附加推力，使柱子失稳，后果严重。屋架的扶正也采取暂时移开桁条，用吊升法扶正后再用桁条把屋架固定。

（七）危险的承重构件原状更换

锦纶会馆的危险承重构件有屋顶上腐烂的木桁条和木桷板，有墙体上断裂或粉化的青砖，有断榫头的木梁，有已经严重碳化的混有木棍的钢筋混凝土驳柱。对不同的危险构件采用不同的维修方法：

对屋顶的腐烂的木桁条和木桷板，全部用足尺的旧硬木更换。并按照遗留痕迹全部恢复木桷上固定瓦件的硬木瓦钹。

对墙体上断裂或粉化的青砖，采用个别挖补法更换，即把废砖剔出，补上同规格同质地的旧青砖。整砖之间的裂缝视其缝宽采用填灰补缝或低压力灌浆补缝，以加强墙体的整体性。

对断榫头的木梁，因为整条木梁基本完好，只因长期檐口漏雨腐蚀梁头导致榫头腐烂。为了最大限度保留原构件，在原木梁身内埋入新硬木，一端伸出梁头作新榫头。埋在木梁内的硬木与梁身要用铁螺杆牢牢连接，以达到保留原木梁又保证安全的目的。

对已经碳化的混有木棍的钢筋混凝土驳柱，从现场分析，是因檐口太高，原石柱不够长，曾用短木柱接驳石柱。后来短木柱损坏，维修者用钢筋混凝土柱替代木柱，也许20世纪五六十年代钢筋缺乏，用了木棍补充不足的钢筋。本次维修把危险构件钢筋混凝土驳柱拆除，用同尺寸的新硬木替代，使驳柱与木梁架的结合牢固（图版3−42、3−43）。

第六章

锦纶会馆移位后结构维修施工（要点）①

锦纶会馆整体移位后，随之进入重新修缮和复原阶段。考虑到锦纶会馆整体移位工程呈现的复杂性和重修工程的延续性，经广州市文化局领导班子和文物专家的充分研究论证（图版3-1），决定重修工程仍由负责整体移位工程的广州市鲁班工程公司总承包，并负责结构落地及墙体纠偏的设计；修缮方案和设计由广州大学岭南建筑研究所承担，工程建设和督导则由广东民间工艺博物馆负责。

经一系列的紧张筹备和组织，锦纶会馆维修工程于2003年3月全面铺开。

第一节　松绑

在进入维修施工实施阶段，首先要对被建筑专家戏称为“水豆腐”的锦纶会馆主体建筑移位时的整体“捆扎”进行“松绑”。

移位前对建筑主体的“捆扎”固定，既是整体性的，又是全方位的。上至山墙“镬耳”顶端和琉璃屋脊，下至墙、柱基础，外及砖雕、屋檐、门窗，内到梁架、石碑、立柱和楼阁，均根据需要分别取用工型钢、槽型钢、钢板、大小不一的钢筋铁丝、木桩木板以及海绵、泡沫板、橡胶片等材料进行包裹、固定和保护，上下内外取钢管无数连结整体，并起支顶、拉结或夹紧作用。

由于建筑主体十分脆弱，又经基础置换和整体移位，怎样“松绑”才可将因结构受力不匀发生移位和原建筑本体继续受损的可能降到最低，避免下一步维修施工的复杂性和难度的增大，为连续施工顺利衔接提供良好的前提条件，成为整个维修工程铺开前需考虑的首要问题。经合议研究，“松绑”施工应按下列原则和程序进行：一、确定先后，宁缓勿急；二、从上至下、从外至内和从轻至重，分清主次；三、整体与局部的动态监测，尤其是重要结构部位和原险情部分的监测与支顶保护的置换准备相结合；四、条件许可的部位，边“松绑”边维修；五、作重点保护的石碑，其包裹物料至需要维修时再行拆除。据此，“松绑”施工有条不紊地逐步展开（图版3-2，3-3）。

“松绑”工作从解除屋面的捆扎物料并由上至下开始，由于涉及主体建筑的墙体和梁架等主要结构部分，工程技术人员仔细校对测量记录数据，并重新测量了重要部位，补充未知数据，以便有针对性地对“松绑”过程中出现的变动情况采取动态的维修对策。在此，必须强调的是，整个松绑过程并不是原来“捆扎”的单纯逆过程，实际上“松绑”开始也就是结构维修的开始。期间由于结构维修的需要，暂时拆除某些构件，会导致会馆结构工作状态的改变，例如屋面“揭瓦”、楞条拆除等。这种结构工作状态的改变必须给予十分的重视，如处理不当可能引发大祸，因此，在整个维修过程中，我们都十分注意这一关键环节。此外，动态性的指导思想也一直得到贯彻，包括运用于一些未明朗的环节中，保证了维修过程中结构的安全，从而提高了维修工程的效率和质量。

“松绑”初期，发现首进正殿西“镬耳”山墙一侧檐口原砌筑物料缺失脱落并且风化严重，严重影响整个“镬耳”山墙的安全（图版3-12，3-13），如不及时处理，会有坍塌的可能，于是采取了即时加固修补复原措施，加强了“镬

① 本章由广东民间工艺博物馆李继光执笔。其中第八节的部分内容由广州市鲁班建筑防水补强有限公司李国雄、李小波提供素材，谨致谢忱。

耳”的整体性，险情得以解降。按照“松绑”原则，在先行拆卸了捆扎物的外墙外侧，即时搭设施工排栅，对主体建筑外墙进行清洗、拆建（拆除后加门窗和搭建物，砌堵门窗洞）、修补墙面等一系列复原工程。与此同时，逐步拆除主体建筑内部对结构受力较小，只起连接作用又妨碍前期施工的钢管等捆扎物。

为使所有移位时用呈井字型的槽钢夹稳悬空固定的柱子平稳落地并与墙体基础同处于同一基础体系中，先拆除了整体移位时连结于底盘纵横梁间的连系梁（既减少荷载，又便于基础灌浆和整体落地）。在位于正对柱子底部，选取一对的纵梁或横梁，用连接法现浇钢筋混凝土梁作柱子基础底托，另行用钢管为每一根柱子及相应的梁架先行搭建一组稳固的支承提吊构架（俗称井字架），采用安装在提吊构架上的手拉葫芦，用两根分别荷重 2.5t 的专业吊石布带捆住柱体上方，在柱子正上方把柱子向上吊提至预定高度或相对垂直（扶正），取花岗石块在柱础底垫至平稳后，拆去移位时用于固定和拉结的钢管、槽钢、螺纹钢等物料，使柱子彻底“松绑”。

第二节　支顶

由于主体建筑年久失修或修之不济，加上馆内曾住居民乱拆乱建，整体移位前就有不少建筑体出现程度不同的倾侧、偏歪和损毁等，再则基础置换存在一定的局限，移位进程中产生的应力，给主体建筑造成一定的影响。因此，通过“松绑”前后的动态监测，清楚地掌握到建筑体的变化与否和变化程度，以便在“松绑”的同时及之后根据实际情况采取及时应对措施，控制变动情况的发展，为进一步修缮提供最优条件。而采取常用的“支顶”方式，是达到这一目标的办法之一。

“松绑”期间，发现首进正殿西部架构中九步梁底梁位于后檐柱一端的榫头，因屋面承檩和瓦面被住户改动，长期外露并受日晒雨淋，朽损严重。为防止坍塌，便于勘查和确定维修方案，采用钢管组成两组支顶系统，一组有效托承次底梁以上部分，另一组对底梁作临时支顶并可用于拆卸底梁施工的脚手架。分组支顶的设想和实施，为其后采取半落架方式维修底梁的施工提供了便利条件，功效也得以提高。东厢倒座“松绑”并揭瓦后，其西墙适逢连场大雨，大量雨水夹带松散灰沙从两墙间隙中不断冲卸下来，加上基础有薄弱漏洞，墙体承受压力不断加大，虽先后多次采用钢管和木条斜撑支顶，仍无法控制住墙体向东倾侧，其后无奈将该墙大部分墙体拆除后按原样重砌。期间，东厢整堵东墙也同样出现向东（外侧）倾侧情况，也相应采取了上述斜撑支顶的办法，先行保持墙体稳定，直至墙体基础灌浆和纠偏工程完成。支顶和斜撑作业更多地运用在后正殿东“镬耳”山墙与东厢后座西山墙这堵一高一矮的双隅墙的维修工程当中。据“松绑”前后监测数据的对比，后正殿山墙因整幅墙体不断向东倾侧，檩条基本脱位，“镬耳”顶部由原来侧倾 19cm 发展到后来的 38cm，有随时坍塌的危险。此间，同样采取了钢管与原木支顶斜撑并不断增加支承点强化支撑力的措施，确保墙体不再继续倾侧，直至墙体基础灌浆和纠偏工程完成。另外，在后正殿的梁架和檐柱进行调整、扶正与部分更替前，用钢管、原木和枕木等组成支顶系统，将梁架和檐柱全部支顶稳妥后，完成了更换两檐柱上半截柱体、西檐柱升高扶正、梁架扶正和屋面椽檩的翻修工程。维修次进正殿后东檐柱柱础和底板石时，亦采用了支顶的办法，只是规模和难度都较小。另对首进东阁楼木柱进行勘查，发现木柱大部已遭白蚁蛀蚀，遂打撑进行支顶。

第三节　墙体及柱的落地

锦纶会馆移到位后，墙体和柱还是支承在上轨道体系上，只有将墙体及柱落在永久结构上（称为落地），整个移位工程才算大功告成。

（一）墙体及柱永久落地需考虑的问题

1. 怎样才能使墙体与永久结构（即地下车库顶板）紧密结合；
2. 上下轨道间的滚轴如何处置？
3. 如何为柱提供支承？

（二）锦纶会馆的落地

因为锦纶会馆是连基础一起搬移，因此其落地处理较简单，只须在墙体基础与地下车库顶板间的空隙填满混凝土即可。由于混凝土在凝固过程中会产生收缩现象，因而有可能使新填的混凝土与锦纶会馆墙基之间不能紧密接触，影响两者间力的传递。为此，在混凝土填充完毕后，采用压力注浆方式将这些空隙填满，保证墙体基础与地基（即地下车库顶板）紧密结合。

对于上、下轨道间的滚轴，因它们还处于受压状态，要将其强行取出的话，恐会对锦纶会馆的结构产生一定的影响，最后决定滚轴不取，在滚轴两侧用防渗混凝土填埋，防止滚轴生锈。

在锦纶会馆移位时，柱是由托换结构临时支承在上轨道体系上，移到位后，柱子应该重新安放在地面的柱础上。因在进行地面施工前，要先将柱的托换结构拆去，为此要预先在上轨道体系对应柱的下端位置处采用植筋技术制作一条钢筋混凝土梁，来取代柱托换结构，待地面做好、安放柱础后，再将柱子永久支承在柱础上。

第四节　室内地面的恢复

（一）锦纶会馆室内地面恢复方案的制定

由于锦纶会馆是连基础一起搬移，因此整个移位结构体系都处于室内地面以下。也就是说，室内地面标高比移位结构的上轨道体系的梁面要高，这就涉及到两者之间的空间应如何处理。最初的方案是填陶粒轻质混凝土，后来考虑到锦纶会馆将作为陈列馆对外开放，许多水、电管线需从地面以下穿过，因而改成了架空钢筋混凝土板，板由上轨道梁支承，架空板做好后，就可在其上逐层恢复锦纶会馆地面的原貌了。

（二）锦纶会馆架空板的设计施工

由于锦纶会馆呈三进形式，每一进的地面标高都不同，因此钢筋混凝土架空板的板面标高也随着变化，与之适应。但上轨道梁的梁面都在同一水平面上，所以对梁面高度不够的要加高（尤其是第三进的上轨道梁），以便为架空板提供支承。架空板施工与一般的土建施工相同，主要是在施工时要控制板面标高，保证稍后的地面装饰层和柱础能顺利铺设、安放。

第五节　升柱和扶柱

为柱子“松绑”并将所有柱子基础置换为与墙体基础处于同一基础体系后，对所有先后出现偏歪或沉降的柱子进行重新测量，确定每一根需要升高或纠偏扶正柱子的具体施工方式和数值，再对涉及柱子的梁架进行勘测，甄别梁架对每一根柱子抬升与纠偏扶正时所允许的承受度，分别对梁架受力支点采取不同的处理，使之能随柱子的调整活动自如而不影响其原结构的稳定性。再者，待屋面揭开勘查清楚椽檩的结构情况，逐根柱子进行提升和扶正。

无论是升高或扶正，都必须为柱子及所附梁架另行搭建一套支顶和提吊构架（俗称井字架），采用安装在提吊构架上的手拉葫芦，在柱子正上方把柱子向上吊提至预定高度或相对垂直，取花岗石块在柱础底垫至平稳（见“松绑”篇）。

由于年久失修及修之草率，锦纶会馆大部分柱子都出现不同程度的偏歪或沉降，因此，在对柱子进行“松绑”和置换基础时，便采用上述方法对这些柱子进行了相应的提升或扶正（图版 3−40，3−41）。其中以第三进正厅前西檐柱的调整幅度为最大，施工也较为复杂。有确凿的迹象表明，此前曾进行过的第三进重修工程十分草率，现屋面比原屋面至少降低了 75cm，西前檐柱下沉了 32.5cm，且两条檐柱均向东倾斜近 8cm，梁架结构也曾随之改动过。根据既定的维修方案和施工方法，先后对第三进前西檐柱进行了四次提升及扶正。当第三次提升时，观测到承接的梁架出现向北后移的现象，于是把屋面西卡的檩头承墙和承梁两端支点松开，并对所有檩条用排栅支顶托起固定后继续进行提升，四次合共提升了 34.5cm。为扶正上部的梁架，其后还将该柱向西移动了 4cm。另外，经过观测，次进正厅的结构变化也很大，整体呈不规则和不对称，高低错落，水平参差，梁架也发生一些偏移现象，柱子扶正因此受到局限，只能在安全范围内尽可能按原位恢复，而未能绝对扶正。其中前东檐柱向东倾斜近 10cm，经两次吊升扶正后，仍倾斜近 4cm。后东檐柱因基石下沉导致柱体随之下沉达 7cm，经吊提柱体，整平基石扶正柱体后重新落地。

位于首、次进间天井的东廊，南北两根石柱也有偏歪，向西倾斜了约 3cm；另头门两前檐柱也有轻微偏歪，均在为柱子松绑落地的同时，采取提吊方式扶正。

因首进东阁楼木柱大部已遭白蚁蛀蚀，无法按常规维修复原，遂另行取旧原木仿制复原。

第六节 木梁架扶正

在提升和扶正柱子的同时，对同样出现不同程度偏歪和不规则沉降的前、中、后三进正殿的木梁架进行了扶正，其中主要扶正第二、第三进正殿的梁架。

经勘查，第二进梁架出现以下一些问题：正脊梁西段略呈弯曲，与正脊梁中段接口离开 4cm，西端承墙处向南偏 13cm，后幅第 3 ～ 5 檩随之偏歪，呈西高东低状；正脊梁中段和东段相继向东偏移，使东端承墙梁头搭承过多，余位不足一砖（梁头外砖已缺失）：金柱长度不一，造成梁架不平。针对上述情况，采取了以下施工办法进行扶正。第一，考虑到尽可能保留原有建筑的施工原则，在保证安全的情况下，仅拆除了正脊梁西段上部相应的砖砌体（陶脊底座），向东移动西段正脊梁约 4cm，使之与中段正脊梁紧密接合。第二，在西、中两条正脊梁接口端底，（金柱顶部）各垫入一块厚 1.5cm 的坤甸木块，以调整梁架整体的水平度。第三，将西段正脊梁的西端承墙梁头向北纠移 8cm，使之与中、东段正脊梁拉成相对平直。第四，将上述呈西高东低的檩条承于西墙一端相应向北纠移 8cm，使之与其他檩条接顺拉平。第五，凿去东段正脊梁东端承墙梁头表面腐朽层，涂上沥青，梁头外贴 3cm 厚的机切旧青砖片。其后，复原拆除的正脊西段上部原陶脊底座的砖材砌体。

第三进正殿的梁架则存在以下问题：因曾作草率重修以及前西檐柱沉降严重，导致梁架整体出现倾侧、偏歪和沉降，其中向东偏歪 8cm，最大沉降 34.5cm；部分檩条接口错误，榫口高对高、低对低；两前檐柱上部较随意地后加驳接了一截钢筋木方混凝土柱，且向南错位凸出 5cm，其承接的横梁榫头粗糙且不规则，原石柱上部顶端断口不规整，横梁上其中两瓜柱错位。针对此状况，采取以下施工方法扶正。第一，前西檐柱提升复位后，略加修整原两石柱上部顶端不规则的断口面，另取两段坤甸木仿照后加钢筋木方混凝土柱规格形式并替换安装原位；第二，重新加工粗糙且不规则的横梁榫头并接入榫口；第三，前西檐柱向西移动 4cm，使梁架整体趋于平顺；第四，瓜柱按原位复原；第五，调整并接顺原错接的檩条，拉顺屋架；第六，用木条和环氧树脂修补加固木构件的裂缝与裂口。

第七节 基础灌浆

锦纶会馆实施整体移位后，由于基础置换，原有的基础系统已改变。整体来看，整座建筑坐落于一结构十分稳固的钢筋混凝土构筑物上，无论如何也比原基础更坚实。但局部来看，由于基础置换时采取在墙基底部分段浇筑承托横梁，并与墙基两侧的现浇钢筋混凝土夹梁连系成整体进行移位的方法，条件受到局限，置换的基础内存在不少的空隙，原有墙基松散情况不能得到完全遏制。为保证墙体基础的稳定，维修方案考虑了对墙体加固的形式——基础灌浆，使主体建筑整个基础底盘与地下车库顶板全部衔接，即达到整体“落地”的目的。

基础灌浆主要采取了“灌入式”和“填入式”两种方法。其一，先在平行夹梁的两侧钉固高于夹梁底模板，向内填入充分满足的混凝土，然后选取其中一侧的夹梁，从梁上面向墙基斜向钻取若干施工孔，直至墙基底空隙处，用加压方法从施工孔灌入净水泥浆至充分满足止。这一方法运用于除了次进后墙的所有墙体基础中。其二，次进后墙则因两侧夹梁悬空较高，底面面积大，在考虑到其结构较为次要的情况下，为减轻荷载，节省资金，改用基础砌筑与混凝土灌入相结合的方法施工。即先行在对应夹梁位置，自车库顶板面起，用红砂岩石块砌筑实体基台，至夹梁底余约18cm，在基台两侧各砌一堵1/2砖墙到夹梁底，形成凹槽，用“灌入式”向内灌入混凝土至充分满足。

另外，对用于移位的上下轨道梁间因置入铁辊轴而形成的空隙，也采用上述方法灌满混凝土并将全部铁辊轴包住。至此，所有墙体基础整体灌实，稳如磐石。

第八节　纠正倾斜墙体的试验

锦纶会馆有近300年历史，由于使用问题以及年久失修，墙体出现不同程度的倾斜，后堂东墙及紧贴的东厢房西墙；东厢房东墙较为严重。在拆除整体移位时使用的加固支撑网架前，后堂东墙已向东倾斜190mm，檩条仅搭入墙体30mm；东厢房东墙向东倾斜100mm。2003年8月拆除支撑网架后，正遇上强台风接二连三侵袭，更发生用于墙体保护加固的斜支撑钢管被拆除盗走，墙体倾斜继续发展，后堂东墙向东倾斜达到了380mm，比东厢房墙高，最高为10m。东厢房东墙也向东倾斜了180mm，这些墙体的倾斜不是平面式倾斜，而是不同水平位置和不同高度其倾斜率都不相同，最大倾斜量为380mm（后堂山墙顶），最大倾斜率为3.8%。

墙体倾斜状况见下面列表及图1。

虽采取了相应的加固支撑措施，但墙体处于极度危险的状态，随时有倒塌的可能。

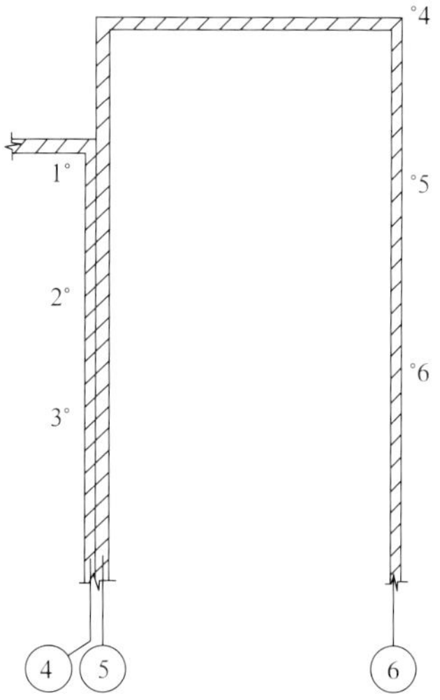

1°
2°
3°
°4
°5
°6
4
5
6

图1　测点平面图

测　点	1	2	3	4	5	6
倾斜量（mm）	120	300	380	35	140	150

（一）倾斜墙体纠偏的技术难点

1. 墙体不同位置其倾斜程度不同，而普通纠偏为整体纠偏。针对该工程还需制定非整体非均匀纠偏技术措施，这在纠偏技术上还是第一次遇到的难题。

2. 墙体倾斜率大，自身结构已极其危险，施工过程中必须加临时斜撑，以保证其不倒塌，而纠偏过程是一个动态过程，如何保证墙在一个动态过程中保持稳定安全物状态也是一个难题。

3. 东厢房西侧墙与后堂东墙合为双墙，且双墙之间有50～10cm空隙，如何保证双墙协调纠偏也是一个难题。

4. 墙体都是空心墙，整体性极差，如何提高墙体整体性也是一个难点。

5. 该建筑为文物，如何保证修旧如旧效果也是一个难点。

（二）墙体纠偏的设计

该项目曾开过多次专家论证会，主要是围绕三个方案的选择：第一方案是拆除重砌；第二方案是另加墙体承重；第三方案是纠偏。最后考虑到拆除重砌及另加墙方案不利于文物原样保留，决定选择纠偏方案。

在讨论具体纠偏方法时，又针对多种方法的选择进行过多次论证：第一是利用平移时的上轨道体系作转换梁进行顶升纠偏；第二是利用新加夹墙型钢梁做转换结构进行顶升纠偏；第三是利用新加墙内钢筋混凝土托梁进行顶升纠偏。最后考虑到墙内托梁即可以用作临时纠偏结构，又可以用作永久加固构件，选择了墙内托梁纠偏方法。

为确保文物安全，加速制定纠偏方案，更有把握地实施纠偏，做到心中有数，有关人员提出先进行纠偏试验，在技术上取得百分之百的把握后才进行施工。纠偏试验方案取难度较大的后堂东墙为例，按照需纠偏墙体的模样模拟建筑新墙体进行纠偏试验，以两砖墙的中轴为转轴，通过一侧墙体（模拟东厢房西墙）用杠杆顶升，另一侧墙体（模拟后堂东墙）用掏去砖块降低的办法进行纠偏。

2003 年 9 月 6 日施工方根据建设方的要求，按照后堂东墙及相邻的东厢西墙的建筑形式、结构状况及工艺要求，在锦纶会馆门前的空地建造纠偏试验墙。纠偏试验墙按需纠偏墙体原样用花岗岩砌筑墙脚，墙体用旧青砖按五顺一丁的原砌筑构造用纯白灰膏砌筑，墙体高 3m、宽 3m、厚（双隅空心墙）0.48m。考虑到更贴近原墙体的倾斜变化状态，在砌筑基础时，先在倾斜方向一侧沿墙基础底下放置约 4cm 厚的沙泥，其作用是墙体砌筑完成后，用水冲走沙泥使墙体自然倾斜，并控制与需纠偏墙体的倾斜角度相同。在模拟东厢房西墙一侧的花岗岩墙脚顶部纵向均匀埋入 3 段长 0.5m 的槽型钢作为顶升托梁，再在槽犁钢侧焊接出顶升杠杆。为了加强墙体的整体性，再用钢管和木板将整堵墙夹紧。

2003 年 9 月 9 日下午进行首次纠偏试验，这时，墙体结构状况极差，墙体砌筑灰浆还未干结，几乎没有黏结作用。但若在这样恶劣的结构情况下纠偏试验成功，将会对实际纠偏增加信心。纠偏试验第一步是在墙体两侧加上活动钢管斜支撑，用水慢慢冲走东侧基础底下沙泥，随冲水随放斜支撑，使其自然向东倾斜，用线锤核实倾斜角度，直至与需纠偏墙体倾斜角度相等。第二步是在每条顶升杠杆的端部下面安装液压千斤顶，同时在西侧砖墙约与顶升托梁底部水平高度相等的位置，沿墙体纵向掏出一层外皮砖，随掏砖随楔回几层小木块，临时支撑住上层砖体，避免上层砖块脱落。第三步是用液压千斤顶顶升托梁，三台千斤顶同步均匀上升，东面一次一次缓慢地顶升，西面一层一层地抽走小木块，形成了东升西降的状态。每顶升一次都进行一次测量核对，及时掌握着复位的数据和墙体其他变化情况，测得结果是东面每升高 1cm，墙体纠偏复位约 4cm。如此几次顶升后，试验墙纠偏了 12cm，已达到了完全复位的效果。纠偏实验成功后，随即对墙体进行了全面检查，没有发现墙体有任何裂缝、变形和不稳定的情况。

实践证明，用上述方法进行墙体纠偏是一种可行的办法，只要把墙体夹牢固，使其成为一个良好的整体，再采用一面升一面降的方法。

下一步是把已复位的墙体支撑牢固，然后一边逐段抽走小木块或槽钢顶升梁，一边逐段按原墙体的砌筑方法楔回砖块。最后待砌筑砂浆完全干结，墙体整体稳定后拆除支撑及钢管和木板等夹件，纠编完成。

为使纠偏方案更加完善，2003 年 9 月 11 日下午，对第三进东山墙和东厢的墙体维修保护问题再次召开有文物专家、建筑专家、广州市文化局文物处负责人和维修工程双方负责人参加的专家咨询会。会前，与会专家到锦纶会馆维修现场观察了由建设单位安排进行的危墙纠偏试验，并就锦纶会馆第三进东山墙和东厢的墙体的维修保护问题再进一步研究，专家们认为："在锦纶会馆现场进行的危墙纠偏试验有很重要的意义，对第三进东山墙和东厢墙体的纠偏具有重要作用，也为纠偏方案的制定提供了有用的经验与数据"。

最后纠偏设计综述如下：

1．东厅两堵墙（其中一堵与会馆主墙并在一起）分别顶升纠偏。纵墙与横墙之间进行结构分离，以实现两堵墙分别顶升纠偏。

2．转换结构采用钢筋混凝土墙内托梁。墙内托梁施工时需在原墙中凿槽，因此只能分段施工，每段之间进行有效的搭接，最终成为一条整体梁。墙内托梁侧面相对原墙面凹进去 50mm，以使以后做饰面恢复原貌。

3．东厅与后堂相交的双墙最下面 1m 高为石砌墙，且倾斜率微小，故该段墙不纠偏，墙内托梁做在该段石墙之上。

4．施工墙内托梁时在其垂直方向预埋型钢。成双悬臂梁，在该悬臂梁端部下放千斤顶，通过千斤顶顶升实现纠偏目的（图版 3-56）。

5．每堵墙下有多个千斤顶，而一堵墙上不同位置其倾斜率也不相同，因此不同位置的千斤顶顶升量也不相同。通过精确控制每个千斤顶的顶升量实现完美的纠偏效果。

6．施工前搭网架支撑倾斜的墙体，以消除施工过程中的危险。夹木板及钢管固定墙体，使其临时成为整体，以便在纠偏动态过程中有足够的刚度和强度，纠偏时一边顶升一边塞紧网架与墙体之间空隙（图版 3-55）。

7．将墙与阁楼梁、天面梁分离，以免墙体的水平位移受到约束。

8．纠偏完成后用水泥砂浆将空心墙灌成实心墙，并在双墙之间插钢筋浇砂浆加固墙体，以达到永久加固效果。

9．饰面修复，包括对裂缝的表面处理。

墙体纠偏见图 2。

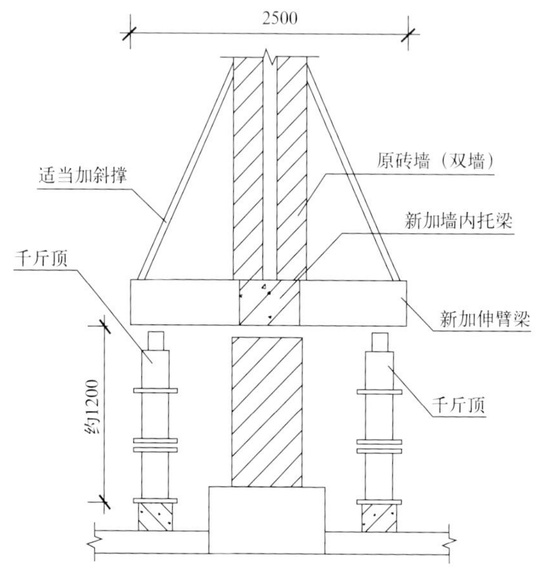

图2　顶升纠偏示意图

第 七 章

锦纶会馆移位后建筑维修设计与施工要点①

第一节　维修与复原问题

（一）建筑布局的复原

在清道光年间锦纶会馆的建筑规模达到最完善。从南到北中轴线上依次是照壁、明堂（门前空地）、头门（含门廊和门厅，门厅两侧建阁仔）、前庭院（含两侧廊）、中堂、后天井、后堂。此为中路。东路由青云巷进入。经前偏厅进后偏厅。但平移前，前偏厅已改建，前后偏厅的通道已封闭。经青云巷进入后要经过中路才能到达后偏厅。现东路由前倒座，天井（含侧廊），后厅后阁组成。天井上还保留防盗铁枝插孔。西路没有青云巷，估计当时用地不够。进西路要经中路，或从屋外横巷的二侧门进入。西路从南到北依次是前倒座、小庭院（含侧廊）、前厅、前房（含冷巷）、后天井（含侧廊）、后厅后阁。在平移前，后厅后阁已改为住户公用大厨房。整个西路损坏严重，早已面目全非。所以这次平移没有包括在内，只平移中路三进和东路后部两进。中路的照壁、明堂、门厅的东阁仔、前庭院的西侧廊、东路的青云巷、西路的全部建筑都是重建。平面布局确定后，建筑空间（立面和剖面）布局包括各路各进地面标高、西阁楼标高、各屋檐屋脊标高、各廊标高等也要确定。这些建（构）筑物的重建设计参考了保存在广州博物馆的惟一一张民国初期所拍正立面照片，并参考了附在锦纶会馆第三进山墙的碑文，参照了锦纶会馆西山墙上的痕迹，参照了现有对称部分，也参照了广州地区会馆祠堂形制和常见构件。

（二）前明堂的复原

前明堂就是头门前的空地（现代人称为“广场”）。据锦纶会馆内的碑文记载，空地前有照壁。在照壁与头门之间就是明堂，也是街道。②据民国历史照片，头门地面比街道地面只高出一级台阶，街道为条石地面。今次复原，恢复花岗岩地面，并建台阶解决新地面与旧街道的地面高差。台阶与中路建筑等宽，两侧设垂带石，保存古制。在东西路前方也设明堂，它们与旧街道的连接用坡道，以便于消防车和残疾人用车的进出。

照壁因没有历史照片可据，只恢复其石座。石座的恢复有广州大小马站现存庐江书院的照壁座及其与头门距离可供参照。照壁石座的复原，界定了锦纶会馆前面的原用地范围，给后人留存了历史信息（图 1）。

图1　复原的照壁座

① 本章由广州大学岭南建筑研究所汤国华执笔。
② 参阅《附录十一·碑刻释文》第15号碑《添建碑记》。

（三）东路的复原

平移前，东路建筑只剩后部是原状。从仅存的一张民国正面照片得知，东路前部还有一段青云巷，青云巷的东侧建筑已经不是锦纶会馆的用地。所以今次复原，只恢复青云巷，在青云巷的东侧建一较高的封闭式围墙，青云巷的尽端接通中路第二进前轩的东便门。在东路后部倒座的背后空地要加建一座男女分用的厕所，以适应今天的卫生功能。厕所的外观采用传统形式，内部满足现代厕所的装修要求，并与青云巷接通。

（四）西路的复原

西路是全部复原。复原的依据是：1. 勘查发现中路西山墙上原来与西路屋顶连接处尚留痕迹；2. 参考锦纶会馆内碑文的描述①。因为西路是生活区，所以对其空间、门窗、廊道、楼梯、花园与天井的尺度都参考广州传统建筑的尺寸，还原清末民初广州人的生活习惯与喜爱。

第二节　装修与装饰工程

（一）装修工程

建筑整体布局复原后，建筑装修和装饰就成为修缮的重点。装修的主要部分有地面、水井、水沟、围墙、照壁、隔扇、门窗、横披、青云巷门、屋脊、封檐板，这些都是传统建筑的精华。

锦纶会馆平移前，所有隔扇、屏风都不存，封檐板、门窗也大部分不存。与其重新设计不如把从清代民居收集来的旧隔扇和封檐板中挑选符合锦纶会馆历史文化的构件再用，不足部分才重新设计。新设计的木装修有门屋的仪门 、所有花格横披、侧廊封檐板、侧门、竖栊、部分房门、楼梯等。在中路第三进次间前檐下，还可特意设计既挡雨又透光的珠江三角洲传统的蚝壳横披②，这种工艺现在几乎已经失传。东西路阁楼槛窗参照仅存的一只旧窗重做（图 2）。

考虑到岭南多雨，建筑内部各房间在下雨时应该不被淋雨而能走通。又考虑到东西两路的后天井空间狭窄，不适宜做柱廊，所以设计了广州近郊民居③中常见的吊廊(图 3)。各进的前轩、侧廊采用卷棚顶，使空间感更丰富。

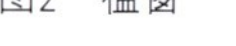

图2　槛窗

图3　吊廊

① 同注上页注②。
② 这种蚝壳横披在广州郊区深井村祠堂还有保留。
③ 现在广州黄埔区横沙街的古书院群中还多处保留吊廊。

平移前，中路三进的屋脊只剩第三进尚存，在平移施工中第三进屋脊也卸下。所以全部屋脊都要结合装修工程重砌。

（二）装饰工程

岭南建筑的装饰有木雕、砖雕、石雕、灰塑、陶塑、彩画等，俗称“三雕二塑一彩画”，是岭南建筑艺术的重要组成。经历岁月的创伤，锦纶会馆的木雕槅扇、木雕封檐板不是散失就是被破坏，头门前檐柱上的人物石雕全被打掉，头门山墙墀头的人物砖雕也被打掉，屋脊的灰塑也大部分被风雨磨去，琉璃陶塑只剩下第三进正脊，室内墙顶部的抹灰彩画早已被石灰水覆盖。鉴于今天传统工艺技术大量失传、传统材料难以寻找、这些艺术构件的修复谈何容易。

1．木雕

木雕除头门的门廊梁架和中堂的前轩梁架保留较多外，基本损坏。最精彩的封檐板几乎全部掉失，剩下第二进后檐的封檐板也破坏严重。所以，复原的大量木雕艺术还是利用收集来的旧隔扇、旧封檐板来体现（图版 3-87 ～ 3-90）。大门挡中参考广州陈家祠的木雕重新设计制作（图版 4-38）。横披装饰物参考广州郊区民居旧木雕。西路后进阁楼槛窗护栏前的阴木刻是仿照东路后进阁楼槛窗护栏前的原阴木刻的山水、白菜等图案（图 4）。

2．砖雕

锦纶会馆的砖雕不多，分布在头门山墙的墀头上。靠檐口的上部是密集的砖雕如意斗栱，下部是砖雕人物故事。如意斗栱因没有封建内容得以保留，而人物故事多是歌颂帝王将相，在“文化大革命”期间已被砍头。因现今砖雕艺人难觅，所以这次没有修复砖雕构件（图 5）。

3．石雕

锦纶会馆的石雕艺术构件主要分布在各柱础、垂带石、头门的石门套脚的装饰小柱础、门礅石、头门石檐柱的饰线和梁头人物、石檐柱之间的弓梁及其上的石狮顶花和其下的撑角、前明堂照壁座等。缺失的头门檐柱梁头上的石雕人物从旧石构件找一只补上，另一只空着（图 6）；个别撑角和垂带石是参照对称的旧物新造，照壁座是参照广州大小马站书院群中的庐江书院照壁座新造，其余石构件都是原物。

4．灰塑

平移前，中路三进的屋脊只剩第三进尚存，在平移施工中第三进屋脊也倒下。所以全部屋脊都要结合装饰重砌。屋脊分上下脊，上脊是预制的琉璃脊，下脊是砖砌的灰塑脊，严格来说，下脊是上脊的脊座。锦纶会馆只保留第三进的琉璃脊，其余两进的琉璃脊早已不存，但还保留脊座的压顶阶砖。所有脊座、垂脊博古和中路前天井左右边廊顶的护墙，它们的灰塑图案早以模糊不清。这次维修，请了多年一直在做广州陈家祠灰塑保养的广州地区灰塑艺人根据民国仅存的一张旧照片中的模糊信息重新设计灰塑图案，其山水植物花鸟福鼠游龙特征符合岭南传统内容和风格（图 7）。

图4　东阁槛窗护栏木雕

图5　墀头顶的如意斗栱砖雕

图6　檐柱梁头的石雕

图7 新做的灰塑

5．琉璃陶塑

因锦纶会馆只保留了第三进的琉璃脊，其余两进的琉璃脊是从广州市文物考古研究所收藏的明末清初制作的琉璃脊拼接而成的。少量缺少部分是请长期为广东文物保护修复琉璃陶塑的珠江三角洲陶塑艺人新造（图版4-18）。

6．壁画

图8 彩壁画

锦纶会馆中路室内墙檐原有彩色壁画。因后来被居民做饭烟熏，“文化大革命”期间又用石灰水覆盖，也有很多被铲掉，剩下的壁画现在已经难辨其内容，这次修缮，还没有找到清除石灰水和油烟污染的方法，所以保留现状，留给后人处理（图8）。在维修第三进屋面时，意外地发现东山墙内侧保留有高出屋面60cm的原壁画痕迹，这一信息不但让我们知道了原壁画的轮廓线条和着色，还知道了现屋面比原来降低了60cm。

7．彩色玻璃

彩色玻璃在清末民初期间大量用在岭南传统建筑。多用在屏门、槛窗、满洲窗、门头亮子。目前，彩色玻璃产品的质量无论在“薄、平、色、亮、匀、字、画”各方面都未达到以前的水平。所以这次修缮工程尽量再用清末民初期的传统玻璃构件，这样做不但可以使锦纶会馆恰当地恢复当年的传统环境，还可以妥善地保护有价值的历史构件（图版4-52，4-53）。

第三节 地面、墙体、照壁的修复工程

（一）地面工程

地面复原包括室外地面、室内地面和台阶的复原。因平移后整个锦纶会馆是放置在新建的地下停车场顶板上，所以一定要尽量减轻荷载。室外地面和第一进地面与地下停车场顶板之间的净空不大，不宜做架空层，采用回填法。第二进和第三进地面与地下停车场顶板之间净空较大，地面采用20cm厚钢筋混凝土板架空层，不回填。所有台阶都要采用花岗岩条石砌筑，重造垂带石。原有质量较好的旧石全部再用，并尽量放回原处。所

有天井采用旧花岗石铺设，排水孔采用“金钱眼”（图版 4−75）。第一进的门厅现墙脚全部是红砂岩，平移前的勘查也有遗存红砂岩，以此来判断原地面全是红砂岩，今次修缮把平移前后收集的全部红砂岩都铺满门厅地面，以保留清初的建筑特色。除门厅外，其他室内地面的黏土大阶砖在平移前已经几乎全部损坏或不存，今次维修根据原残留物重新烧制新阶砖（中路尺寸是 475×475×45mm，东西路是 375×375×35mm），全部阶砖采用传统丝缝对接。室外门前明堂的面积较大，发动群众收集分散在周围的旧石，尽可能用旧石铺满锦纶会馆前广场和西边消防通道。后广场则采用最厚的水泥植草砖铺地，既能满足绿化要求，又能停放大型旅游客车。西边横巷地面采用西关巷道的形式，只设坡度，不设台阶，花岗岩条石采用常见的纵向铺法。

锦纶会馆在平移前在东天井有一水井。平移时特意保留水井的石套，平移后利用地面与地下停车场顶板之间 1.6m 的净空重砌水井，把水井石套重新安装，恢复水井原貌，保留了锦纶会馆水井位置的历史信息。“井水”则采用现代给水系统供水。在重建西路时，还在西天井设计一口水井，以显示西路也曾经有居住生活用途。

（二）墙体工程

对墙体中后开洞口的修补：修补前，把洞周边的原砖块用水淋透，再用同尺寸的清末民初青砖按照原墙“五顺一丁”砌法补洞，凡不足一砖的要两边抽出补整砖，以达到新旧拉结和美观的效果。砂浆用 50 号石灰砂浆（石灰：沙＝1：2）。

对墙体裂缝的修补：工艺要求与补墙洞相同。经勘查，裂缝产生的原因有五种：第一种是因墙体基础不均匀沉降引起，裂缝向上发展，裂缝宽度上大下小，裂缝两侧断砖较少，但裂缝两侧墙体没有出现倾斜错位；第二种是因墙体基础不均匀沉降引起，裂缝宽度基本是上下一样大小，但裂缝两侧墙体因不均匀沉降而水平错位，即裂缝两侧水平灰缝一高一低，裂缝两侧断砖较多；第三种是因墙体不均匀倾斜引起，裂缝两侧墙体垂直错位，即裂缝两侧水平灰缝一前一后，裂缝宽度上大下小，形成向上发展趋势，裂缝两侧断砖很多；第四是第一种和第三种的组合。第五种是第二种与第三种的组合。

无论是以上哪一种裂缝，修补前一定要确保墙基础已经稳定，不再变形。

对于第一种裂缝：少于 1mm 的裂缝不补。大于 1mm 而不大于 2mm 的裂缝，用石灰浆补缝。大于 2mm 的裂缝，采用“换砖法”修补，把裂缝两侧的短砖剔除，换上整砖。换上的砖要选等厚度且长度足够，以保证修补后水平灰缝等宽并贯通，垂直灰缝不过大。

对于第二种裂缝分两种情况对待：对错位严重的裂缝两侧墙体局部拆除重砌，以消除错位裂缝，拆除长度是裂缝两侧各 50cm 到 1m 不等，以达到修补后水平灰缝恢复基本水平即可。对错位不严重的裂缝两侧墙体个别采用“换砖法”，以加强裂缝两侧墙体的拉结强度。

对于第三种裂缝：上部错位严重的裂缝两侧墙体则应局部拆除重砌，以消除错位现象或减少倾斜程度，拆除长度是裂缝两侧各 1m 左右或更多一点，目的是达到墙体安全。下部错位不严重的裂缝两侧墙体个别采用“换砖法”，以减少错位程度。

对于第四和第五种裂缝；裂缝两侧墙体可局部拆除重砌，但拆除不能过多，以保证墙体安全为限。

锦纶会馆的围墙只保留了东路天井东侧的廊墙。其他如青云巷、西路前后天井的围墙都是重建。重建的围墙除了用传统青砖石灰砂浆砌筑清水墙外，还注意保留锦纶会馆五顺一丁砌墙法及民国初期常用的大阶砖压墙顶并加通长灰塑装饰线的做法，并注意压顶阶砖的滴水处理，避免常见的雨水混合压顶砖面灰尘后顺墙体下流粘污墙身的缺点。在西围墙还开了一个较大的岭南庭院常见的绿色琉璃花格漏窗，内侧砌花台，花台种植的竹子通过漏窗，使里面小庭院的景色若隐若现地引出室外，给外面行人一种神秘感（图版 4−58）。在东路青云巷围墙开 3 组绿色琉璃花格假漏窗，保证了青云巷的私密感，这是岭南传统民居常见的做法（图 9）。

图9　青云巷的假漏窗

(三) 照壁的处理

照壁,也叫照墙,在传统建筑中很常见,其作用是界定门前用地(明堂)的范围,形成完整的室外空间。根据锦纶会馆石碑的记载,恢复其照壁。但考虑到历史环境已改变,原街巷通道在门前通过,现街巷通道离开大门较远,在照壁后通过,如果照壁高建,必遮挡行人观赏锦纶会馆的视线,目前只宜复建照壁的石座。

第四节 屋顶及环境工程

(一) 屋架工程

锦纶会馆虽然经受了近 300 年的使用,其中曾有多次重修,但屋架的梁、陀墩和瓜柱基本保持完好。而桁条和桷板损坏较多,特别是桷板,几乎全部要更换。这是屋顶漏雨和屋面暴晒致使桷板和桁条湿热交替,又得不到及时维护而引起白蚁侵蚀和细菌虫害而霉烂。这次修缮,修补了第一进西屋架的底梁,修补了第三进后天井西边廊损坏的梁架,更换了较多的桁条与桷板,并重新油漆,以保证屋架的安全和耐用。重做了中路前天井西边廊的屋架(图 10)。

图10 重建的边廊

另外，在东路后部的西边新做了吊廊，解决了东路交通的防雨问题。

（二）屋面工程

屋面工程包括屋面瓦的重铺和正脊与垂脊的修补。屋面瓦因多次修缮，已经很复杂，尺寸大小不一，增加了屋面漏雨的机会。今次修缮，保留了中路第一、第二进的清初凹曲屋面和第三进清末直坡屋顶的特点。并恢复屋面隔桁设置瓦钹和在天沟底设置铜皮的传统做法，更换不足尺的板瓦，用不加水泥的传统草筋灰辘（即包裹瓦筒表面），以避免瓦垄开裂而引起屋面漏水。

（三）环境工程

文物建筑的修缮除了把文物主体维修好外，还要附加现代防护功能。通常要附加的防护功能有防火、防盗、防潮、通风、采光等。对于锦纶会馆新址的特殊位置，还要加上防水、防噪声功能。

1．防水

锦纶会馆的防水包括屋面的防漏和地下与公共停车场顶面接触面的防水。屋面防漏着重瓦面防漏和天沟防漏两方面。瓦面防漏又分铺瓦和屋脊、檐口、山墙与屋面交接处、玻璃明瓦四部分的防漏。

铺瓦严格要求遵守铺瓦程序。底瓦有两种铺法：密瓦（也称“半瓦”或“麟瓦”）和对瓦。密瓦多用于大面积凹曲屋面，对瓦多用于卷棚屋面和前轩。底瓦上采用叠七露三铺瓦法。板瓦要求足尺，瓦坑中至中间距24cm，板瓦宽不能少于23cm，保证盖瓦筒灰浆不会落到桷板上。为了防止瓦件下滑，每隔一桁安插传统瓦钹，靠屋脊和檐口的瓦件采用的拉铜丝的传统固定法。辘筒灰采用沤透的草筋灰。因锦纶会馆现离主干马路很近，常受交通振动影响，山墙沿屋面的交接处也是容易漏雨的地方。因此，这里光用传统泛水法是不够的，要采用披水法或铺垫铅皮才能有效防漏。左右两路是生活空间，屋面可以设置玻璃明光瓦采光，因明光瓦搭建长度较少，容易因反水而引起漏雨，所以要特别注意，必要时可使用现代防水材料封闭玻璃瓦的周边。

中路后进的后天沟是属有组织排水，反映了当时城市用地紧张，不允许屋面雨水排到邻屋范围的措施。但是，天沟是容易漏水的地方，这次维修，采用传统较高级的防漏做法，即在后墙新增设的压顶梁上面铺装铜皮天沟，以确保后墙不漏水。

锦纶会馆地下回填土和架空层两部分与公共停车场顶板的接触面的防水措施是采用混凝土表面涂美国进口的新型防水剂——永凝液，让厌水材料渗进混凝土表层而形成一定厚度的防水层，有效地阻止水的渗透。顶板面还要做好排水，避免积水。

2．消防

文物建筑的防火，一方面要体现古代防火措施，另一方面也不宜在砖木结构上附加现代烟感喷淋系统。所以，锦纶会馆的消防主要是在室内外某些位置安装消火栓和室内配置灭火筒。在今后合理利用中，特别要注意防火管理。

3．防雷

因锦纶会馆周围100m范围内有荔湾广场、名汇大厦等高层建筑，而锦纶会馆最高点离地面只有12m，处在高层建筑空中避雷网的保护角之下，其防雷功能已经由高层建筑承担，这次不安装防雷设备。

4．给排水

锦纶会馆的排水系统在平移后全部重新设计。保留了庭院和天井设置沙井暗沟的传统做法。锦纶会馆周边设置一道环状下水道（俗称“运身渠”），用于收集屋顶外檐雨水和室外地面雨水。室内雨水自由落在庭院和天井中，保留传统建筑“四水归堂”的排水形制。中路后进后檐口保留民国初期常用的有组织的天沟加落水管排水的传统做法。所有回填地基都埋置泄水管。

5．照明

考虑到锦纶会馆今后是作博物馆使用，所以结合陈列要求进行常规照明线路布置。所有线路采用套管阴角明敷。因砖木结构的防火要求，灯具采用冷光源为主。

6．防腐

防腐主要是防白蚁对木构件的蛀食，在架空层内、在回填土时、在铺地砖前，对地面和墙脚都喷洒防白蚁药和布置毒土，以杜绝白蚁的孳生基地。对梁架和桁条入墙部分涂热沥青防腐。

7．防潮、通风、采光

防潮主要体现在地面铺地的构造上。按照岭南传统铺地方法，采用对水汽有呼吸作用的黏土大阶砖（475mm×475mm×45mm）干铺在沙垫层上，接缝处抹适当的石灰浆封缝，以增加地面的保温和吸潮。

岭南传统建筑的室内通风很重要，庭院、天井、冷巷、青云巷、敞厅、门窗通过巧妙的组合，就构成多种通风系统。只要符合传统建筑的平面和空间布局，就可达到通风设计要求，产生良好的风环境。

岭南传统建筑空间布局都是外封闭内开敞。民国初期，开始在两侧山墙和前墙开窗，但后墙仍然不开窗。房间深处采光靠屋面的玻璃明光瓦透光。有二层的阁楼内，在有光照的楼面开“光井”，让透过明光瓦的光线照射到首层较暗的房间。锦纶会馆东阁的光井既可采光又可通风，也可走人，是建筑适用当地气候的典型构件。今次维修按照原状恢复光井（图 11）。

8．防噪声

锦纶会馆原位于内街，环境较安静。现位于主干道旁，交通噪声干扰大。这次修缮采取了建筑防噪声措施。东边以青云巷隔离马路，青云巷外墙较高且不开窗。新建厕所也安排在东边以阻挡噪声。东路后天井建高墙，首层外墙不开窗。墙外用绿化带与人行道隔离。这些措施都将给锦纶会馆营造一个安静的声环境。

图11 东阁的隔栅式光井

9．安全防范

防盗措施还是利用原来坚固的大门和竖栊闸门、高围墙、漏窗花格内装铁枝的做法，外窗也安装传统铁枝，必要时还可安装现代监控系统。

第五节 古物与文字处理

这次修缮，在锦纶会馆内发现的 6 件万“寿”字木刻和警语隶书木刻，因不确定在原来哪个位置，暂由广东民间工艺博物馆收藏（图 12）。

根据《广州文物志》记载，中堂原挂“锦纶堂”横匾。现已不存，根据门口横匾字体恢复，参考广州陈家祠聚贤堂横匾，涂红底黑字。

在修缮中路前院东边廊时，发现密封的卷棚内有青花瓷碗（图 13）。一时弄不清古人为何把青花瓷碗收藏在卷棚内，有人猜想是否与风水有关？有人猜想可能是泥水工匠为永远保住饭碗，有意放在密封的卷棚内，不让人发现，以求永久保留。经商量后，把青花瓷碗放在广东民间工艺博物馆鉴定和保管，另买 2 只同大小的新青花瓷碗，写上卷棚维修日期，放回原位，然后把卷棚封闭。

锦纶会馆的文字资料除反映在 19 方碑的碑刻外，还在灰塑、木雕上有所反映。今次在中路正立面正脊灰塑重做时，根据旧照片隐约可见的字数，结合锦纶会馆的历史文化，引

图12 万“寿”字木刻

用了岭南清代著名诗人的诗词，丰富了锦纶会馆的文化内涵。其他如挡中门的木刻题字，西路花园花基灰塑题字也是结合锦纶会馆的历史环境重新加上。正脊题字选用了清代岭南著名诗人所题的描述广州当时海外贸易繁荣景象的诗句：

左侧（屈大均）：洋船争出是官商，十字门开向二洋，五丝八丝广缎好，钱银堆满十三行（图 14）。

右侧（汤显祖）：临江喧万井，主地涌千艘，气脉雄如此，由来是广州（图 15）。

西路前花园的灰塑题字反映了岭南庭园文化，在西院外墙的漏窗两侧加上灰塑题字。对联：有竹人不俗，无兰室自馨。横幅：幽篁（图 4–35）。

大门挡中屏门前后裙板木雕图案参考广州陈家祠聚贤堂屏风，题字另写，尽量反映当时丝织业的繁荣。它们分别是：

一面清歌一束绫，美人犹自意嫌轻。
回头山光德水□，凭栏十里发荷香。
五丝八丝广缎好，钱银堆满十三行。
不知织女荧窗下，几度抛梭织得成。

图13　收藏在卷棚内的青花瓷碗

图14　正脊左侧灰塑题字

图15　正脊右侧灰塑题字

第 八 章
问题与讨论[①]

锦纶会馆整体移动保护的成功，使我们对文物建筑保护的认识有了进一步的提高，现把我们对一些问题的认识与讨论供读者参考。

第一节　不可移动文物的移动保护

（一）不可移动文物的被迫移动

1．“不可移动文物”的概念

2002年颁布的《中华人民共和国文物保护法》第二章标题用“不可移动文物”的概念代替了1982年颁布的《中华人民共和国文物保护法》第二章标题“文物保护单位”。这一修改突出了文物保护单位的不可移动性，强调了文物保护单位的“原地保护”。

文物建筑原地保护的意义是不改动文物建筑的历史地理坐标，保证了文物建筑及其历史环境的原来真实性，也就是保证了文物建筑的历史价值。

“不可移动”的内涵是法律上的“不可以移动”，而不是技术上的“不可能移动”。建筑的移动可分为“解体移动”和“整体移动”。过去由于技术问题，大型文物建筑的大规模的整体移动是不可能的，所以多是解体移动后再重建。现在的科学技术已经能够基本解决大型文物建筑的大规模的整体移动的各种技术问题。即使如此，从文物保护原则和资金投入来看，也不能轻易同意这种移动。所以不可移动文物的移动保护，只有在非移不可的特殊情况下才予以考虑。

2．不可移动文物原地保护与现代城市建设的矛盾

现代城乡建设最大动作是房地产的开发及市政道路的建设。这些建设活动极大地改变了城乡的面貌和格局。

房地产开发必选中城市中的“宝地”。目前的开发就是“破旧立新”，把旧房统统铲平，然后随心所欲建新高楼。而城市的“宝地”就是历史文化遗产丰富的地段，这里多数有地上和地下文物。如遇到文物保护单位，还要顾及其保护范围和建设控制地带，这就产生了房地产开发与历史建筑保护的矛盾。

现在的市政道路建设往往是大手笔：宽路面和大半径，只有别人让它，它不让别人。本来，筑路修桥是为后人积德的好事，但是，因为筑路修桥而破坏历史文化遗产甚至消灭历史文化遗产就成了千古遗憾。

上述两类矛盾的产生是不可避免的。我们关心的是如何把矛盾减到最少，达到文物保护和城市建设的和谐共存。如果，房地产商在开发策划时能够尊重历史，道路设计者在道路规划时能够手下留情，那么对不可移动文物的保护会容易很多。

（二）解体移动保护与整体移动保护

1．解体移动保护的利弊

① 本章由广州大学岭南建筑研究所汤国华执笔。

解体移动的含意是首先对文物建筑进行详细测绘，拍照登记，对每个构件做编号，然后做拆除的施工方案和移动后的复建设计。当施工方案和复建设计方案得到文物和规划等行政管理部门审批后，才对文物建筑整体拆散，分堆迁移，在新址上复建。复建中同时加入必要的结构加固措施。这实际上是重建工程。文物建筑重建的年代应该是从易地重建竣工之日算起。因此，文物建筑经拆迁后，因为"易地"和"重建"两个因素，其历史价值大减。

在突飞猛进、势不可挡的现代城市建设中，因道路建设需要，非移走文物建筑不可时，理所当然，采用解体移动较容易做到，也节省迁移经费。从技术上来说，对于传统木结构，人们都认为是装配式，可拆可装。对于砖木结构，用传统砂浆砌筑的砖墙当然也可拆可砌。但是细细分析，情况未必那么简单。首先有"材料和结构的损坏程度"问题，其次有"历史信息丢失"问题。经历百年以上的砖木结构古建筑，其间遭受多次自然损害和人为破坏，已经危危可岌。即使很小心拆除它，能保留完好的材料和构件必然不多，拆下来的临时保存和迁移运输过程中难免会有损失，再复建时必然增加许多新材料和新构件，历史原真性必大大减少。另一方面，古建筑砖木结构的各部分构造和节点都隐含着很多现在已经失传或现在还未清楚的传统工艺，即使在拆除时做好记录，也难免丢失很多宝贵的历史信息。事实上，广东各种传统清水砖墙砌筑砂浆的成分、配比和施工顺序、施工技巧至今还未真正弄清楚。

2．整体移动保护的利弊

整体移动就是从基础、台基、墙体、屋架、门窗、屋顶到附属在古建筑墙体的碑记、彩画、砖雕、石雕、附属在梁架的木雕、附属在屋顶上的瓦件、灰塑、陶塑、琉璃构件等，原封不动，整体搬迁。

对比解体移动来说，整体移动的体量大得多，因而对它的移动困难得多。但是，在文物建筑被迫迁移时，整体移动保留的历史原真性比解体移动多得多。因为不存在复建问题，除历史环境改变外，其单体的历史价值基本不变。

整体移动的施工技术和移动全过程的文物保护技术都很复杂，工作量很大，因而工程造价也较高。目前，对砖木结构古建筑的整体移动的技术还处于探索阶段。在移动过程中难免对古建筑造成新的损坏。但是，只要充分估计移动过程中可能出现的种种不利因素，做好应急准备，在移动过程中加强监测，及时处理不可预见的新情况，是可以成功实现古建筑的整体移动的。

对于远距离、复杂路径的移动保护，能否整体移动，是受很多条件约束。

3．如何取舍

当然，对不可移动文物的保护最好是原址保护。但是当各种不可抗拒的原因导致不可移动文物非迁走不可时，应该解体移动还是整体移动？这就首先要看文物本身的等级与价值以及决策者的文物保护意识的高低，其次要看技术的可行性和财力的可能性。如果移动距离不远，新旧址高差不大，移动路径地基较好，应先考虑整体移动或核心部分整体移动。

第二节　广州锦纶会馆整体移动保护的抉择

（一）选择锦纶会馆整体移动保护是必要的

锦纶会馆在必须让路的前提下，为什么选择了整体移动修缮而没有选择解体搬迁重建呢？许多市民都存在疑问。我们主要从下面几个方面考虑：

文物建筑最大的特征是原真性，即原来的真实性。原真性的程度表现在文物建筑本体及其环境保留的历史信息之广度和深度。一座历史建筑，其含有的历史信息越多，其历史价值越大。历史信息可以从多方面体现：

1．建筑本体的形制、结构、材料及隐藏在这三者中的工艺技术。

2．建筑本体中的附属物如门窗、隔断、铺地、吊顶等装修部分和三雕二塑一彩等装饰部分以及石碑、匾额、楹联、家具等陈设部分。

3．建筑周边的历史环境如建筑的朝向、标高和附近历史建筑以及周围道路、河流、古树等。

4. 有关这座建筑的历史记载如地方志、史书等。

移动保护前的锦纶会馆，其历史信息主要反映在建筑本体和镶嵌在墙上的 19 方古碑上。如果采用解体易地重建的保护方法，建筑材料的损失和损坏必很多，因为锦纶会馆的梁架结构是抬梁和穿斗相结合，第一次装配时很吻合很牢固，拆卸后再装配其整体性就差多了。经历百年以上的梁架，其某些节点已经损坏，本来可以局部加固就可以保留的构件，在拆卸过程中，难免对构件有机械损坏，即使严格编号，也难免在保管过程中人为丢失和自然损坏。1999 年广州市大小马站书院群被拆卸，规划易地重建，至今仍未建，到某年能重建时还有多少青砖、石块、木构件能保存下来呢?

其次，对于传统工艺，由于民间工匠的奇缺，对岭南古建筑修缮的职业教育几乎没有，对岭南古建筑技术和艺术的研究未见全面和深入。例如，岭南传统砌墙砂浆具有刚柔结合的特性，墙体即使倾斜或起窝（俗话“大肚”），水平砖缝极少开裂，传说古人砌砖的砂浆是蚝壳灰加糯米浆或榨糖胶，但今天还未见在施工中成功实施；锦纶会馆屋顶的灰塑和墙檐的彩画，仍隐约可辨，拆除重建，其历史信息必全部丢失。在这种情况下，把古建筑拆卸后再重建，不可避免丢失许多历史信息，重建后的古建筑会失真和走样。

再次，镶嵌在锦纶会馆各路各进墙上的古碑最早的已经历近 300 年，最近的也经历近 100 年，漫长的岁月中缺乏合理的保护，古碑已经风化和开裂，是不宜拆卸下来保护，特别是中路的古碑，其历史最长也最重要，对其原位保护最合适。

鉴于以上的考虑，选择锦纶会馆的整体保护是必要的。

（二）选择锦纶会馆整体移动保护是可能的

虽有必要性，但能否移动，还取决于主管部门的共识、周边环境条件、移动的技术力量和经济实力等充分条件。

近年来，广州市对文物保护的力度加强了。市政府提出，现代城市以文化论输赢，其中历史文化遗产是城市不可再生的资源。所以，凡是对历史文化遗产有效的保护，市政府都全力支持。中山纪念堂和圣心大教堂的大规模修缮保护说明了市政府对文物保护的决心和力度。锦纶会馆的保护，从市长到各职能部门都非常重视，多次开会研究。

锦纶会馆虽整体移动 100 多米，但新址还是在华林寺附近，而且移动后的朝向不变，地面标高增加不大，因此移动前后的环境变动不大。

对于整体性较差的砖木结构古建筑的整体移动保护，虽然我们未有先例可借鉴，但是广州高等院校科研机构和建设系统工程技术力量的结合是可以胜任这一工程。广西成功地整体平移文物建筑英国领事馆旧址的先例又进一步加强了广州市文物保护工作者整体移动锦纶会馆的决心。

锦纶会馆的整体移动保护，需要花费一定的资金，虽然整体移动的造价会比解体搬迁的造价多，但是整体移动后修缮的造价会比解体搬迁后重建的造价少，起码前者大部分墙体不需要重砌，大部分梁架不要重做，砖瓦木构件件大部分保留。何况，广州是有经济实力做到更有效、更真实地保护一座文物建筑。

到目前为至，广州因道路建设移动了 2 座砖木结构文物建筑，因大学城建设移动了 4 座砖木结构登记保护建筑。锦纶会馆是惟一整体移动保护，其他 5 座是解体搬迁重建。对比之下，保留历史信息最多的是锦纶会馆。因为所有重建的保护建筑，其目前的施工工艺和补充的材料质量还未达到传统的水平。

因为锦纶会馆具有整体移动的必要性和可能性，所以我们决定选择了整体移动保护。

第三节　旧构件的再利用

（一）旧构件的历史信息

旧构件指历史建筑被拆除后留下的历史构件。这些构件保留着许多当年使用的材料种类和材料特性，保留着许多当年的工艺特征和审美标准，体现了当年的技术和艺术水平，甚至反映了当年的文化内容和营造者的信息。从这个意义上看，旧构件是历史文物的重要组成部分。历史建筑不存在了，历史构件多数也被毁，只有少量流散在民间中，更少量地被文物工作者收购，其中能摆出来向观众展示的只是其中的精品，其余保留在博物馆的仓库里。

（二）旧构件再利用的先例

早在 20 世纪五六十年代，岭南建筑大师莫伯治先生等前辈就注意收购珠江三角洲民居中闲置的历史构件，并把这些历史构件恰当地设计应用在现代园林酒家和宾馆中。最成功的是满洲窗、槛窗、蚝壳横披、天弯罩等构件的巧妙运用，使岭南传统建筑艺术在新时代新建筑中得到延续，历史信息得到保留，创造了岭南建筑的新风格。广州北园酒家体现的岭南历史文化承传得到梁思成先生的称赞。所以，历史构件的再利用是传递历史信息的重要途径，如果历史构件合理地在文物建筑修缮中再利用，那么更增加文物建筑的历史信息。锦纶会馆这次修缮，就是基于这种理念，最大限度地再利用旧构件。

（三）旧构件再利用的意义

旧构件在博物馆展示,是旧构件的一种利用。旧构件恰当地在文物建筑中再利用,也是一种历史信息的展示，而且是一种活的展示。观众能更形象地知道旧构件的位置和作用，比在博物馆摆设展示显得更真实、更全面。

旧构件在文物建筑修缮中再利用，是对旧构件的一种有效的保护方法，比长期放在文物仓库里保管会更好。

当然，旧构件用在文物建筑修缮上，必须经过考证，确认是同年代、同类型、同文化内涵的可替代构件。不能随意乱套，传递错误历史信息。

（四）旧构件再利用的启发

既然历史建筑的旧构件能够传递历史信息，保留它就是保留了历史信息，那么在非文物保护单位内部，能否确定一些有文物价值的历史构件作为“文物保护构件”？在历史建筑保护的问题上，一些优秀的历史建筑或普通的历史建筑在整体上未达到文物保护单位的标准，建筑本体未受文物法保护，但是，其内部或外部可能有个别构件具有文物价值即历史、艺术、科学价值，如果整体不保护，就牵连到个别构件也不保护，那么就会造成历史信息的全部丢失，这是非常可惜的做法。

另一方面，也有可能因历史建筑的个别构件具有很高的文物价值而整体未达到文物建筑的标准，为了保护这些构件而把整体建筑确定为文物保护单位，使该历史建筑的保护和再利用产生难以处理的难题。如果我们能够把文物保护单位和文物保护构件有区别地对待，就能把有价值的历史构件保护在非文物建筑内部，继续有效地利用它们，让它们继续传递历史信息，就像非文物建筑内的可移动文物一样得到保护，这也是旧构件再利用的值得注意的一种形式。

第四节　几个文物建筑保护的认识问题

（一）是“不改变文物原状”而不是“修旧如旧”

“不改变文物原状”是我国文物保护的总原则，是写在《中华人民共和国文物保护法》上，一切文物修缮工程都必须遵守这一原则。在过去，未形成“不改变文物原状”的提法之前，就有“修旧如旧”的说法，这种说法好记好懂，是源于梁思成先生说的“修旧如故”，所以流传甚广。但汉字的多义性使人容易产生误会。“修旧如旧”的前一个“旧”，大家都理解为旧建筑、或历史建筑、或文物建筑，绝不会理解为新建筑，这是对的。但后一个“旧”，大家的理解就会不同。有人会理解为旧制，包括旧貌、旧形态，但有人会理解为“新旧”的旧、甚“破旧”的旧，于是就产生把新修缮的建筑外貌或新构件的外表“做旧”，使其与前一个“旧”相似。有了这种错误理解，就有人特意去研究做旧的方法，想出了种种荒唐的“招”，如用茶叶水涂在新砖石的表面，甚至“发明”用马尿来做旧。有人认为：新旧悬殊，太不协调。在美学上，协调有相似协调和对比协调之分，新旧难辨是协调，新旧可辨也是协调。新旧可辨在文物修缮中叫“可辨性”，就是要让人们知道，哪些是原来旧的，哪些是新修的，让人们评价修得对不对。对一些新旧难辨的构件，还特意在其表面写上或刻上“××年换”的记号。其实，新修缮的部分随着岁月的冲洗，也会自然变旧，又何必人为地使它变旧。还有人认为，过去抹灰不平，这次维修也要抹灰不平，对这种错误做法有人气愤地批评为“修破烂如破烂”。以上种种理解和做法是对梁思成先生“修旧如故”的歪曲。梁先生的“故”是“过去的形制、材料、工艺做法”或“过去的样子”。既然是过去的样子，就不一定是破旧的样子，很可能是完整的、健康的样子。所以，不适宜提“修旧如旧”，还是提“不改变文物原状”好。

但是，对“原状”又有不同的理解，有理解为最初的状态；有理解为维修前的现状，这两种理解都对。至于怎样理解较为准确？首先，在修缮前，就要定位好，即这次修缮是要复原到哪个年代？如果定位在清末，那么清末以前各次修缮遗留的痕迹都要保留，清末以后加上或改变的都要重新修缮。我们不能把定位推得太远，比如宋代，因为岭南地区现存宋代建筑遗构很少，可参考的历史信息不多，在文物建筑中恢复宋代风格，就会产生很多不真实的做法。这不同于为旅游服务的仿古建筑，那是假古董。文物建筑的复原是非常讲究“原真性”，是要真古董。一般来说，民国初期的修缮遗存，有些是合理的，有些是欠佳的，但毕竟经历了近百年，已经成为历史的见证，对此我们也要尽量保护。定位可以拉后些，这样做，我们可以看到各历史时代的信息，就像看一本建筑史，这就是文物保护中所说的“可读性”。然而，为什么我们一般不保留解放后改变了的状态？因为解放后至今的50多年内，有一段很长时间视历史建筑为“封”、“资”、“修”或帝国主义的东西而肆意破坏或不恰当地修缮，大大地改变了它们的历史原真性。这些歪曲了历史原貌的信息没有必要再保留，不恰当的修缮应该改正。

本次锦纶会馆的修缮复原，就是基于这一思想。我们保留了第一、二进清初期凹曲屋面的形制和第一进门厅墙脚和地面的红砂岩铺装，保留了清中后期第三进后墙半边壁柱的特殊做法，保留了民国初期在第二进加建后墙引起的局部改动。而对于解放后在经济困难时期用木条代替钢筋的水泥驳柱的做法没有保留，把它拆除换回硬木驳柱，因为前者做法非常危险，是困难时期缺少钢筋而不得已的做法，这一历史信息，只适宜文字记录，不宜原位保留。所以，我们应该把原状理解为“健康状态的原状”，而不是“病态的原状”。

（二）新材料新技术的应用

时代在发展，新材料新技术不断出现，旧技术旧材料逐步被淘汰，这是历史发展的必然结果。这一现象在新建筑中是正常的，也是应该的。但对于文物建筑的修缮，新材料和新技术的应用，要慎之又慎，因为文物建筑的最大价值是原真性，这种原真性包括历史的原真性、艺术的原真性和科学的原真性。而科学的原真性就是材料和技术的原真性。艺术的原真性中也包括材料和技术的原真性。只要艺术和科学的原真性得到保存，历史的原真性才得到充分的展示。因此，在文物建筑的修缮中肯定优先考虑使用原材料和原技术，以保证文物建筑的原真性。在使用原材料和原技术有困难时才考虑应用新材料和新技术。考虑的程序如下：

1．原材料和原技术确是不能解决文物建筑的现在安全使用问题。

2．是否原材料已经绝迹或修缮期内找不到。

3．是否原技术已经失传或修缮期内掌握不了。

4．是否原材料和原技术的继续使用与现行建筑规范严重冲突。

5．在确实需要使用新材料和新技术时应该采取“逐步升级法”。

6．严格把握应用新材料和新技术的“度”（广度和深度）。

对以上各点的解析如下：

1．安全使用问题

文物建筑经历多年的自然和人为损坏后，一般都会出现或多或少的安全问题，因此才要修缮它。如果只是保证它原来使用功能的安全，一般使用原材料和原技术就可以满足，因为古人也是很注意使用安全的，只要按照原状修复，建筑就会安全。问题是：后人对文物建筑损坏太大或改动太多，现在很难复原；或者是，现在的使用强度（荷载和频率）增加了，原状已不能保证新功能的安全；或者历史环境已经改变，新环境对文物建筑的安全造成威胁；或需要对其实施前人未做过的大型工程如整体平移。遇到以上情况，就要考虑使用新材料和新技术。另外，新材料和新技术并不一定是最新的，相对清末民初的“近代”以前，只要是现代发现和发明的材料和技术就是新的。

本次锦纶会馆的修复，运用了新材料和新技术的工序和工种有：整体平移和整体顶升；移动后的整体落地；锦纶会馆因坐落在地下停车场的顶面又位于城市主干道康王路旁边，为抗震而整座建筑基础设置橡胶垫；中路第三进东山墙的整体纠偏；西路重建暗藏了钢筋混凝土构造框架以支撑中路西山墙；中路前院的两侧院墙顶和中路后墙顶的压顶梁；第二、三进地面架空层；整体地下排水系统和防水防腐防虫措施；为展览需要增加电气照明系统等。

2．传统材料问题

岭南传统建筑常使用的材料有黏土青砖、黏土大阶砖、杉木、坤甸木、红砂岩、花岗岩、熟铁、紫铜、蚝壳、陶瓦、琉璃瓦、草筋灰、石灰砂浆、玻璃、桐油、桐油灰、矿物颜料等。今次锦纶会馆除重建部分使用少量钢筋水泥外，修缮部分全部使用传统材料。在文物建筑修缮中，对于某些材料如用量较多的木材可能由于种种原因需以别的材料来替代，比如其中坤甸木要靠东南亚进口，别人禁运，你就很难买到，只能用较低档次的格木代替；如果几年后，格木也买不到，就只能用杉木代替。但无论如何，是不能用钢筋混凝土代替木材。又如青砖和黏土大阶砖，现在禁止使用红砖（即黏土砖），生产青砖的作坊越来越少，青砖难买，而且质量不如以前。即使如此，也不能用现代仿古砖代替。目前，还可以收购拆旧房的旧青砖，还可以订购生产新青砖，还没有到一定要用新材料代替旧青砖的地步。现在彩色灰塑的矿物颜料已经很少生产，只有用化工颜料代替，而化工颜料寿命较短，几年就要翻新一次。至于水泥，在清末以前的文物建筑修缮中应该尽量避免，一是因为那个时代还没有使用水泥，二是因为以水泥为主要材料的钢筋混凝土是一种不可逆的材料，而且一过使用年限就全部同时变坏，不能局部更换。有人用水泥混凝土灌注空心的木柱，这种做法不妥，因为木与混凝土是不粘合的，灌进去的混凝土凝结后会收缩，与木头脱离，不能共同工作，反而增加了柱子的荷载。较好的做法是在木柱的空心部位填塞碎木，然后用环氧树脂混合石英砂灌填，这种方法已被各地证实可行。所以，为保证文物建筑的原真性，规定使用原材料。

在原材料问题上，我们建议国家专门为文物建筑修缮使用原材料作出一些法规，并出台政策扶持传统材料生产。

3．传统技术问题

传统技术包括砖瓦石作、木作、铁活、灰塑、陶作、彩画等。由于我国现代建筑不是从传统建筑逐步演变过来，而是从外国现代建筑较快转变过来，并且一直跟着外国现代建筑后面走，所以传统技术很少在现代建筑中承传。另一方面，到了现代，传统建筑基本停止建设，只有在传统建筑的修缮中才用到传统技术。又由于许多地方一直没有重视对文物建筑的修缮，施工中也没有严格按照规定执行。很多历史建筑在被评定为文物建筑之前，就改用现代技术维修。能够掌握传统技术的老工匠，一直没有得到重视，他们的技艺多数没有记录下来。现在，他们多数已经去世，不少传统工艺已经失传。另一方面，我国建筑技术的教育也忽略对传统技术的研究，更不用说对学生传授传统技术。现在施工队的工人，多数是未受过传统技术培训的农民，他们在农闲时到外地打工，农忙时回乡耕田，技术水平提高不快，同时，施工队里又缺乏有传统技术经验的施工员，所以一般工人的传统技术水平较难提高。特别是对于装饰性的工艺技术，掌握的人很少。现在，木雕的工匠还可以去江浙和潮州找，石雕的工匠可以去福建找，但砖雕和彩画的工匠就很难找。而江浙、福建等外地的工匠，其工艺水平虽然较高，但文化内涵与岭南风格有一定的距离。为了使地域性的传统工艺技术不至于消失，在文物建筑的修缮中一定要强调保存其原工艺。

4．现行建筑规范问题

在文物建筑修缮中，有时会碰到传统的做法与现行的建筑规范相矛盾。这是不奇怪的，因为现行规范是针对现代建筑而制定的。我们不能动不动就拿现代建筑的规范去约束文物建筑的修缮，也就是不能拿现在的标准去要求古人遵守。比如对于古塔，用现代规范1.4m高的栏杆套在七层高的古塔上，从地面往上看，就像一个个笼子把古塔层层套住，门也遮住，失去了古塔的高耸美。又如用现代规范在木结构古建筑的天花安装喷淋灭火系统，必大大改变古建筑的古典美。所以，文物建筑的修缮要强调保存原形制。文物建筑的修缮应该有一套自己的规范，这套规范应该与现代建筑规范有共性，也有文物建筑的个性。

在锦纶会馆的修缮中，我们没有安装喷淋灭火装置，只在恰当的地方设置了消火栓。其实，至今为止，我们对古代技术的研究是不够深入的，我们还没有弄懂中国斗栱的抗震原理，也没有弄懂岭南地区抬梁与穿斗相结合的微妙功效，更没有深刻体会古代匠人的聪明才智，如果我们在对古代技术知之不多的情况下就轻易说古人不懂这不懂那，就随意在古建筑上面增加这种或那种现代结构，就会造成古建筑的损坏。

锦纶会馆的修缮，我们没有在锦纶会馆墙上加现代钢筋混凝土圈梁，我们只是把左右山墙用铁杆拉起来，增加了墙体结构的整体性。我们不要轻易改变古建筑的原结构，因为它毕竟经历了几百年，期间经历多次地震和风震的考验而不倒，本身的结构和构造就具有科学性，我们又何必轻易去改动它的结构呢。所以，文物建筑的修缮要强调不改变原结构包括原构造。

5．“逐步升级法”

在文物建筑修缮中，当遇到结构加固的时候，应该采取什么材料什么结构去加固？这是值得我们谨慎对待的。材料和结构技术发展的历史顺序是：木结构、石结构、砖木结构、砖石木结构、砖钢木结构、钢结构、砖与混凝土结构、钢筋混凝土框架结构……钢筋混凝土应用在岭南建筑上大概是在1905年以后。目前，较多用于文物建筑加固工程的结构有木钢结构、钢结构和钢筋混凝土结构。从选择与建筑原结构相近的加固结构来考虑，对于清末以前的古建筑加固工程，应首先考虑钢结构，不要一下子就考虑钢筋混凝土结构。从选择“可逆性”和“最小干预”的加固结构来考虑，则无论是晚清前后的历史建筑，也应优先考虑钢结构，因为钢筋混凝土结构的可逆性最差，不利于后人采取更好的加固措施；另一方面钢筋混凝土结构对原建筑干预性最大，往往伤筋动骨。最近发明了一种高强抗拉材料碳纤维，很适宜于现代建筑的钢筋混凝土结构的加固，但对于古建筑的砖结构（砌体结构）是否合适还有待试验。所以，加固结构的选用，应该采用“逐步升级法”，即首先考虑木钢结构或钢结构，二者都不行才考虑钢筋混凝土结构。

锦纶会馆中路的结构加固，首先是采用木钢结构，如大梁榫头的加固；再者是钢结构，如山墙的加固；最后才采用钢筋混凝土结构，如承重墙的压顶梁。

6．最小干预原则

对文物建筑修缮中最小干预就是为了更多的保存历史信息和保证对原建筑伤害最小。所以，由于文物建筑的加固和使用功能的转变而引起的对原形制、原结构、原材料、原工艺的改动应遵循“可动可不动尽量不动，一定要动尽量少动”的最小干预原则。原地保护对文物建筑干预最小；整体移动保护对建筑基础和墙体有一定的干预；解体原地重建，对建筑的干预很大；解体迁建对建筑的干预最大。

锦纶会馆的整体移动保护就是基于这个理念。在整体移动前，置换了墙柱基础、揭起了地面铺装和因夹住墙体加固而打了些洞，其他基本没动。在整体移动后，对于危墙，能够不动就采用灌浆和加压顶梁的加固措施；能够纠偏的就不拆卸重砌。

（三）历史建筑与文物建筑的合理利用

文物建筑与历史建筑一样，都必须使用，但是，使用必须合理。这里所说的历史建筑是非文物的普通历史建筑；文物建筑是指文物保护单位和受保护的不可移动文物。文物建筑使用的合理性与普通历史建筑使用的合理性是不同的。首先，文物建筑的使用是受文物保护法制约，而普通历史建筑的使用是不受文物保护法制约。其次，对文物建筑，在使用中文物原状得到很好的保护，就是合理。文物建筑的使用强调不改变文物原状，强调对其内外历史信息的展示；改变文物原状，就是破坏，在使用中，如果原状的破坏被继续或发生新的破坏，就是破坏性使用；而普通历史建筑的使用只强调外貌不改变原状，内部允许适应新功能而改变原状，这是合理性使用。也就是说，文物建筑不允许在使用中发展，而历史建筑应该在使用中发展。可以说：文物建筑是历史真实建筑，普通历史建筑是历史风貌建筑，二者是有较大的区别。

锦纶会馆整体移动后的使用，只做本体展示和民俗展览，对其原状保护是有利的。除了展示和展览，恢复原来的使用功能是否合理呢？首先，原来作为丝织行业会馆的历史功能早已消失，不可能再恢复。其次，能否恢复与原来相近的功能，比如作现代丝织行业商会办公之类？也不合适。因为现代办公建筑讲究舒适性、现代性，必增加许多现代设备，如空调、照明、网络、喷淋消防等，对锦纶会馆的文物原状覆盖和干预都较多，而且对这座结构质量较差的苍老建筑的负荷又太大。另外，可以考虑恢复原演出民俗戏的功能，也就是利用门厅的东西小阁搭戏台演出粤曲小剧，观众分批在前院、两廊、中堂坐着观赏。这也是一种动态历史信息的延伸。因此，根据不同文物建筑的具体情况，可以寻求不同的合理使用途径。

錦綸會館

下篇

第九章
锦纶会馆保存碑刻的初步研究[①]

原位于广州市下九路西来新街的锦纶会馆，是广州市文物保护单位。始建于清雍正元年（1723），她是广州惟一保留下来的丝织行业东家会馆，又是反映清代广州丝织业盛衰的历史物证。2001年，广州市老城区西关计划开辟一条南北向60m宽的城市干道——康王路，锦纶会馆适处其中。经过广州市政府各级领导、各有关部门和社会各界人士的共同努力，锦纶会馆实施了整体移位，得到更好的保护，这是广州文物保护与城市建设发展取得双赢的又一范例。

锦纶会馆曾在广州历史上扮演过非常重要的角色，但在广东地方文献中，却罕见有锦纶会馆的记载，令人们长期以来对锦纶会馆的历史缺乏了解。幸而在锦纶会馆内，仍较完好地保存有19方碑刻，是我们了解和研究锦纶会馆的主要依据。

这19方碑刻分布在锦纶会馆的头门天井东廊、东厢前座、西厢和后座，大小尺寸不一，立碑年代最早的一方是在雍正九年（1731），最晚的一方是民国十三年（1924）。从保存状况看，除了立于乾隆五十八年（1793）的《锦纶先师碑记》破损较严重，立于嘉庆五年（1800）的《锦纶祖案先师碑记》中部分文字已被剥蚀外，其他的碑刻较为完整，碑文也大多能够辨认。从碑文的内容看，有记载锦纶会馆始建、重修和添建经过和捐款情况的《重修碑记》、《添建碑记》等共7篇；有记载锦纶会馆内几个主会、值事的“捐金”年份、数目和人名的碑文共10篇；还有一篇立于乾隆年间的《锦纶碑记》，记载了乾隆年间机工赴南海县、广州府和广东布政使司状告机户克扣工资的经过以及后来的解决办法；最后一篇由“广东全省土制丝品各行”立于民国十三年（1924），碑文保留了广东通省厘务总局于光绪二十四年（1898）发布的一份《示谕》，以及广东省长公署于民国十三年（1924）发出的第二、第三号布告，同时记载了民国十三年（1924）全省丝业同人联赴省长公署和财政厅请愿的背景、经过和结果。

为了讨论的方便，现将19方碑刻在锦纶会馆中所处的位置、各方碑刻的大小尺寸等情况按立碑年代的先后顺序开列如表一[②]。

这19篇碑文不仅比较详细地记录了锦纶会馆的始建和重修经过，而且也记载了会馆的组织运作、例规，丝织行业的有关状况等，为研究明清时期广州丝织业的发展和近代化转型，以及广州与世界贸易体系的关系等课题，提供了重要的碑刻文字资料。现试将碑文按内容的不同分述如下，并对其所体现出来的历史价值作初步的探讨。

第一节　会馆的创建、维修与添建

从表一可知，在19篇碑文中，有好几篇为《重修碑记》、《重建碑记》和《添建碑记》，记载了锦纶会馆的建造和历次重修、添建经过。

第11号碑（图1）是镶嵌在锦纶会馆头门天井东廊墙上的一方界石性质的小碑，碑文没有署撰写年代，但

① 本章由广东民间工艺博物馆黄海妍执笔。在写作过程中，得到麦英豪研究员和刘志伟教授的悉心指导，谨致谢忱！
② 根据胡晓宇：《从锦纶会馆碑刻看其历史》一文内的表格修订，《广州文博》2002年第1期，44页。

锦纶会馆的现存碑刻　　表一

序号	碑名	碑石尺寸（cm）		所在位置	立碑年份
		高	宽		
(1)	《锦纶祖师碑记》	198.5	128.5	头门天井西廊	雍正九年（1731）
(2)	《锦纶碑记》	93	55.5	西厢	乾隆十四年（1749）
(3)	《锦纶祖案先师碑记》	92.5	55	西厢	乾隆十八年（1753）
(4)	《重建会馆碑记》	166	170（2石）	头门天井西廊	乾隆二十九年（1764）
(5)	《重建碑记》	139.5	76	头门天井西廊	乾隆三十年（1765）
(6)	《锦纶祖案先师碑记》	88	47	西厢	乾隆四十三年（1778）
(7)	《锦纶先师碑记》	103	55	西厢	乾隆五十八年（1793），碑已残碎
(8)	《重修碑记》	138	64	头门天井西廊	嘉庆二年（1797）
(9)	《锦纶祖案先师碑记》	64	54	西厢	嘉庆五年（1800），部分碑文已被剥蚀
(10)	《锦纶先师碑记》	103	63	东厢前座	嘉庆二十五年（1820）
(11)	（界石）	31	21	头门天井东廊	道光五年（1825）
(12)	《重建锦纶行会馆碑》	188	148（2石）	后座	道光六年（1826）
(13)	《锦纶祖案先师碑记》	150	76	东厢前座	道光六年（1826）
(14)	《添建碑记》	139	66	后座	道光十七年（1837）
(15)	《先师碑记》	103	34	东厢前座	道光二十年（1840）
(16)	《锦纶先师祖案碑记》	152	75	东厢前座	咸丰元年（1851）
(17)	《锦纶先师祖案碑记》	141	74	后座	咸丰元年（1851）
(18)	《重修碑记》	116.5	68	头门天井东廊	光绪二年（1876）
(19)	《永远不得 别立名目 再行征抽 □□□碑》	136	70	头门天井东廊	中华民国十三年(1924)

从内容看应当是立碑于道光乙酉年（道光五年，1825）。它简单勾勒了会馆的始建和几次重修、添建的时间、规模以及四至。碑文全文如下：

锦纶会馆创自雍正元年。及至乾隆甲申年，买邓氏房屋贰间建立。迨至道光乙酉年，再复添建西厅及后座。其后墙外留通天渠，前面踊道宽广至于照壁，四围本会馆自留墙外滴水七寸。诚恐日久被人占盖，故特此题明，以使邻里相安也。

从上述引文可知，锦纶会馆始建于清雍正元年（1723），至乾隆甲申年（即乾隆二十九年，1764）买得邓氏房屋两间扩建。道光乙酉年（即道光五年，1825）又再添建了西厅和后座。对于这几次始建和扩建的经过，锦纶会馆已分别立碑作了交代。

第1号碑《锦纶祖师碑记》立于雍正九年（1731），碑文由“赐进士出身，奉旨命往广西观政、派委协充志馆纂修、候补知县”何梦瑶撰写。何梦瑶是南海县云津堡人，雍正八年（1730）进士，曾在广西做官，后又“叠聘主粤中三大书院讲席”，“富于著述”。[①]他在“序”中写道：

郡城之西隅业蚕织者，宁仅数百家？从前助金倚建关帝庙于西来胜地，以为春秋报赛及萃聚众心之所。迨后生聚日众，技业振兴，爰于癸卯之岁，集众金佥题助金，构堂于关帝庙之左，以事奉仙槎神汉博望张侯焉。

从这段文字可知，广州城西隅是丝织行业商铺号的聚集之地，在清康熙、雍正年间已有丝织商铺号数百家。

① （道光）《南海县志》卷三十九，“列传”八。

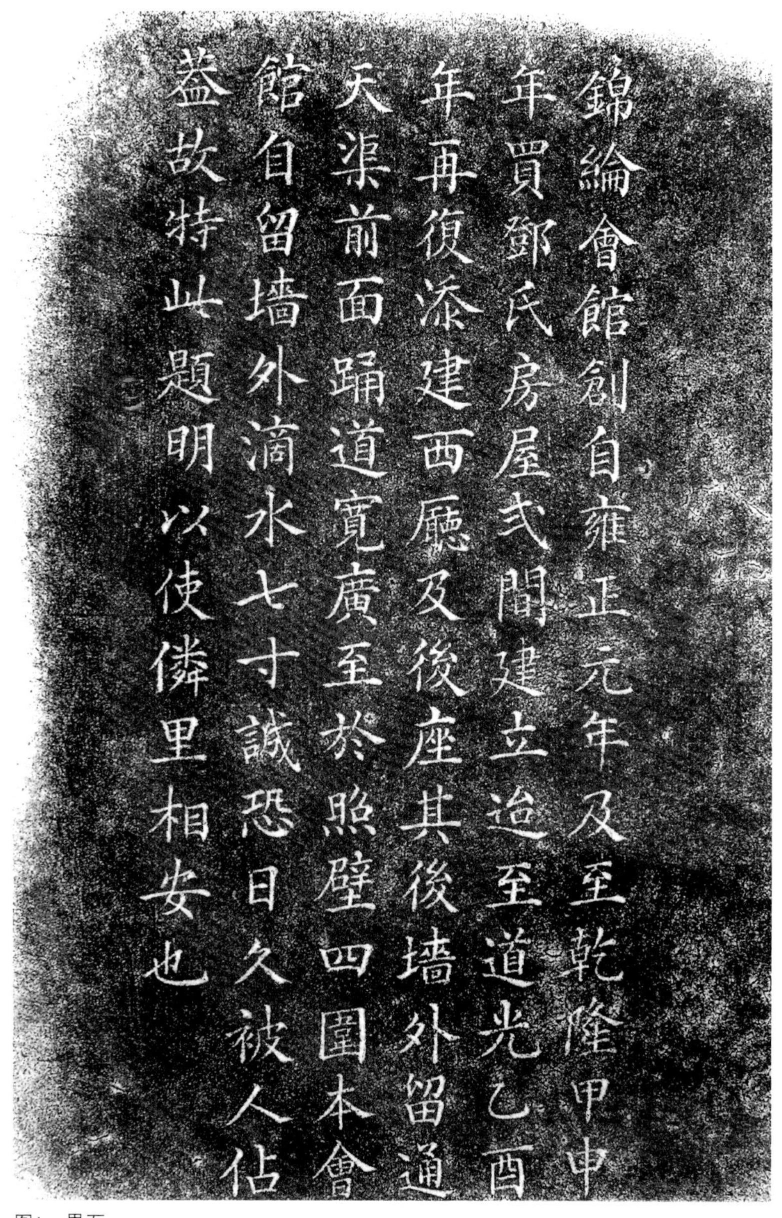

图1　界石

在锦纶会馆兴建之前，从事丝织业的商铺号曾捐资重修了位于西关西来胜地的关帝庙[①]，作为他们春秋祭祀和聚集议事的场所。到了“癸卯之岁”，随着从事丝织行业的商铺号和工人越来越多，他们又共同捐资在关帝庙之左兴建了广州丝织行业东家会馆——锦纶会馆，并供奉仙槎神汉博望侯张骞为其祖师。由于此碑立于雍正九年（1731），据此推算，“癸卯之岁”当为雍正元年（1723）。《锦纶祖师碑记》还开列了当时“助金”修建锦纶会馆的商铺号和个人人名，总共有1338个商铺号和个人助金，其中最多的是“曾输联，助金四两正”，最少的是“陈胤公、曹泰弘、关君惠、冯彩稻，已上供二钱一分”。[②]

乾隆二十八年（1763），因为会馆“堂隘而将圮”，“长夏郭君恒发又谋以新之”[③]，发起商铺号和个人“签题工金”。由于记载此次重修经过的第4号碑《重建会馆碑记》有不少缺字，所以难以准确统计“助金”的人数，但已多于雍正年间的“助金”人数，而且签题助金的数目也多于雍正年间，最多的是冯胜号等，“助金叁拾伍员”，最少的是姚德升等，也有“喜助工金壹员”[④]。这次重修从“是年腊月始，事明年八月告成”，即乾隆二十九年（1764）完工。不过，到乾隆三十年（1765），仍然有丝织业的商铺号和个人缴纳助金或喜认助金。据乾隆三十年（1765）《重建碑记》记载，乙酉年（即乾隆三十年，1765）缴纳“助金”的有“刘纯三助花钱三大员、何儒芳助花钱二大员半”，而喜认助金的商铺号和个人共计有123个，喜认助金在四钱五分到二大员不等，共计147大员1钱5分和28“中员”，合计为161大员1钱5分。[⑤]

---

① 据黄佛颐：《广州城坊志》记载，广州城西（又称西关）下九甫一带有华林寺，供奉达摩禅师。相传此处是达摩航海到广东传教的登陆之地，所以又称为西来初地，即西来胜地。广东人民出版社1994年，第572页。又据雍正元年（1723）陈似源《重修城西关圣帝君祖庙碑记》云，“郡城西郊华林寺左有关夫子庙”，始建于“明季壬午、癸未”，即明崇祯十四年（1642）和十五年（1643），“以为坊里会聚之所”，清顺治庚寅年（即顺治七年，1650）“廓而大之”，“康熙癸丑”（即康熙十二年，1673）又“增建后殿”，康熙壬寅年（即康熙六十一年，1722）又有重修，并“峻于癸卯孟秋”，即雍正元年（1723）。原碑在关帝庙内，碑文收录于（宣统）《南海县志》卷十三，“金石略”。

② 关于这篇碑文的详细内容，下文再作介绍。

③ 《重建会馆碑记》（乾隆二十九年，1764）。以下所有碑记的引文，除特别注明外，均参看《附录》中的相关碑文，不再一一罗列。

④ 由于雍正九年（1731）《锦纶祖师碑记》和乾隆二十九年（1764）《重建会馆碑记》都没有详细列明每一商铺号或每人“助金”的数目，所以难以统计出全部的金额。

⑤ 关于“中员”的价值，在相关的文献和中国货币史的著作中没有提及，只能利用其他一些也出现过“中员”的捐款碑来推算。据《台湾文献丛刊》151，《台湾中部碑文集成》（丙）《重修浯江馆捐题碑》（咸丰五年，1855）中的数值推算，一中员相当于半大员，即等于五角。在记录捐款数目时，为了好看，凡是单独捐五角的，均写成“中员”。又据彭信威《中国货币史》记载，在清代，银元1员重库平7钱2分，即1大员相当于0.72库平两。见彭信威：《中国货币史》，下册，群联出版社1954年，第509页；光绪《广州府志》卷163也载有：“光面洋银每圆七钱二分，常行以七钱为率。”

到了嘉庆年间，锦纶会馆再有重修。嘉庆二年（1797），据第8号碑《重修碑记》记载，此次重修是因为“缠鹑火之次，烈风暴雨，吹塌脊面，檐倾瓦解，不堪寓目”，于是当年的总理值事何翱然等“集议重修”。又由于当时“适逢其会，行情振作，天时人事两得其宜”，捐资相当踊跃。“喜认工金”的商铺号和个人共有12个，金额为6大员四钱和6“中员”，即9大员4钱。此外还将加入锦纶会馆先师主会的商铺号分为12股，每股按机“起科工金”（“每机壹钱”），具体金额是：

第壹股共银叁拾六两八钱　第贰股共银叁拾七两六钱　第三股共银贰拾六两四钱　第肆股共银叁拾六两三钱　第伍股共银叁拾七两九钱　第陆股共银肆拾两零一钱　第柒股共银叁拾七两一钱　第捌股共银贰拾八两九钱　第玖股共银叁拾捌两七钱　第拾股共银叁拾四两五钱　第十一股共银叁拾六两六钱　第十二股共银叁拾四两二钱

12股起科金额共为四百二十五两一钱。此外还收取“先师诞每户科灯笼金叁分”。

道光年间，锦纶会馆又经历了两次重修和添建。据道光六年（1826）由“例授文林郎、乙酉科乡进士、拣选县知县冯士楷”撰写的《重建锦纶行会馆碑》记载：“逮道光五年，堂隘将圮，又谋以新之。添建后座，重建东、西厅。是年六月始工，腊月告竣”。这次重修，在组织和规模方面都较前几次要大，专门设立了“重建值事”，从道光三年（1823）起到道光六年（1826），由“通行公推锦纶、先师三年六班值事董理轮值”，即每年均有两班锦纶值事和先师值事共同轮值。收到的助金也比较多，据碑文作不完全统计，癸未年（即道光三年，1823）收到先师值事和相关商铺号“喜助工金”共计127员，甲申年（即道光四年，1824）收到锦纶值事和相关商铺号“喜助工金”共计135员、先师值事和相关商铺号“喜助工金”共计164员，乙酉年（即道光五年，1825）锦纶值事和相关商铺号“喜助工金”共计290员及“长明灯一盏”、先师值事和相关商铺号“喜助工金”共计300员，丙戌年（即道光六年，1826）收到锦纶值事“喜助工金”共计132员。此外，当时已加入锦纶会馆、按丝织品种划分的几大行如线纱行、洋货敦仁行、洋货接织行、朝蟒行、宫宁线平行、金彩接织行、本地牛郎放接行、素线绉羽绉接织行、元青接织行、接织牛郎行、花八丝行、接织洋货行等都认捐了“博望侯满金头牌一对架全……先师蟒袍一袭冠带全”等物品，以及“喜助工金”合共125员。与前两次重修一样，锦纶会馆的这次重修除了有锦纶值事、先师值事以及各大行喜助工金外，也有不少商铺号和个人“喜助工金”，而且这次喜助工金的以商铺号为主，据统计，参与喜助工金的商铺号和个人有627个，金额约2443大员和475“中员”，即2680员5角。

道光年间的第二次添建是在道光十七年（1837）。据第15号碑《添建碑记》记载：

……粤稽我锦纶会馆，始自前人于雍正癸（酉）【卯】年，择城西西来胜地一隅而卜筑之。庙宇基址深两大进，左旁为厅厨，右旁为横门，出入之路前建照墙，头进门外留余地以为东西来往行人经游通衢。地形广延，规模宏丽，坐向得宜，其所以妥祀汉博望侯张骞先师之灵，使其享庙食于无穷而利赖后人者，诚甚善矣。厥后乾隆二十五年、嘉庆二年两次重修，仍照旧址。迨至道光五年，后人见其局势浅狭，遂添建后座，迁先师圣像而安奉焉。改右旁为西厅，左旁为横门，崇其垣，殖其庭，伉其门，栋宇辉煌，堂局舒展，气象似颇胜于前。惟是渐次人事乖张，舆情少洽，爰集酌议，寅延南色邑庠陈子刚老师、冯芝彦老师合为订论，（金）【佥】曰：先师圣座及横门之路俱以照鼎建始基章程为佳，至于右旁有受杀之处，宜于照墙余地东南隅高建一财星楼以镇掣，则福荫自靡艾也。斯时人心踊跃，有三年值事协同鼎力劝签。鸠工庀材，不数月而此事遂成。始于道光十七年七月，报竣于是年十月。动用浩繁，功成甚速，非藉先师之灵，何以有此？……

这段碑文对锦纶会馆的始建和历次重修、扩建经过，以及锦纶会馆建筑格局的形成过程记述得相当完整。锦纶会馆在雍正元年（1723）始建到乾隆[①]、嘉庆年间的两次重修，都是两进建筑，到道光五年（1825）才添

① 文中提到的“乾隆二十五年”当为乾隆二十八年（1763）。

建后座，并将“先师圣像”供奉于此，同时添建了西厅。有趣的是，到道光十七年（1837），锦纶会馆的值事因为“人事乖张，舆情少洽”，请人看风水，认为“右旁有受杀之处，宜于照墙余地东南隅高建一财星楼以镇掣”。当时响应添建财星楼的人十分踊跃，在“三年值事”“鼎力劝签”之下，收到的助金也比较多。据后面开列的“喜认工金芳名列”来看：

接织洋八丝洋货行助工金壹百五拾大员
接织福潮港行助工金叁拾五大员
接织元青行助工金拾四大员
接织杂色素八丝行助工金拾大员
接织素纻绸行助工金四大员

共计209大员。“喜认工金”的商铺号和个人（以商铺号为主）共计289个，工金总额约为245大员。在这次添建工程中总共“喜认工金”约为454大员。

从锦纶会馆内的十九篇碑文中所见，锦纶会馆的最后一次重修是在光绪二年（1876）。据19号碑《重修碑记》记载：

……粤自国初鼎建，历代相承。递乾隆癸未之初，至道光乙酉之岁，数弓添拓，三度重修，极堂构之辉煌，起楼台以歌舞。都哉盛欤！迄今香烟仍旧，而庙貌匪新，扉鱼日炙而红皴，瓦兽风颓而碧落。墙犹虞圮，神何以栖？爰集众妥商筹资修复，幸而公囊有积，蚨已成群，每机略科，裒成集腋。从此宏开东阁，广增东壁之图书；润色西厅，不亚西园之翰墨。客冬启事，闰夏告成……

这段碑文首先交待了锦纶会馆的始建以及乾隆二十八年（1763）和道光五年（1825）的“三度重修”[①]，到光绪初年，因为“庙貌匪新……墙犹虞圮”，于是“集众妥商筹资修复”，并设立重修值事总理和协理。碑文中还提到，当时锦纶会馆的资金相当充足，“公囊有积，蚨已成群，每机略科，裒成集腋”。由于在光绪二年（1876）锦纶会馆的“历年留存灯笼金银五百四拾四两叁钱正”，所以没有像以往几次重修那样大规模集资，只是再“进放卖行科机头银贰百贰拾柒两五钱五分、进接织行科机头银壹百壹拾柒两壹钱正”，三笔费用“合共进银捌佰捌拾捌两玖钱五分”，就足以支付这次重修的三笔支出：“支洪源泥水工料银陆百玖拾五两叁钱五分、支文元油漆银壹百伍拾五两正、支添换神前锡器银叁拾捌两陆钱正，合共支银捌佰捌拾捌两玖钱五分”。

第二节　独特的理财安排

从前述引文中，我们不时会看到“锦纶值事”、“先师值事”等名称，这些其实与锦纶会馆内设立的“主会”等组织有关。事实上，作为广州丝织行业的东家会馆，锦纶会馆有较为完善的组织机构，制定了会馆活动的例规，有自身一套运作方式，这些在第1号碑《锦纶祖师碑记》中都有记载。

此碑（图2）高198.5cm，宽128.5cm。碑额《锦纶祖师碑记》为横排，碑文竖排，从右到左分两大部分排列。第一大部分是《锦纶祖师碑记》，第二大部分为“庙例”，整篇碑文的最后一行是“雍正九年十二月吉日立”，为立碑的时间。

第一部分《锦纶祖师碑记》由“序言”、“正文”和落款三部分组成，“序言”，共6行，每行字数不一，共393字，其最后一句是“所有芳名及庙例并刻于左”。紧接着的“正文”开列的就是这些“芳名”，“芳名”之后的落款是“赐进士出身奉旨命往广西观政派委协充志馆纂修候补知县何梦瑶撰文”。

“序言”的内容在前文已引用了其中的一部分，主要是交代兴建锦纶会馆的由来，锦纶会馆内供奉“仙槎

① 碑文中没有提及嘉庆年间的那次重修。

图2　锦纶祖师碑记

神汉博望张侯”的原因。还有就是描述广东当时丝织业和丝织贸易之盛，文中的“远国商帆亟困载贸迁之盛，则合坊之经营于斯艺，聚集于斯土者，不其安适丰裕哉！”反映的就是当时广州丝绸贸易繁盛、丝织业兴旺的景象。

“正文”开列的“芳名”又由两部分组成。右面一部分开列的是历年“主会捐金”的数字及排列情况，分上下两栏排列。上面一栏开列的是：

癸卯年主会捐金一十四两（共列芳名 12，从略，下同）
壬寅年主会捐金陆两助石一百二十块（共列芳名 13）
辛丑年主会捐金捌两（共列芳名 13）
庚子年主会捐金陆两（共列芳名 13）
己亥年主会捐金陆两（共列芳名 12）
甲辰年主会捐金五两（共列芳名 12）
戊戌年主会捐金五两（共列芳名 10）
丁酉年主会捐金五两（共列芳名 12）
丙申年主会捐金五两（共列芳名 12）
乙未年主会捐金五两（共列芳名 12）
壬子年主会捐金三两陆钱三分（共列芳名 12）
辛亥年主会捐金三两五钱（共列芳名 12）
戊申年主会捐金三两三钱（共列芳名 12）
丁未年主会捐金三两二钱（共列芳名 12）
丙午年主会捐金三两一钱四（共列芳名 12）
庚戌年主会捐金三两一钱（共列芳名 12）
甲午年主会捐金三两（共列芳名 12）
己酉年主会捐金三两（共列芳名人名 12）
乙巳年主会捐金三两（共列芳名 12）
癸巳年主会捐金二两一钱（共列芳名 10）

下面一栏开列的是：

癸丑年主会捐金三两六钱五分（共列芳名 12，从略，下同）
甲寅年主会捐金三两五钱二分（共列芳名 12）
乙卯年主会捐金三两五钱二分（共列芳名 13）
丙辰年主会捐金三两五钱二分（共列芳名 12）
丁巳年主会捐金三两九钱四分（共列芳名 13）
戊午年主会捐金三两五钱二分（共列芳名 12）
己未年主会捐金三两陆钱正（共列芳名 12）
庚申年主会捐金三两捌钱正（共列芳名 12）
辛酉年主会捐金三两八钱五分（共列芳名 12）
壬戌年主会捐金四两二钱正（共列芳名 12）
癸亥年主会捐金三两九钱正（共列芳名 12）
甲子年主会捐金四两九钱正（共列芳名 12）
乙丑年主会捐金三两陆钱正（共列芳名 12）

丙寅年主会捐金三两陆钱正（共列芳名 12）
丁卯年主会捐金三两陆钱正（共列芳名 13）
戊辰年主会捐金三两八钱（共列芳名 12）
己巳年主会捐金三两八钱正（共列芳名 12）
庚午年主会捐金三两陆钱正（共列芳名 12）
辛未年主会捐金四两八钱正（共列芳名 12）

很显然，上面一栏的年份并没有按年代的先后顺序排列，而下面一栏的年份则是按年代先后顺序排列的。那么，这些以干支形式排列的年份具体指哪些年份呢？它们又为什么仅以干支的形式排列呢？这一问题要在下面借助《碑记》的其他内容才能回答。

在“主会捐金”部分的左侧，是另外一部分“芳名”，包括 1338 个商铺号和个人的名单以及他们“助金”的数目，从中可看到，“助金”与“捐金”不同，“助金”应该是自愿题捐的，其数目多少不一，最多的是“曾输联，助金四两正”，最少的是“陈胤公、曹泰弘、关君惠、冯彩稻，已上供二钱一分”。“捐金”则规定由当年轮值的主会负责缴纳，数目也比较固定。除了助金外，列出的“芳名”中还有“喜认铁香炉一座敬奉”的字样，说明在兴建锦纶会馆时，除了捐钱外，还有捐物的。

在“何梦瑶撰文”落款的左侧，就是整篇碑文的第二大部分，其内容似乎就是何梦瑶提到而在《碑记》正文中没有出现的“庙例”。这份“庙例”也是锦纶会馆所有碑文中惟一的一份，而且其中的内容有助于解答上述的问题，全文如下：

一先年原醵金六十零，脩建关圣帝君庙，每岁主会十有二人，递主□事。今建立祖师神庙，每岁亦议主会十二人，惟诞节建醮係其堂理，余外一应杂项均不干与。本行众议锦纶主会历年出例金三两五钱，上承下效，不得催延。交盘之日，印契连银点明交与下手主会收贮。

一众议会馆内家伙什物并助金，交盘之日，亦是交与先师主会收贮。

一众议凡新开铺，每户出助金贰钱，值月袮首收起，交与先师主会收贮，以为日后修整祖师会馆使用。

一众议会馆内只许创始重修首事乃得上扁，自壬子年起各案主会不得效尤。

缘首　黎居惠　梁元尚　梁承良　陈广辉　关广亮　郑惟端

雍正九年十二月吉日立

在解读这份“庙例”之前，要补充说明的是，“庙例”中在“余外一应杂项均不干与”字样之下、落款“县何梦瑶”四字的左侧出现了一行“壬申年主会捐金三两八钱正”及 12 个人名，由于“壬申年”恰好接在“辛未年”之后，所以笔者推测，这一行字本来应是排在正文的“辛未年”之后，在排列正文的“芳名”时可能漏掉了这一行，所以在落款处的左侧再补回来。

回过头来再看这段“庙例”。这份“庙例”应该是“缘首”黎居惠等人补刻上去的。前文已提到，癸卯年指的就是锦纶会馆始创的雍正元年（1723），再看前文引用的开列了“主会捐金”年份、数目和人名的“芳名”的上面一栏，第一行就是“癸卯年”，指的应该就是雍正元年（1723）。以此为坐标，将这原来没有按年代先后顺序排列的 20 年按干支顺序排列一下，可发现就是从“癸巳年”（即康熙五十二年，1713）排列到“壬子年”（即雍正十年，1732），前后共二十年。关于“壬子年”就是雍正十年（1732），还可以在“庙例”中找到佐证。“庙例”最后一条“众议会馆内只许创始重修首事乃得上扁，自壬子年起各案主会不得效尤”，由于得以“上扁”的黎居惠等人是雍正九年（1731）将其名字刻入碑中，而雍正九年是辛亥年，辛亥年之后就是壬子年，所以“自壬子年起”当是自雍正十年（1732）起。此外，雍正元年（1723）以前的癸巳年（即康熙五十二年，1713）至壬寅年（即康熙六十一年，1722）前后十年中，“主会”的人数多在 12 ~ 13 人之间（癸巳年和戊戌年是 10 人），也与“庙例”第一款所说的“先年……每岁主会十有二人，递主□事”相符合。这一部分“主会捐金”的数目也不一致，有多有少，最少的是在癸巳年（即康熙五十二年 ,1713），“捐金二两一钱”，最多是在锦纶会馆建立的癸卯年（即雍正元年 ,1723），“主会捐金一十四两”，从中可知，在立碑当年，“主会捐金”应该是已经收取了，其年份排列不按先后顺序，可推测是在立碑时才回忆补记的，所以没有按年代的先后顺序排列。

那么，下面一栏按时间先后顺序排列的 20 年（包括最后加上去的壬申年）又是怎么一回事呢？如果这里排列的不是紧接着之前壬子年（即雍正十年，1732）之后的 20 年（从癸丑年到壬申年），那么将其往前推 60 年，即前一个癸丑年（即康熙十二年，1673），比上一栏最早的一年康熙五十二年（1713）还要早 40 年，而且中间还有 20 年的空缺，这显然是不可能的。所以，笔者相信，这里排列的当是雍正十年（1732）之后的 20 年，也就是从癸丑年（即雍正十一年，1733）起，按先后顺序一直排到了壬申年（即乾隆十七年，1752）。在这提前排定的 20 年当中，“主会”逐年轮换，人数也在 12 ～ 13 人之间，“捐金”的数目则多在三两多到四两多之间。这里“预排”主会值事的人数、预定捐金的数目也与“庙例”中规定的“每岁亦议主会十二人……本行众议锦纶主会历年出例金三两五钱，上承下效，不得催延”大致吻合，只是“捐金”的数目比“庙例”中规定的“例金”稍多一些[①]。这说明迟至雍正十年（1732），每年主会（又称锦纶主会）捐金的数目与参与的人员名单已经预先排定，并设为定例。至于预排名单时，用干支来纪年，可能是因为未知以后皇帝的年号何时更迭，所以在预排以后几十年主会的名单和捐金数目时，全用干支纪年更为方便。

锦纶会馆中另外几篇碑文的内容证实了笔者的这一推测。乾隆十八年（1753）由“当年主会”所立的《锦纶祖案先师碑记》，全篇都是“主会捐金”情况的排列。第一行排列的是“癸酉年主会捐金叁两捌钱正”，由于此碑的立碑年代乾隆十八年（1753）正好是癸酉年，所以第一行的“癸酉年”当为乾隆十八年（1753），这也恰好与雍正九年（1731）碑记所排列的最后一年壬申年（即乾隆十七年，1752）相接。这篇碑记显示，“当年主会”在乾隆十八年（1753）就逐年预排了从癸酉年（即乾隆十八年，1753）至丁酉年（即乾隆四十二年，1777）共 25 年中每年主会捐金的数目和在主会轮值的商铺号和人名。同理，之后的乾隆四十三年（1778）由“当年主会”立的《锦纶祖案先师碑记》[②]（图 3），预先排列的是自戊戌年（乾隆四十三年，1778）至戊午年（即嘉庆三年，1798）共 21 年中每年在主会轮值的商铺号和捐金数目；嘉庆五年（1800）立的《锦纶祖案先师碑记》预排从己未年（即嘉庆四年，1799）至壬午年（即道光二年，1822）共 24 年中每年轮值的商铺号和捐金数目。我们会发现，这几篇碑记所排列的年份都是首尾相接的，也就是说，从癸巳年（即康熙五十二年，1713）到壬午年（即道光二年，1822）这 110 年里，每年都安排好 12 ～ 13 个商铺号或个人轮值锦纶主会，并安排好每一届轮值主会要缴纳的捐金数目，而且，通常立碑的当年就是碑文中“主会捐金”所排列的第一年（嘉庆五年碑记除外）。不过，这几篇碑文都没有交代已经预先规定的数年“助金”数目是何时收取。此外，不知何故，在道光二年（1822）以后，没有再见到锦纶主会历年的排名和捐金记录。现将这四方碑刻所记录的起止年份开列如表二，使我们对锦纶主会这种预排值事、首尾相接和预定“捐金”的制度更加明晰。

锦纶主会排列情况表　　表二

序号	碑名	立碑年份	干支纪年		备注
			起年	止年	
(1)	《锦纶祖师碑记》	雍正九年（1731）	癸巳年（康熙五十二年，1713）	壬申年（乾隆十七年，1752）	其中癸巳年（康熙五十二年，1713）至壬子年（雍正十年，1732）的排序在立碑之前（雍正九年，1731）已经实施。从癸丑年（雍正十一年，1733）至壬申年（乾隆十七年，1752）才是预排
(3)	《锦纶祖案先师碑记》	乾隆十八年（1753）	癸酉年（乾隆十八年，1753）	丁酉年（乾隆四十二年，1777）	
(6)	《锦纶祖案先师碑记》	乾隆四十三年（1778）	戊戌年（乾隆四十三年，1778）	戊午年（嘉庆三年，1798）	
(9)	《锦纶祖案先师碑记》	嘉庆五年（1800）	己未年（嘉庆四年，1799）	壬午年（道光二年，1822）	

① 关于“捐金”和“例金”的关系，笔者相信都是指同一样东西，即每届锦纶主会需要缴纳的费用，由于每年都要例行收取，所以在“庙例”的规定中用“例金”表示，但实际上它又是由每年主会的值事捐出，所以又称“捐金”。

② “祖案”指的是神案、香案，由于锦纶会馆内供奉先师张骞圣像，所以应该会设有祖案。

图3　锦纶祖案先师碑记

至于锦纶主会的职能，在雍正九年（1731）所立《碑记》的“庙例”中提到，锦纶主会的职能是“惟诞节建醮係其堂理，余外一应杂项均不干与”，也就是说，锦纶主会只负责在先师祖诞[①]时打醮的相关事务。关于锦纶会馆中供奉的先师，雍正九年（1731）《锦纶祖师碑记》认为是西汉博望侯张骞，其“序”说：

盖蚕织之事，虽肇端于黄帝之世，然机杼之巧、花样之新，实因侯于元狩年间，乘槎至天河，得支机石，遂擅天孙之巧，于是创制立法，传之后人，至今咸蒙其利。

不过，嘉庆二年（1797）的《重修碑记》对在会馆中奉张骞为先师有不同的说法：

稽古衣裳组织设自轩辕，而九章、五章则因时捐益，是织造非博望侯始也。我粤东创立锦纶会馆，师事张骞侯者何居？尝闻上世服色纯朴，文饰彩章至周始备。然当时、后世尚论者，咸称汉代衣冠。张侯，汉臣也，奉使乘槎渡苑，得授支矶彩石，归而授世组织之道，遂得精微之巧。我粤锦纶诸弟子不能祖述皇帝，而宪章博望侯北面事之，端为是欤？第不创于前，虽美弗彰；不继于后，虽盛弗著。……

这段引文指出，古代“衣裳组织”始于轩辕（黄帝）而非汉博望侯张骞，只是因为“汉代衣冠”备受称赞，张骞恰为汉臣，又相传他曾乘仙船到天河，“得授支矶彩石，归而授世组织之道”，所以“锦纶诸弟子”“师事张骞”。

道光十九年（1839），佛山丝织行业内的机房土布行会馆[②]——兴仁堂帽绫行东家会馆鼎建，“拣选县正堂”任元梓撰写《鼎建帽绫行庙碑》，对佛山丝织业祀张骞为先师，有这样的说法：

帽绫行以织作为业，群工立庙祀其先师，而肖像于两楹间者，则汉中大夫博望侯张某也。夫蚕织始自有熊，司其教者元妃西陵氏。侯始为郎，终为大行人，于蚕织之事何与？说者谓侯穷河源上溯天汉，得织女支矶石而回，是以业织作者祀之。而吾不谓然，无论查客非侯，即侯果有其事，而此支矶一石，得之未必遂工，失之未必遂拙，何功于人，乃馨香而祷祀之也哉？窃以为侯始通西域，西域之民织□刺文绣，史称其巧。当日持节至其地，或得其经纬组织之巧法，归以传之中国。中国之人习之，皆曰侯实教我。以此历世相传，至于今犹不忘所自。因而溯授受之渊源，尊为先师，奚不可也。[③]

对于丝织行业尊张骞为先师，有比较科学的解释。其实无论对祀奉张骞为丝织业的先师有怎样的解释，在锦纶会馆等丝织业会馆中供奉张骞为其祖师，只是满足丝织业同行中人祭祀祖师的心理需要而已，这也是当时行业会馆的一个通例。例如在佛山，各行业均有自己祭奉的祖师，一般多为历史上被认为是本行业开山始祖的某个人物。[④]

至于诞期的打醮，指的是诞期时的酬神演戏活动。事实上，在诞期酬神演戏是清代会馆的主要活动之一。正如乾隆年间陈炎宗所言：“夫会馆演剧，在在皆然。演剧而千百人聚观，亦时时皆然。”[⑤]有些规模大的会馆还设有歌台，锦纶会馆虽然没有设置专门的歌台（可能会于酬神演戏时在首进大厅搭建临时戏台），但现在我们仍然能在首进大厅看到的搭建在东西两侧的阁楼，据说就是当时供演员演戏时更衣之用的。此外，在嘉庆二年（1797）《重修碑记》中也提到有“演戏值事”，只是没有详细列明“演戏值事”的具体职责。

根据雍正九年（1731）的“庙例”，锦纶会馆中除了有负责“诞节建醮”的锦纶主会外，还有负责会馆的日常事务和修缮的先师主会。“庙例”中规定的“会馆内家伙什物并助金，交盘之日，亦是交与先师主会收贮”以及“凡新开铺，每户出助金贰钱，值月祃首收起，交与先师主会收贮，以为日后修整祖师会馆使用”，说明

① 黎显衡先生的文章《广州的丝织业与锦纶会馆》提到锦纶会馆祖师诞是在农历八月十三日，见《广州文博》2002年第1期，第41页。
② 据民国《佛山忠义乡志》卷六，《实业》记载：“机房土布行共一百三十余家。东友同业二百余人，东西友均称兴仁堂。
③ 《鼎建帽绫行庙碑》，收入《明清佛山碑刻文献经济资料》，广东人民出版社1987年，第140～141页。
④ 见罗一星：《明清佛山经济发展与社会变迁》，广东人民出版社1994年，第346页。
⑤ 陈炎宗：《旅食祠碑记》，道光《佛山忠义乡志》卷十二，《金石》下。

的就是这个问题。

与锦纶主会一样，先师主会的值事主要也是在立碑当年预先排定，每年一换，首尾相接，其值事轮值的排列方式和锦纶主会一样。乾隆三十年（1765）《重建碑记》排定的是从乙酉年（即乾隆三十年，1765）至壬子年（即乾隆五十七年，1792 年）先师主会的值事名单，乾隆五十八年（1793）《锦纶先师碑记》排定的是从癸丑年（即乾隆五十八年，1793）至乙亥年（即嘉庆二十年，1815）、嘉庆二十五年（1820）《锦纶先师碑记》则排定自丙子年（即嘉庆二十一年，1816）至己亥年（即道光十九年，1839）、道光二十年《先师碑记》排定的是自庚子年（即道光二十年，1840）至庚戌年（即道光三十年，1850）、咸丰元年（1851）《锦纶先师祖案碑记》排定自辛亥年（即咸丰元年，1851）至壬申年（即同治十一年，1872）的先师主会值事名单。也就是说，从乾隆三十年（1765）至同治十一年（1872）前后 108 年当中，锦纶先师主会轮值的值事也是预先排定好的。与“表二”一样，“表三”将开列锦纶先师主会的排列情况表，使我们对这种预排制度有更清楚的了解。

锦纶先师主会排列情况表　　表三

序号	碑名	立碑年份	干支纪年	
			起年	止年
(5)	《重建碑记》	乾隆三十年(1765)	乙酉年(乾隆三十年，1765)	壬子年(乾隆五十七年，1792)
(7)	《锦纶先师碑记》	乾隆五十八年(1793)	癸丑年(乾隆五十八年，1793)	乙亥年(嘉庆二十年，1815)
(10)	《锦纶先师碑记》	嘉庆二十五年(1820)	丙子年(嘉庆二十一年，1816)	己亥年(道光十九年，1839)
(15)	《先师碑记》	道光二十年(1840)	庚子年(道光二十年，1840)	庚戌年(道光三十年，1850)
(17)	《锦纶先师祖案碑记》	咸丰元年(1851)	辛亥年(咸丰元年，1851)	壬申年(同治十一年，1872)

此外，锦纶先师主会预排值事名录、预收捐金的做法，还可以在第 8 号碑《重修碑记》（嘉庆二年，1797）和第 12 号碑《重建锦纶行会馆碑》（道光六年，1826）中开列的当年先师主会名单中得到印证。《锦纶先师碑记》（乾隆五十八年，1793）曾预排了丁巳年（即嘉庆二年，1797）先师主会值事的名单：

丁巳年值事陈秉炫　区殿泉　茂盛荫记　劳友胜　张耀开　黄文开　邓擢升　张平贤记　劳名世芳记　杜鸿章　潘合贤　恒泰号

与《重修碑记》（嘉庆二年，1797）最后一行开列的名单：

丁巳当年先师主会：陈秉炫　区殿泉　茂盛号　劳友胜　张耀开　黄文开　邓擢升　张平贤记　劳名世　杜鸿章　潘合贤　恒泰号

我们可以看到，两篇碑记开列的“丁巳当年”先师主会值事名单完全一样，由此说明，在乾隆五十八年（1793）预排中的嘉庆二年（1797）先师主会值事名单到嘉庆二年（1797）的当年果然实施了。

嘉庆二十五年（1820）立碑的《锦纶先师碑记》预排了癸未年（即道光三年，1823）、甲申年（即道光四年，1824）、乙酉年（即道光五年，1825）三年的先师主会值事的名单，也在道光六年（1826）立碑的《重建锦纶行会馆碑》中得到了验证。嘉庆二十五（1820）预排这三年的先师主会名单是：

癸未年值事李泽士润桂记　邓雄植记　罗卓信记　福合琼光记　何同德　关景兴记　张升号　源泰号　郭赞号　严恩号　马洪号　彭荣吉

甲申年主会李聚润记　张怀来记　冯达号　何广昌号　胡正昌号　源利昌号　瑞纶泰记　锦行连珠记　刘公昌号　陈耀敬记　顺和富典记　潘全号

乙酉年值事谭耀义财记　李声合辉记　郭成玉　和生正记　德兴光泉记　霍赞润记　陈振号　黄和合　谈启[illegible]记　梁荣熙记　泰合号　恒兴谦淳记

而道光六年（1826）《重建锦纶行会馆碑》开列的这三年先师值事“喜助工金”的名单和数目分别是[①]：

癸未年先师值事喜助工金六十大员　头牌两对连架全　李泽士四员　邓雄号五员　罗卓号三员　徐福合二员　何同德六员　关景号六员　源泰号十五员　张升号四员　郭赞号三员　严恩号二员　马洪号二员　荣吉号十五员

甲申年先师值事喜助工金八十二员　李润千四员　张怀来记二员　冯达宁三员　何广昌十员　胡正昌三十员　源利昌记五员　康瑞纶五员泰记　锦行号三员　刘公昌三员　陈耀敬记十一员　顺和号三员　潘全号三员

乙酉年先师值事喜助工金一百五十员　谭耀财记七员　李声合八员　郭成玉六员　和生正记三十员　李德兴十员　霍替号八员　陈振号十员　黄和合三十二员　谈启号七员　梁荣熙记十员　泰合号七员　恒兴号十五员

将这篇碑文相应的先师值事名单相对照，可以发现它们也是完全相同的，只是在称谓上有些微出入罢了。比如道光六年（1826）《重建锦纶行会馆碑》中开列的“癸未年先师值事喜助工金……”中，“李泽士”就是嘉庆二十五年（1820）预排的“癸未年值事李泽士润记”，“邓雄号”就是“邓雄植记”，“罗卓号”就是“罗卓信记”，“徐福合”就是“福合琼光记”等等，不再一一罗列。

从这108年先师主会的排列中还发现，先师主会值事的人数每年都是12人。这正与乾隆二十九年(1764)《重建会馆碑记》开列的第壹至第十二股“事首”，以及嘉庆二年（1797）《重修碑记》中“各股起科工金开列”的“第壹股”至“第十二股”相吻合。现将《重修碑记》中的“各股起科工金”的内容引用如下以便说明：

各股起科工金开列每机壹钱

第壹股共银叁拾六两八钱　第贰股共银叁拾七两六钱　第三股共银贰拾六两四钱　第肆股共银叁拾六两三钱　第伍股共银叁拾七两九钱　第陆股共银肆拾两零一钱　第柒股共银叁拾七两一钱　第捌股共银贰拾八两九钱　第玖股共银叁拾捌两七钱　第拾股共银叁拾四两五钱　第十一股共银叁拾六两六钱　第十二股共银叁拾四两二钱

引文中提到了“起科工金”的制度，涉及到锦纶会馆的经费来源情况，下文再作详细讨论。现在根据其“每机壹钱”的起科办法，估算出会馆第一股的织机数是368，第二股是376，第三股是264，第四股是363，第五股是379，第六股是401，第七股是371，第八股是289，第九股是387，第十股是345，第十一股是366，第十二股是342，总共的织机数目是4251台。虽然没有资料显示每一个机房或每一家商铺号拥有的织机和丝织工人的数目，但从4251台织机这一数字还是可以估算出当时广州丝织行业应该有相当的规模，锦纶会馆将这些机房或机户分成12股，每股设立“事首”，轮流担当先师主会的值事，处理会馆的日常事务。

雍正九年（1731）“庙例”还提到“值月祃[②]首”的设置，应该是负责锦纶会馆日常的祭祀上香以及收取新开商铺号的入会“助金”，由先师主会指定，按月轮值。

要补充一提的是，在十九方碑刻中，还有两方也是立于道光六年（1826）的《锦纶祖案先师碑记》和立于咸丰元年（1851）的《锦纶先师祖案碑记》，当中出现了从癸未年（即道光三年，1823）到戊申年（即道光二十八年，1848）（中间缺道光六年，1826），再从己酉年（即道光二十九年，1849）到戊辰年（即同治七年，1868）前后共45年的“关帝值事”名单的连续排列，而且每年“关帝值事”的人数也是12人，但碑文中没有交代“关帝值事”需要负责的工作，故此不清楚中间突然出现45年的“关帝值事”，其职责分工是什么。不过，在锦纶会馆建立之前，丝织行业的商铺号和工人曾在关帝庙中活动，可能从那时开始，就设有“关帝值事”。

① 道光六年（1826）《重建锦纶行会馆碑》也开列了道光三年（1823）至道光六年（1826）锦纶值事的名单和助金数目，因前文提到几方预排锦纶主会值事名单的碑刻仅排至道光二年（1822），无从对照。

② 祃：指的是古时军队在驻扎地祭神的活动，《礼记·王制》有：“祃于所征之地”。在这里当泛指会馆日常的祭祀活动，如佛山《重修参药会馆碑记》中就有：“月祃岁祀，规矩肃然”。见《明清佛山碑刻文献经济资料》，第141页。

锦纶会馆中还有几篇碑文提到了会馆的各项经费来源和征收、管理办法。一般而言，会馆的经费来源有两种途径，一是认捐，一是抽捐。[①]认捐当是前文提到的助金，是行友自愿贡献，多少不拘。前文已经提到，锦纶会馆的鼎建和历次重修，都收到不少捐款。就现有碑文记载而言，收到捐款最多的是在道光五年（1825）的那次重修，收到捐款金额高达2680员5角。除了捐款之外，也有捐物的。这在多篇碑记中都有反映，例如，乾隆二十九年（1764）《重建会馆碑记》就记有：

第柒股事首：邓维本、朱秀号、苏德裕、张志刚，一置铺屋贰间连家伙什物；

第捌股事首：霍国漳、罗应文、应廷号，一置博古炉瓶壹副、油毡壹对、头锣壹对、花梨香桌壹张；

第玖股事首：麦君卓、梁孔□、周简鄉、林元邦，一置锡大贡器壹副重壹佰余斤、酒壶贰拾个、茶壶贰个、□盆伍个、连架满堂光壹对、手火拾贰个；

第拾股事首：陈华修、潘联可、伦爱积，一置镶玻璃锡宫灯贰对、大小纱灯共陆对、角灯贰对、大角灯壹盏；

拾壹股事首：何顺士、杨惠珍、苏显放，一置□□緞绣全桌围陆张、坐褥拾贰张、椅墊拾贰个；

拾贰股事首：何隆号、何显斯、何朋号、杜茂号、伦定积，一置力木长臺壹张、楠木八仙台拾张、椅肆拾张、春凳贰拾张、彩间壹架、大□壹个

在抽捐方面，前文也已经有提过，锦纶会馆一方面向“新开铺每户”征收“助金式钱”[②]；另一方面，采取按“每机壹钱”的办法向机户“起科工金；[③]嘉庆二年（1797）《重修碑记》还载有锦纶会馆会在“先师诞每户科灯笼金叁分，系当年各股主会同该股演戏值事交收，如有拖延，该股值事是问，不得抗众。”此外还有每年锦纶主会值事的“捐金”。

通过认捐和抽捐，锦纶会馆积累了相当雄厚的资金，足以应付会馆历次的重修和扩建。例如到光绪二年（1876）再次重修会馆时，因为“公囊有积，蚨已成群”，只需“每机略科”[④]，就足以支付重修费用。此外，在1950年代，丝织工人回忆他们的前辈当年参加三元里抗英斗争的事迹时，也提到：“战时，锦纶堂出钱，机房仔和打石工人出力，因为锦纶堂的财力甚为雄厚，又肯出钱”[⑤]。

不过，在1950年代丝织工人的回忆中，提到锦纶会馆是广州整个丝织行业的会馆，而同时广州的丝织行业又分为东家行和西家行。[⑥]这种说法是不准确的，我们从上述锦纶会馆多块碑刻的捐款名单，从锦纶主会和先师主会的值事名单可看到，当时管理锦纶会馆以及捐款兴修锦纶会馆的都是以丝织商铺号为主，所以锦纶会馆应该是东家会馆，而非整个丝织行业的会馆。至于机工也有捐款参与兴修锦纶会馆并不能说明锦纶会馆就是丝织行业会馆。事实上，清代珠江三角洲的行业会馆中，即便已分为东家会馆和西家会馆，其东家会馆往往是由东西两家合资修建，如前文提到的佛山帽绫行在道光九年（1829）鼎建兴仁堂东家会馆，就由东主任昌林等201家，西友区九如等1109人合资捐建[⑦]。

第三节　“机户”与“工匠”（机工）的纠纷

除了记载锦纶会馆的历次修缮、组织制度、运作方式外的数方碑刻外，还有一方立于乾隆年间的《锦纶碑记》，通过记载乾隆元年（1736）和乾隆十四年（1749）“工匠”（机工）两次到官府状告“机户”克扣工资的事件，反映清代广州的丝织行业中，“机户”和“工匠”（东家与西家）之间既矛盾对立又互相依存的关系。

《锦纶碑记》记录的是乾隆年间商铺号与工匠就给付工银的成色和使用的戥秤而引发的纠纷，以及官府对

① 见罗一星前引书，第242页。
② 见雍正九年（1731）碑记：《锦纶祖师碑记》。
③ 见前述嘉庆二年（1797）《重修碑记》引文。
④ 见光绪二年（1876）《重修碑记》。
⑤ 广东省文史研究馆编：《三元里人民抗英斗争史料》，中华书局1978年，第182页。
⑥ 见《三元里人民抗英斗争史料》，第184～185页。
⑦ 《鼎建帽绫行庙碑》，收入《明清佛山碑刻文献经济资料》，第139页。

此的态度。据记载，这一纠纷的缘起，是乾隆元年（1736）十一月，“南海县西关地方”工匠梁广同等人，赴南海县和广州府衙门，控诉其为之工作的商铺号在支给工银时，“行使低潮扣短戥秤情弊”，希望官府严禁，并“要胁停工”。后“又赴宪辕恳请勒石严禁”，即到广东承宣布政司衙门，请求布政史勒石严禁。布政司衙门批复：

民间行使银色、戥秤，自应划一公平，岂容搀和低潮，轻出重入。□行市各有成规，或因价值低昂，定有扣折之例，则又不宜一概示禁，致有偏估。仰南海县立速确查该处机户交易成规及有无行使低潮、扣短戥秤情弊，□详候夺，勿得稽延。

要解释这段批复以及整个纠纷发生的起因和经过，首先要对清代的货币制度和白银的使用规则有所了解。

清代实行银钱平行本位的货币制度，但重点还是放在白银的使用上，尤其是在立国最初的一百年间，外国银元的进口量并不太多，国内大部分地方，专用银块，无论是商业中的大宗交易、远程贸易，还是政府征税、国家财政收支均用银两作为计算单位。[①]由于度量衡不统一，秤量银两的平砝种类繁多，因地区和使用单位而异。最重要的是库平两、海关两、广平两和漕平两四种。其中库平是国库收支所用，为全国纳税的标准秤；广平两是广东的衡法，又秤司马平，是对外贸易所用的重量单位，多用于计算进口的大条银重量，司马平略重于库平。银两在流通过程中，既要秤重量，又要验成色，辗转折合不胜其繁。所谓成色，自古即不划一。清初政府虽以纹银为标准，但民间所用的自十成九成八成七成不等，随时折合纹银计算。所谓纹银是一种全国性的假想的标准银，成色是千分之九三五点三七四，实际上并不存在，是虚银两，实际流通的是宝银，不过这些银两都要根据纹银来折合计算。[②]

回过头来再看这段批复，里面提到的“搀和低潮，轻出重入”，指的是机户在支付工银给工匠时，搀和成色不足九成的银两，并且在秤量银两时，“轻出重入”，支出用小秤，收入用大秤，令工匠受亏，引发他们的不满。至于所谓“扣折之例”，指的是银两秤重时扣折的标准。《锦纶碑记》后文中有提到：“于戥头一项，查广城行铺遵用司马而以九八扣除者，又比比皆然”。就是说，当时广州城内的店铺，支付工钱时，秤取的银两是以少于司马平的小戥来秤，即用了重量仅相当于司马平的百分之九十八的小戥。但“若令以纹银司马交易，机户不肯受亏，以致□议减价”，就是说，若以十足司马平来秤取成色为九成的银两以支付工钱，机户就要受亏，所以提议工匠减价，或混入成色不足九成的银两支付工钱，这样又引起工匠的抗议。所以，无论是南海县、广州府，还是布政使司最后都同意“嗣后机户给发工匠银两，照依纹色九成扣算，不许搭用九成以下之银，其戥仍照行例，出入均用九八”。官府的这一做法，实际上是采取息事宁人的态度，要机户和工匠都各退一步，在机户一方，不准他们“再违定例，混用低潮小戥剥削穷民”；在工匠一方，也要有所迁就，“其戥仍照行例，出入均用九八”。官府希望“机户平时务须体恤工人，……和气经营”，“在各匠临时不得藉端□勒，……至于工匠巧拙，因人不同，工价低昂，因时有别。……亦不许恃众滋事，敢有抗违，鼓众齐行要胁停工者，俱按律究惩。则□商、工均沐一视之仁矣。”总之，官府希望双方各作退让，尤其不想民工、匠人等“恃众滋事”。之后又经广州府呈报布政史批准取碑勒石示谕，再次重申：

西关机房□户及工匠人等知悉，嗣后挟本营生，务须公平，毋得再违定例，混用低潮小戥剥削穷民。其工匠人等亦须安分，不得恃众滋事，停工勒价。察□□有不法之徒仍敢抗违，一经访查，或被告发，立即严拿，□按律究治。尔等各宜自爱，共安生业，慎毋自踏法□，以致噬脐无及。特示。

不过，到乾隆十四年（1749）七月初十日，南海县又上报广州府，因为“日久法弛，间有从违靡一，以致

① 见彭信威前引书，第500页。又据《中国近代货币史资料》中引用道光十三年（1833）陶澍、林则徐说：“臣等询诸年老商民，佥谓百年以前，洋钱尚未盛行”。《中国近代货币史资料》第1辑，中华书局1964 年，第15页。另郑光祖《一斑录》卷6，《杂述》中也提到：“乾隆初，始闻有洋钱通用”。正文中提到的商铺号与机户之争，发生在乾隆元年（1736），当时外国银元的使用尚不普遍。

② 彭信威前引书，第500～501页。

前月匠工复敢标贴停工”。事情的经过与乾隆元年（1736）的那次纠纷如出一辙，又是“匠工梁广同等及机户陈大同等呈诉到县”，“控争银色平头齐勒价”，工匠还举行了罢工。南海县根据乾隆元年（1736）布政史批示，又再一次示谕：

机房铺号、匠工人等知悉：嗣后尔等支发工银，务须遵照原定章程，纹色九折，□□九八，毋许额外丝毫扣克，低潮小戥剥削穷民。其匠工人等亦须安分□作，即日开工，照常织造。不得标贴惑众，停工齐行勒价，以及□□滋事，倘敢抗违，□□□□□，按律究处，各宜禀遵毋违。特示。

自乾隆年间的这方《锦纶碑记》以后，其他碑记中没有再见到同类有关机户和工匠矛盾斗争的记载，官府也没有再发布类似调停机户和工匠矛盾的示谕。对比明清时期丝织业生产更为发达、行会林立的苏州，在有清一代，机匠“叫歇”、“停工”、“齐行”的斗争一直没有停息，其中心问题也是工价问题，即店商“克扣”或工匠要求增加工钱。[①]苏州官府的解决办法比广州要强硬得多，采取一边倒的强制手段，站在机户一边，缉拿“凶棍”，加以严惩，并由官府定价，明示晓谕，然后由店主立碑永志。而官府定价的依据，往往以前任官吏所定为准，或以机户的意愿为准，全不向工匠作半点让步，也从未满足过工匠的增加要求。以致在整本《明清苏州工商业碑刻集》中，我们都可不断看到苏州的各行业工匠为工价而停工或闹事，此起彼伏，了无宁息。[②]对比锦纶会馆的相关情况和官府的态度，我们可以看到广州官府和锦纶会馆所起到的调适作用。

第四节　广州丝织业的兴衰

对于广州丝织行业的生产状况和对外贸易的发展过程在锦纶会馆的碑记中也有所反映。

在南越国时期，已有资料证明广州（当时称番禺）能生产丝织品，如南越文王墓的出土物中发现了大量丝织物的遗迹，该墓出土的一大一小两件丝织印花板模，被认为是迄今发现的世界上年代最早的一套彩色套印丝织工具，[③]证明南越国时期广州已能生产丝织品。不过，这还不足以证明从南越国开始，广州已能大规模生产丝织品并用于出口。事实上，从秦汉一直到唐宋，番禺（三国以后称广州）尽管都以一个繁盛的海上贸易港口城市著称，是广东对外贸易的中心，也是政治和文化中心。但是，直到唐宋元时期，广州城市经济的繁荣其实是与周围地区经济文化的不发达状态形成鲜明对比的。一方面，此时的珠江三角洲还是“海浩无际，岛屿洲潭，不可胜记”[④]，三角洲还在形成的过程中。另一方面，广州虽然商业繁盛，但其贸易是以周边国家的朝贡贸易为主要内容，以进口为基调的贸易，由广州进口的商品主要地是以居住在京城及内地各省的统治阶级的消费需求为前提的。[⑤]

从明代开始，珠江三角洲的开发进入了成熟期。与此同时，明代以后广东经济的发展也步入了商业化的轨道。明代中期，随着欧洲资本主义扩张引起的国际贸易格局的变化，以广州为中心的海外贸易发生了根本性的转变，这就是由传统的以进口为基调的贸易转变为以出口为基调的贸易，即由过去以周边国家的朝贡贸易为主要内容的广州对外贸易，转变为以西方资本主义商人为主要对象的贸易，出口贸易迅速增长。[⑥]以广州为中心的对外贸易空前繁荣，生丝和丝织品成为当时中国与欧洲之间贸易的最大宗商品之一。据当时的外国资料所记载：

葡人在澳门、广州之贸易输出品以绢为大宗，每年由葡人输出之绢约计五千三百箱。每箱装繻缎百卷，薄织物一百五十卷。[⑦]

① 苏州历史博物馆编：《明清苏州工商业碑刻集》，江苏人民出版社1981年，第55、74、89页。
② 本段参考了罗一星的有关论述，见罗一星前引书，第354～355页。
③ 见广州市文化局编：《广州秦汉考古三大发现》，广州出版社1999年，第306页。
④ 《嘉庆重修一统志》卷44。
⑤ 刘志伟：《试论清代广东地区商品经济的发展》，《中国经济史研究》，1988年第2期。
⑥ 参看刘志伟：《在国家与社会之间：明清广东里甲赋役制度研究》，中山大学出版社1997年，第23～24页。
⑦ Andrew Ljungestedt：《A Historical Sketch of Portuguese Settlement in China》，转引自陈柏坚、黄启臣编著《广州外贸史》，广州出版社1995年，第300页。

从广州经澳门出口到日本、菲律宾再转至拉丁美洲等地的商品中，也以生丝和丝织品为大宗。①

不过，从明代直至清代前期，从广州出口的生丝，主要还是来自当时中国丝织业的中心江南地区。正如《广州府志》中所记载的那样：

粤缎之质密而匀，其色鲜华，光辉滑泽。然必吴蚕之丝所织。若本土之丝，则黯然无光，色亦不显，止可行于粤境，远贾多不取。佛山纱亦以土丝织成，花样皆用印板，生丝易裂，熟丝易毛。

粤纱，……亦用吴蚕丝，方得光华不退色，不沾尘，皱接易直。②

直到乾隆年间，从广州出口到外洋的丝织品，仍然以湖丝为主。乾隆二十四年（1759）两广总督李侍尧向清廷所上的奏疏就说明了这个问题，李侍尧说：

外洋各国夷船到粤，贩运出口货物，均以丝货为重，每年贩买湖丝并由绸缎等赀，自二十万余斤至三十二、三万斤不等。统计所买丝货，一岁之中价值七八十万两，或百余万两，至少之年，亦实价至三十余万两之多。其货均系浙江等省商民贩运来粤，卖与各行商，转售外夷。③

这种情况随着广州一口贸易时期的到来以及珠江三角洲地区桑基鱼塘经营方式的发展而逐渐有了相当大的改变。康熙二十四年（1685），清政府在实施海禁相当长一段时间后，宣布“开海贸易”④，并设立闽海关、粤海关、江海关、浙海关，管理对外贸易和征收关税事务。乾隆二十二年（1757）11月10日，清政府又宣布封闭闽、浙、江三海关，作出“嗣后口岸定于广东”，夷船“止许在广东收泊贸易”的决定，仅保留粤海关对外通商。⑤从这一年起一直延续到道光二十年（1840），广州成为全国通商的惟一口岸，全国的进出口商品交易，都由广州一口经营，使广州的对外贸易处于始终开放的得天独厚的地位。这一时期是广州在近代世界贸易体系中地位最为重要的时期，也是广州在世界上声誉最为显赫的时期，在商业、手工业和农业的发展都已经走在了全国的前列。

在这个时期里，广州丝织业的生产得到了长足的发展。虽然此时全国丝织业的生产，仍然以南京为首位，苏州和杭州紧随其后，但是，由于广州成为对外贸易的惟一口岸后，广州的丝织品行销海外，呈现出“洋船争出是官商，十字门开向二洋，五丝八丝广缎好，银钱堆满十三行”⑥的繁荣景象，刺激了广州地区人民养蚕种桑，导致了桑基鱼塘的经营方式大规模地取代了果基鱼塘的经营方式。例如，南海九江原是果基鱼塘经营方式的发祥地，到清前期，变而为：“圆眼往时遍野，……及除老树付桑麻，十去九八”，而“蚕桑，近来墙下而外，几无隙地，女红皆务斯业为盛”⑦。至“乾嘉以后，民多改业桑鱼，树艺之夫，百不得一”⑧，到道光十一年（1831）已经成为“境内无稻田，仰籴于外”的纯桑基鱼塘经营地区。邻近的顺德龙山、龙江等地，在“康熙中叶，置所受各业，皆桑基鱼塘”⑨，也尽得鱼塘、桑基之利。

桑基鱼塘经营方式的大行其道，使得以广州为中心的珠江三角洲地区也逐渐发展成为中国重要的生丝产区，从而促进了广州丝织业的发展。据统计，到道光十年（1830），经广州口岸出口的生丝达到7200多万担，其中广东出产的生丝占52%⑩，逐渐改变了出口的丝织品以湖丝为主的局面。

随着广州口岸生丝和丝织品贸易的发展，广州本地的丝织业在清代也成为了广州地区一个重要的手工行业。

---

① 见陈柏坚、黄启臣前引书，第301～304页。
② 乾隆《广州府志》卷48。
③ 《清高宗实录》卷603。
④ 《清圣祖实录》卷120。
⑤ 《清高宗实录》卷550。
⑥ 屈大均：《广州竹枝词》，见屈大均：《广东新语》卷15，《货语》。
⑦ 顺治《南海九江乡志》。
⑧ 光绪《九江儒林乡志》卷3，《物产》。
⑨ 嘉庆《龙山乡志》卷2。
⑩ H.B.Morse, *The Chronicles of the East India Company Trading to China*, 1635–1834, Vol Ⅰ, Chap3.

雍正九年（1731）《锦纶祖师碑记》中提到："远国商帆亟困载贸迁之盛"，说的就是当时外国商船前来广州进行丝绸贸易的盛况。《碑记》中还提到："郡城之西隅业蚕织者，宁仅数百家。"说明当时在广州从事丝织业生产的商铺号已经有了相当大的数量和规模。又据1950年代广州的丝织工人回忆：广州的丝织业在"全盛时期有工人三四万人，丝织厂分布于上下西关、下九甫、十三行一带"①，所产的纱缎"甲于天下"，其精美程度为"金陵、苏、杭皆不及"②。

正是这种盛况，"则合坊之经营于斯艺，聚集于斯土者，不其安适丰裕哉！"进入清代，劳动分工使行业利益日渐分化，而竞争又使得各种职业内部的相互依赖关系日益增强，其结果便是在整个经济组织中产生了某种稳固的社会组织，这种稳固性不是建立在感情与习俗的基础上，而是建立在利益的一致性上，其表现就是工商会馆的纷纷建立。③当时的广州和手工业重镇佛山，在对外贸易渐趋繁盛，工商业日益发达的背景下，从雍正年间开始④，就建立了不少业缘性的会馆。例如丝织业同样发达的佛山镇，丝织行业的会馆就有兴仁帽绫行东家会馆和兴仁帽绫行西家会馆等。⑤这些会馆从建立、发展、繁盛到衰落，见证了广州生丝和丝织品对外贸易的盛衰。锦纶会馆的建立及其发展，就是清代广州对外贸易全盛时期，广州丝织业繁荣发展的一个重要的历史物证。

前文已经提到，锦纶会馆由始建至重修，共有六次。其中前五次都发生在道光二十年（1840）以前，即雍正元年（1723）至道光十七年（1837），并筹集到大量的资金。这几次重修，筹集到的经费、参与的商铺号和个人，一次比一次多。例如嘉庆二年（1797）的重修，"适逢其会，行情振作，天时人事两得其宜"，捐资相当踊跃。道光六年（1826）收到的"喜叻工金"最多，高达2680员5角。

不过，道光二十年（1840）后，随着五口通商的实行，上海迅速崛起。长江三角洲生产的优质湖丝不须长途贩运到广州出口，可就近运到上海，大大提高了上海的出口竞争力。上海的生丝出口数量，从道光二十六年（1846）开始，每年都大大超过广州，所占比例基本上达到全国的90%以上。⑥广州在丝织业生产和出口贸易的衰落也影响到了锦纶会馆的发展，根据碑记的记录，在鸦片战争以后，就只有光绪二年（1876）的一次重修了。

尽管广州的丝织业生产和出口在1840年以后有所削弱，但并没有停顿下来，在粤海关的报告中，1864—1888年的《广州口岸贸易报告》、光绪十五年（1889）—民国十三年（1924）的《广州口华洋贸易情形论略》、民国十四年（1925）—民国三十八年（1949）的《海关中外贸易统计年刊》，每年都有广州地区丝绸贸易情况的记载。⑦

锦纶会馆中有一方碑记《永远不得 别立名目 再行征抽 □□□碑》（图4），反映了民国年间省城广州、佛山等地的生产和缴税情况，证明在民国年间，全省各地的土制丝品的生产仍然有相当规模。此碑立于"中华民国十三年岁次甲子仲冬吉日"，由"广东全省土制丝品各行同立"，碑文记道：民国年间，有开源公司承办省城、佛山土制丝品的坐厘，导致"抽捐百出、商业凋残"，对于全省土制丝品各行"有绝大关系，遂设立工商联合维持会"，组织"省、佛、西樵、伦教、容奇、沙滘各埠丝业同人，到会者万余人，联赴大本营、省长公署、财政厅请愿，求免重抽。"经过"两昼一夜……风餐露宿"，终于求得当时的广东省长廖仲恺发布《广东省长公署布告》第二号和第三号，其中第二号报告中提到："照得开源公司承办省、佛土制丝品坐厘一案，已奉大元帅谕饬取销，尔等丝业工人亟应安居复业……"，第三号报告提到：

兹据土制丝品各行工人代表关兆康等联呈，请再给示保护，嗣后对于土制丝品各行，除原有厘金、台砲经费及出品关税外，永远不得别立名目，再行征抽，以杜奸商等情，应予照准，合再布告，仰丝业工人一体遵照。

① 广东省文史研究馆编：《三元里人民抗英斗争史料》，中华书局1978年，第184页。
② 乾隆《广州府志》卷48。
③ 见罗一星前引书，第333页。
④ 据罗一星分析，广州地区的会馆之所以在雍正后才出现，可能与两藩踞粤时期曾设立过大量的总店、私行有关系，康熙二十一年（1682）后总店、私行虽然撤销了，但对把持行市的组织，人们仍是心有余悸，所以会馆的出现比较滞后。见罗一星前引书，第340页。
⑤ 道光《佛山忠义乡志》卷五，《乡俗》。
⑥ 关于鸦片战争后，广州和上海在生丝贸易方面地位的升降，详见黎显衡前揭引，第37～39页。
⑦ 参看《近代广州口岸经济社会概况——粤海关报告汇集》，暨南大学出版社1995年。

从这两份报告可知，由所谓的“各埠丝业同人”组成的工商联合维持会，实际上是以关兆康为代表的土制丝品各行丝业工人的组织，这个组织联络到丝业工人万余人到省长公署门前罢工请愿，说明当时在广州和佛山等各埠从事土制丝品制造业的工人已有相当大的规模，也就是说，在民国年间，广东的土制丝品制造还是比较发达的，从他们要缴纳“出品关税”看，这些土制丝品也用于出口。

这篇碑文还提到，他们在进行这个罢工请愿行动前，捡出清代光绪年间由广东通省厘务总局示谕的出口土绸绣巾坐厘抽缴办法作为依据，“援理力争”。碑文中原文照录了这份示谕，从中可清楚看到光绪年间的这份示谕，由广东布政使司、广东按察使司、两广盐运使司和广东督粮道牵头组成的广东通省厘务总局于光绪二十四年（1898）六月初九日发布。示谕中说：“土绸绣巾等项，为出口货物大宗”，在光绪十八年（1892），经“院宪批准”，由“省河补抽局议定章程”，有关厘金等税项“督饬安顺堂商人何载福代报代缴”。后来，出口土绸绣巾行的代表协恭堂要求：

请将应抽坐厘经费归回本行自抽自缴，仍照旧商办法，所有华商报运附载轮船、港澳渡出口土绸、缎疋绸、绉绣巾等项，不论花素各色，一律每货百觔（旧制重量单位斤）抽厘金银五两，台砲经费银四两，由补抽局督同抽收。如有走漏，准其指名禀究，若扶同隐匿，情甘重罚。

广东通省厘务总局认为：“查土绸绣巾等项为出口货物大宗，若能核实抽缴，自以归回本行为便，……应即准予照办以顺商情”。于是，“自光绪二十四年正月初一日起，将安顺堂公所撤消，由本行协恭堂自行抽缴，仍责成省河补抽局督率稽查。”这份示谕一方面交代了协恭堂争取土绸绣巾应抽厘金由该行自抽自缴的经过；另一方面，更重要的是说明了作为出口货物的大宗，土绸绣巾所要缴纳的厘金等项经费应该是相当大的数目，所以其管理机构协恭堂力争自行抽缴，而不希望其他商人如安顺堂染指以杜盘剥。民国十三年（1924）土制丝品行丝织工人有同样的要求，也是担心开源公司把持土制丝品坐厘的抽缴，“别立名目、再行征抽”，加重工人的负担。从这个事件，我们也可以推测在光绪和民国年间，经广州出口的土制丝品还是相当大量，价值也相当高。

作为广州出口货物的大宗商品，清代广州丝织品的生产不仅具有相当大的规模，品种也非常丰富，并且在生产的组织上也按照品类的不同，划分为多个不同的“行”，前述道光六年（1826）《重建锦纶行会馆碑》提到的线纱行、洋货敦仁行、洋货接织行、朝蟒行、宫宁线平行、金彩接织行、本地牛郎放接行、素线绉羽绉接织行、元青接织行、接织牛郎行、花八丝行、接织洋货行的捐资情况，就反映了当时广州丝织产品种类的多样化。1950 年代广州丝织业工人回忆起丝织行的组织和活动情况，很具体地谈到了丝织品种的区分，据其回忆：

锦纶行是丝织业的总机构，下分五行，五行是按照织品的品种来区分，即：

1．朝蟒行：是丝织业最老的行业，不再分小行。

2．十八行：洋货三行，金彩三行，干纱三行，杂色三行，洋八丝三行，绫绸三行。

3．十一行：宫、宁、线、平（均是贡品），牛郎四纱（洋庄干纱），天青、元青、品蓝（即杂色三行，均是寿袍料），洋八五六丝、洋货、洋巾。

4．金彩行：原属十八行，后以业务发达，遂分拆成行。有花八丝（越南货）、洋货（孟买货，有单彩、三彩、四彩、五彩），锦（贡锦）、直口、斜口。

5．通纱行：又名线纱行，有广纱、肇纱、旧广纱、新广纱、三纱。[①]

从这一记载看，清代广州的丝织业生产不仅品种齐全，而且有专门的出口地如越南、印度孟买等。

①《三元里人民抗英斗争史料》，第186～187页。

在近代广州三元里抗英斗争的历史中，广州的丝织业工人曾经英勇地参加了战斗，书写了光辉的篇章，而锦纶会馆也发挥了很大的作用。据丝织工人回忆，在三元里抗英斗争中，“锦纶堂出钱，机房仔和打石工人出力，因为锦纶堂的财力甚为雄厚，又肯出钱。”[①]

综上所述，保存于锦纶会馆的19方碑刻，对于了解锦纶会馆的建立和重修经过，了解会馆的组织架构、经费来源、日常运作和管理，了解“机户”与“工匠”之间的关系，了解广州丝织业的生产和对外贸易的发展，的确是不可多得的珍贵资料，具有很高的史料价值。

但是，我们必须清楚的是，要从中了解锦纶会馆更多方面的情况，仅仅依靠这19方碑刻是远远不够的。比如会馆如何议定工价、如何实行严格的组织控制、如何抵制外来竞争、垄断行业利益，19方碑刻中几乎没有反映；又比如我们在锦纶会馆的多方捐款碑中，可看到不少捐款者的商铺号和个人姓名，那么这些商铺号和个人相互之间的社会关系、他们与广州的经济与社会发展的关系等等，也不是我们能从仅有的几方碑刻中，从仅有的捐款名单和捐款数目的罗列中可以看到的。

因此，要全面而又深入地了解锦纶会馆的社会历史、了解清代广州行业会馆的相关情况，更重要的是从锦纶会馆出发，了解广州的丝织行业、进而了解广州整个对外贸易的发展，以及其在近代世界贸易体系中所处的地位和所起的作用，还有更多的资料需要搜集、整理和作细致的分析。这也是笔者今后有兴趣继续努力而又希望与更多的研究者一个目标。

---

① 《三元里人民抗英斗争史料》，第182页。

錦綸會館

锦纶会馆

附录

附 录 一

广州市荔湾区康王路工程中锦纶会馆平移可行性研究报告

一、锦纶会馆的历史价值

明末清初，广州织造业发达。西关地区大片农田被开辟为街道，建设厂房，成为广州织造业基地，产品直接由十三行出口。据尚钺《中国历史纲要》记载，当时“广州附近纺织工场已有2500多家，每家手工业工人平均20人。这些织造业多集中在西关的上九甫、长寿里、小圃园一带，被称为“机房区”。位于此区内的西来新街的“锦纶会馆”就是当时广州织造业的行会会所。虽然今天所有机房都不存在，但锦纶会馆仍在。在该建筑两端外墙内侧镶嵌许多历史石碑，上面的碑文就说明了这段历史。所以锦纶会馆就是广州织造业资本主义萌芽产生和对外贸易开展的重要物证。由于锦纶会馆的这一历史价值，它被定为广州市文物保护单位。

二、必须原状保护锦纶会馆

目前，因荔湾区要开辟南北向城市干道—康王路，设计路线恰好通过锦纶会馆。于是，锦纶会馆是否一定要“拆迁让路”？这就是当前在全国各地都碰到的“城市建设与文物保护的矛盾”的问题。解决这个问题无非是下列三个途径：

1. 道路让文物（即道路绕开文物而过）
2. 文物与道路共存（即道路下穿文物）
3. 文物让道路（即文物搬迁）

文物搬迁首先要考虑原体移动到附近地点，而不是只有拆除易地重建这一种办法。原体移动比原体拆除重建更具有文物的真实性和可靠性，是国内外在不得以情况下保护文物原状的一项有效措施。原体就近移动既能达到文物让道路，又能原状保护文物的目的。在第1个途径不可能接受的情况下，我们曾提出第2个途径的研究方案，但该方案未经充分论证而被否定。为对文物保护负责，我们现在提出第3个途径的研究方案。就是首先把锦纶会馆原体加固，然后向西平移若干米离开康王路用地，再原状修缮。

三、锦纶会馆的现况及评估

锦纶会馆为一层砖墙木屋架结构岭南传统建筑，其平面由三开间三进二井二边廊组成，其中1～3轴为第一进，6～9轴为第二进，10～11轴为第三进（详见图1)，立面详见测绘图。

该建筑物历史悠久，在过去二百多年已进行扩建和多次修缮，均无原始工程资料，有关该工程的图纸、资料由北京市文物建筑保护设计研究所根据该馆的现状于1999年7月绘制成平、立、剖面和节点大样；华南建设学院西院于2000年7月对该馆的地基、基础情况进行了开挖观测（详见附录1：北京市文物建筑保护设计研究所提供的“广州锦纶会馆修缮工程”的图纸；附录2：华南建设学院西院提供的“广州锦纶会馆地基、基础开挖”观测报告）。根据现场考查，该馆墙体较厚约490mm，下部约1m高的墙体采用花岗石板。由于采用木屋架结构，该馆的重量较小，但整体刚度较差。因年久失修和原住户的搭建，该馆的屋面瓦已部分残破；木屋架部分节点已腐烂；部分石支柱和木支柱与屋架的节点有错位；由于搭建，砖墙在同一标高处出现较多小孔洞。

根据上述情况，通过进行相关的研究和参阅国内外类似房屋成功平移的资料，我们认为：

1）通过采取必要的技术措施，对该建筑采用平移是可行的；

2）在平移前宜对该建筑的结构（基础、墙体、柱、屋架等）进行一次全面的检测，对出现的结构缺陷在平移前进行修补、加固；

3）尽快将平移所经路线上的其他建筑物拆除，以便进行必要的地质勘探。

四、锦纶会馆平移的步骤和方案

根据对锦纶会馆的全面检测和平移所经路线上的地质勘探结果，对房屋进行必要的加固（包括临时支撑）和对平移的下轨道进行地基处理后，便可实施平移施工，平移线路及总平面见图 2 所示。平移施工可根据情况采用下面 2 个方案中的一个进行。

方案 1：第一进、第二进、第三进分开平移。该方案的优点是：施工方便、简单，安全可靠。缺点是：现前天井处西边围墙、东边廊须拆除重建，施工周期略慢。

方案 2：全部建筑整体一起平移。该方案的优点是：不拆除天井处的围墙和边廊，对文物的保护较好。缺点是：施工难度较方案 1 稍大。

方案 1 和方案 2 的平移施工方法、步骤均相同，具体平移施工方法、步骤如下：

1）沿现有墙体两侧开挖至地下某标高处（开挖的深度根据计算确定），浇筑钢筋混凝土梁对墙、柱设置上部托换体系和上轨道梁（图 3 所示），形成刚性托换体系，上轨道梁宜躲开柱底部位。

2）施工下轨道梁的地基和下轨道梁（图 4 所示）。

3）对上轨道梁的梁底和下轨道梁的梁面进行找平，架设滚动装置。

4）在托换体系以下沿墙体水平灰缝切断墙体、柱基。

5）用千斤顶缓慢推动上轨道梁沿下轨道梁平移至预定位置。

五、附图和附件

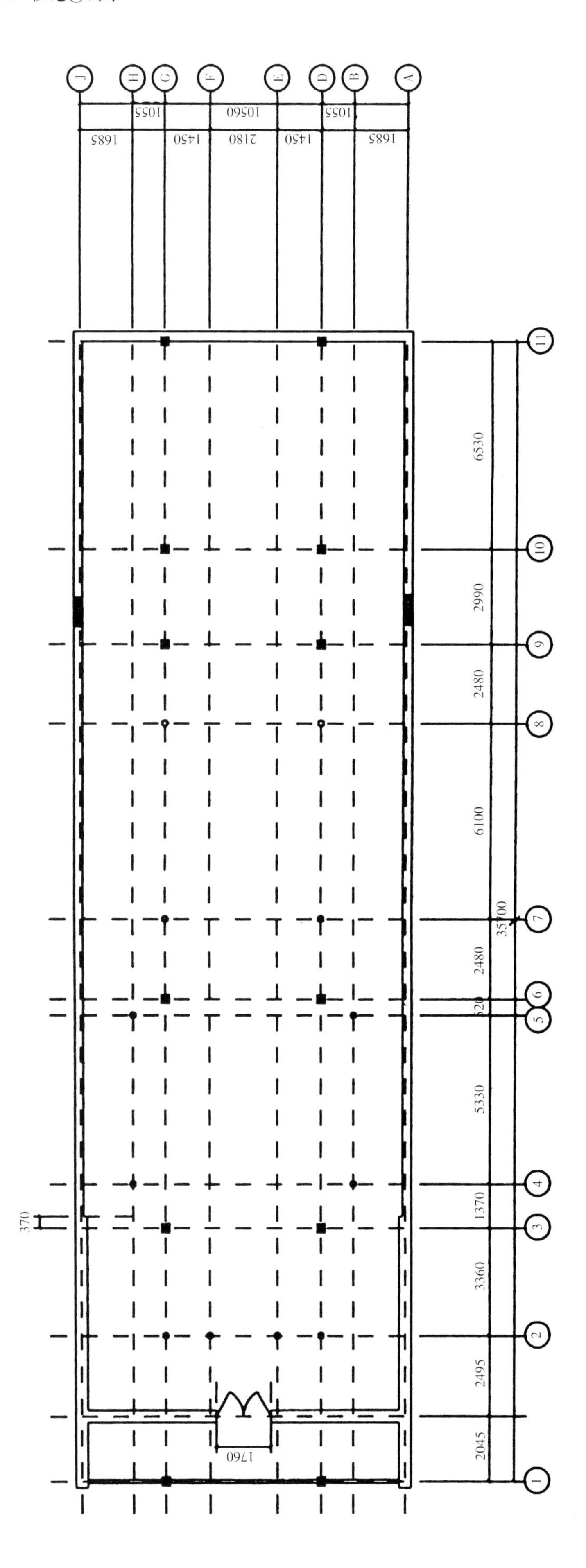

图1 锦纶会馆墙柱平面示意图

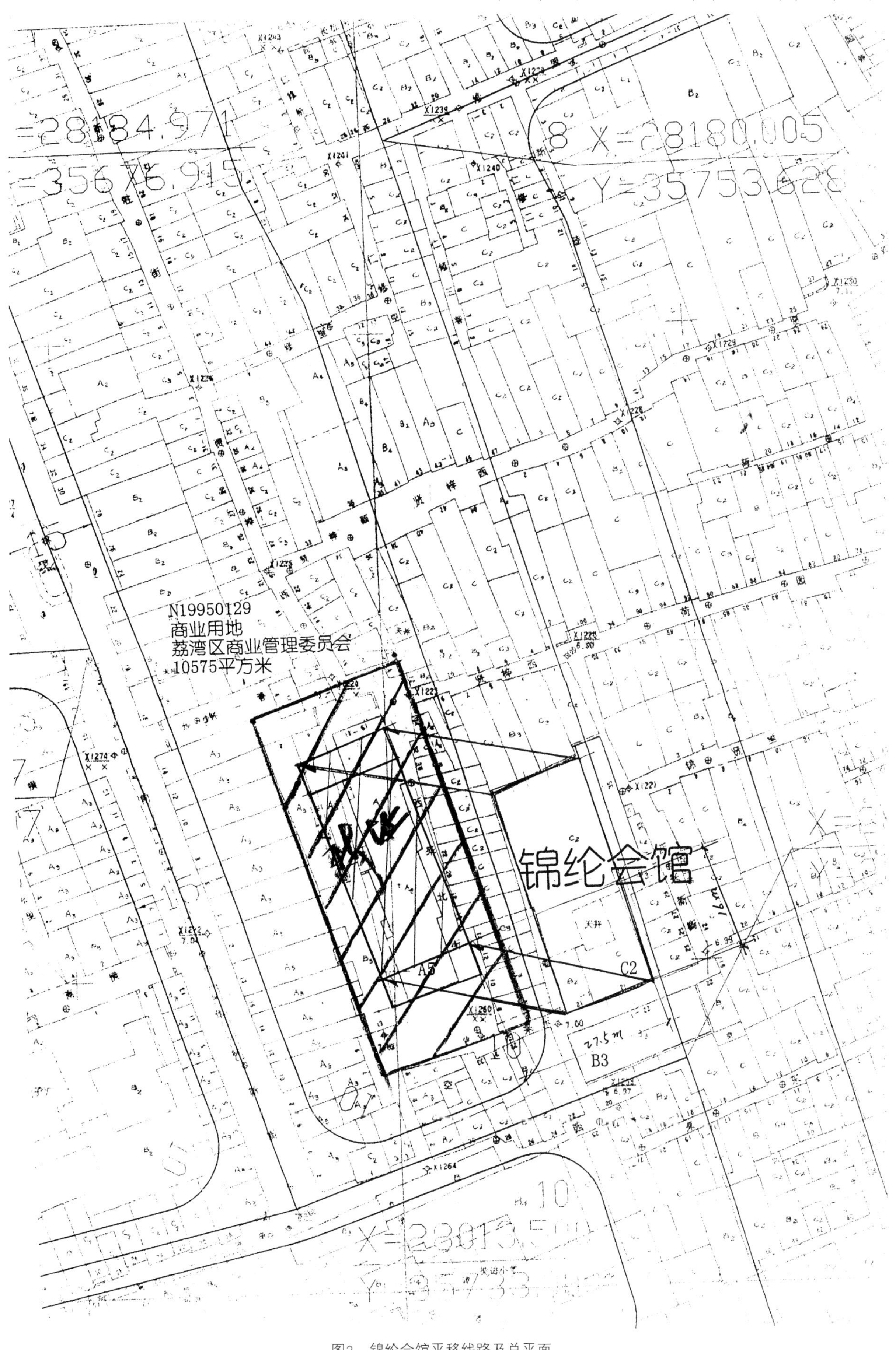

图2　锦纶会馆平移线路及总平面

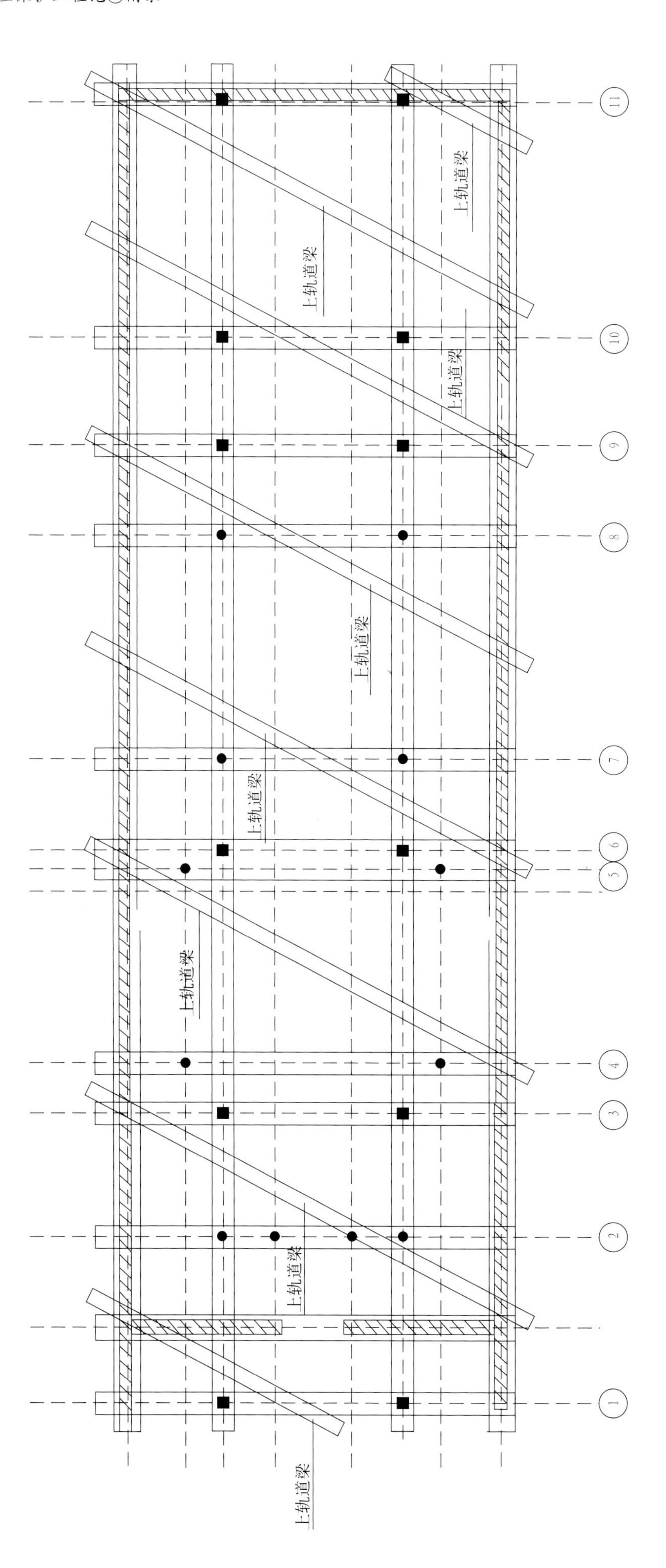

图3 刚性托换梁及上轨道梁示意图

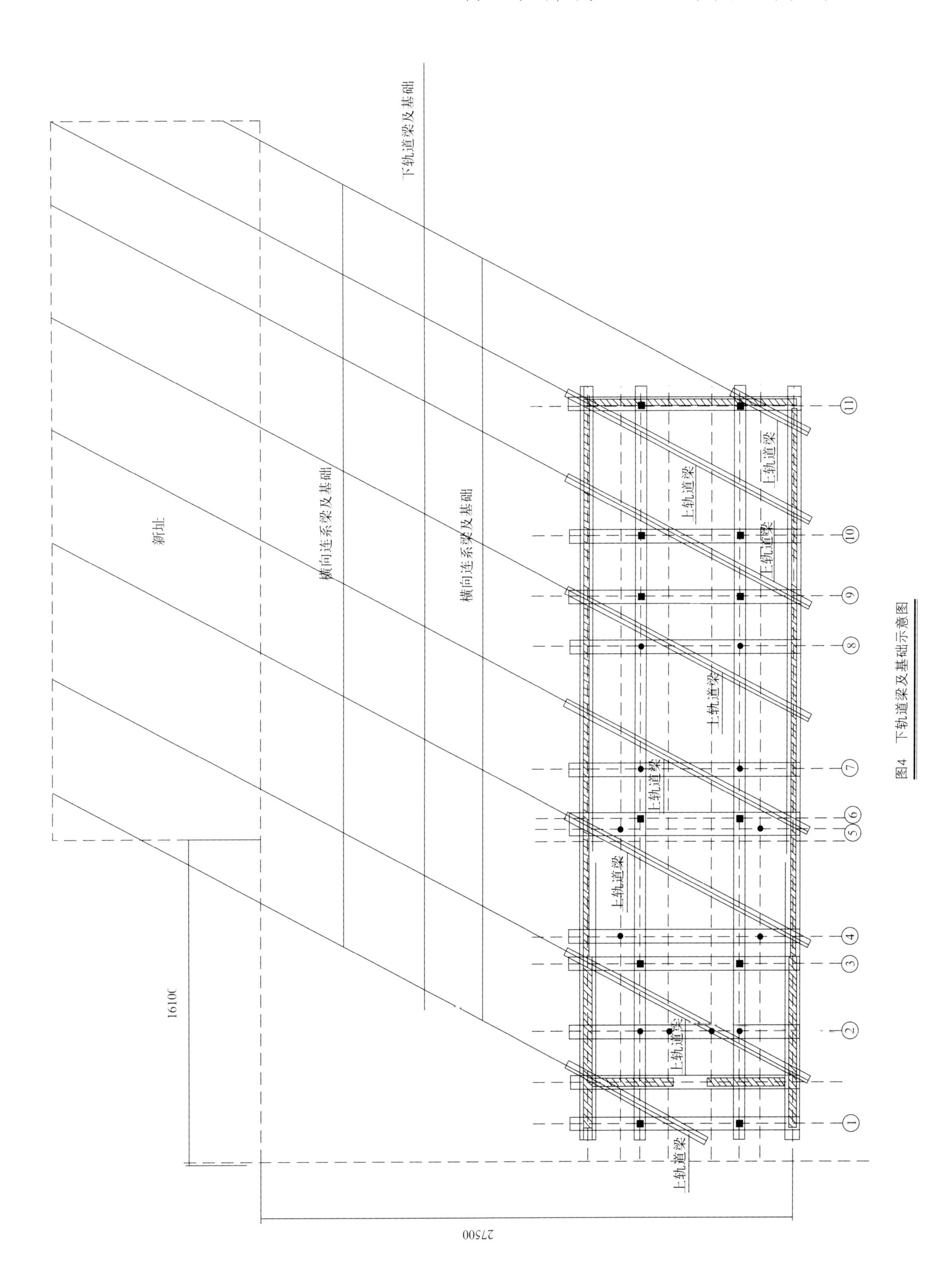

图4 下轨道梁及基础示意图

附 录 二

整体移位工程设计图纸

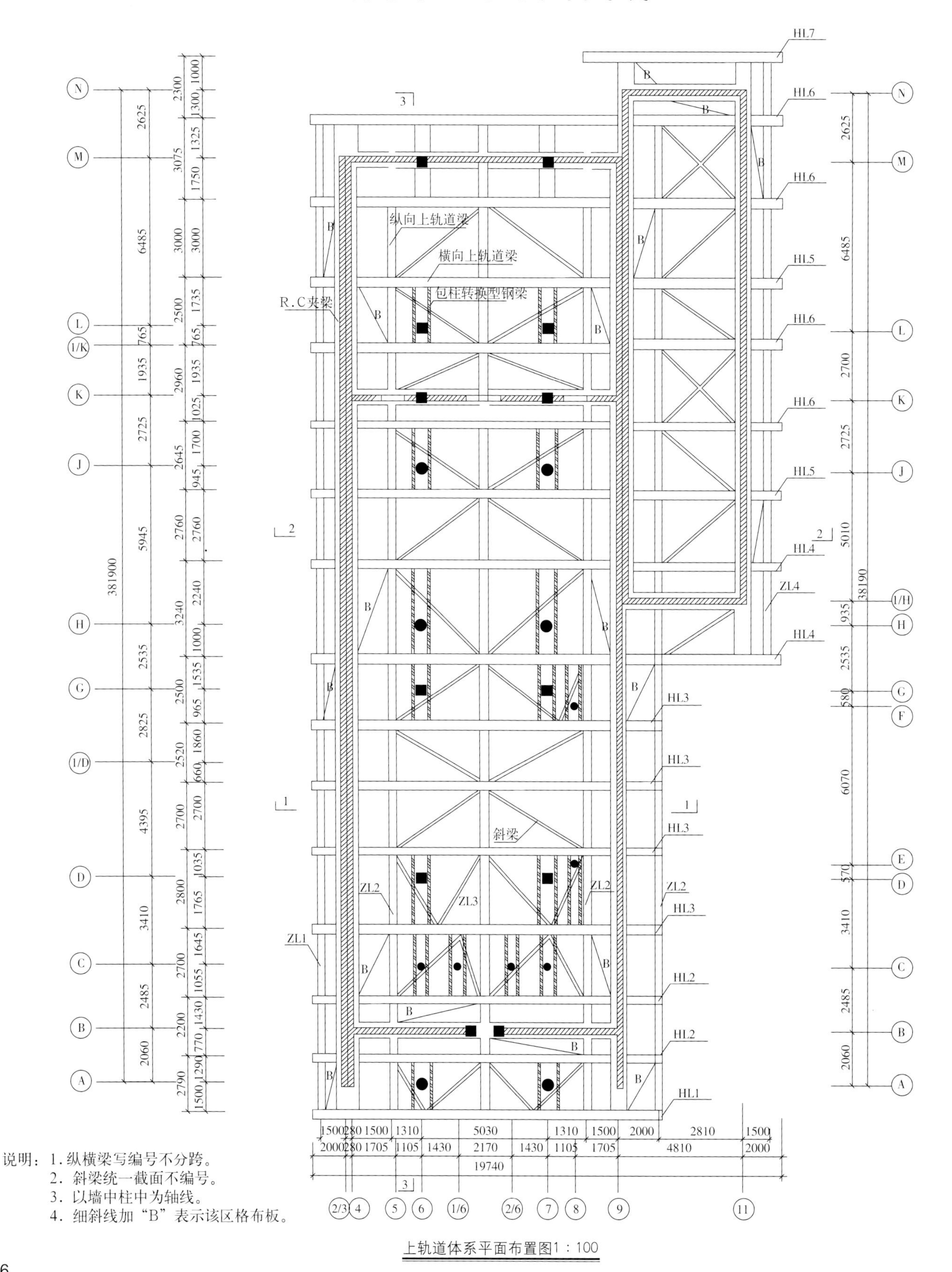

说明：1. 纵横梁写编号不分跨。
2. 斜梁统一截面不编号。
3. 以墙中柱中为轴线。
4. 细斜线加“B”表示该区格布板。

上轨道体系平面布置图1：100

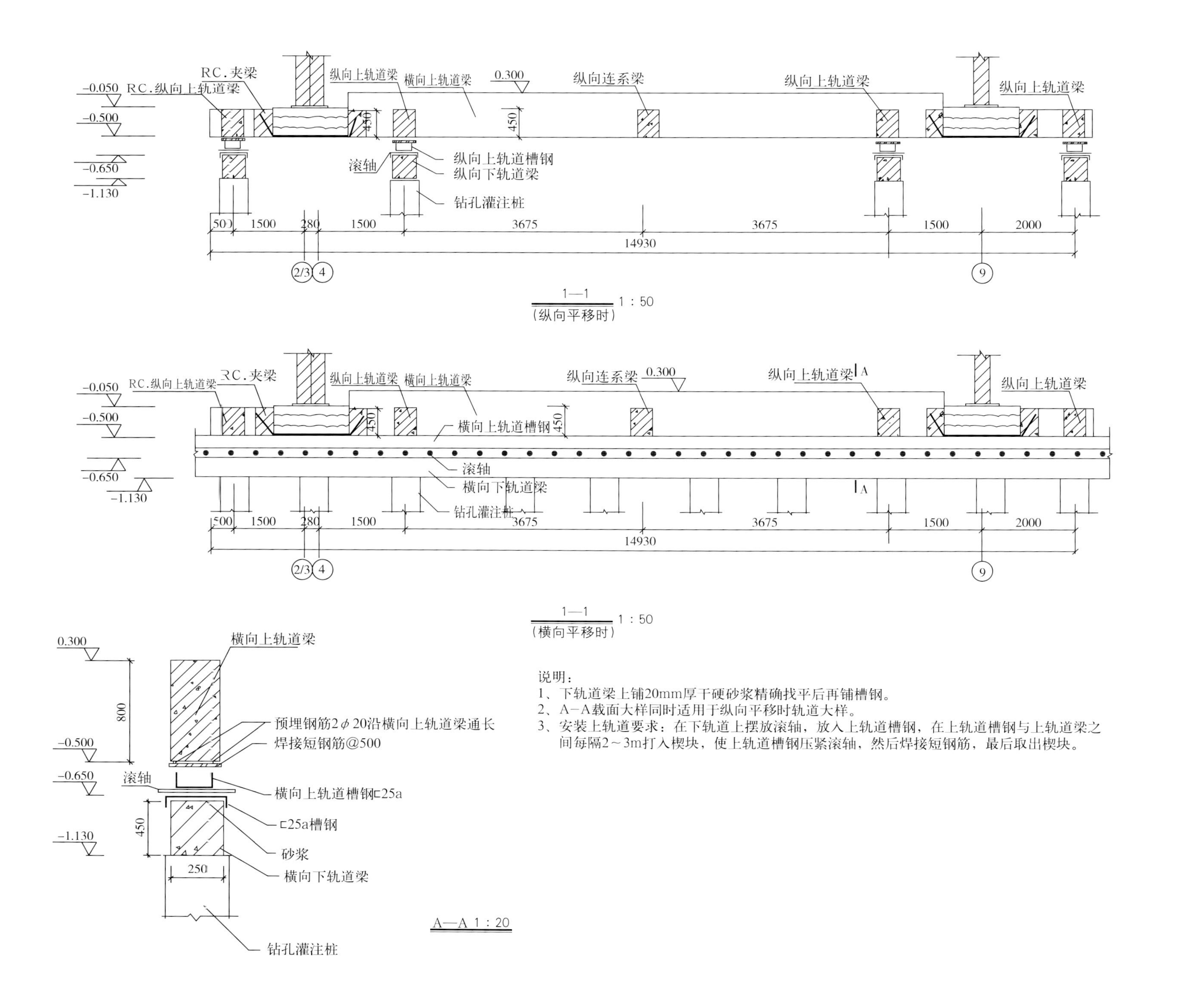

说明：
1、下轨道梁上铺20mm厚干硬砂浆精确找平后再铺槽钢。
2、A—A截面大样同时适用于纵向平移时轨道大样。
3、安装上轨道要求：在下轨道上摆放滚轴，放入上轨道槽钢，在上轨道槽钢与上轨道梁之间每隔2～3m打入楔块，使上轨道槽钢压紧滚轴，然后焊接短钢筋，最后取出楔块。

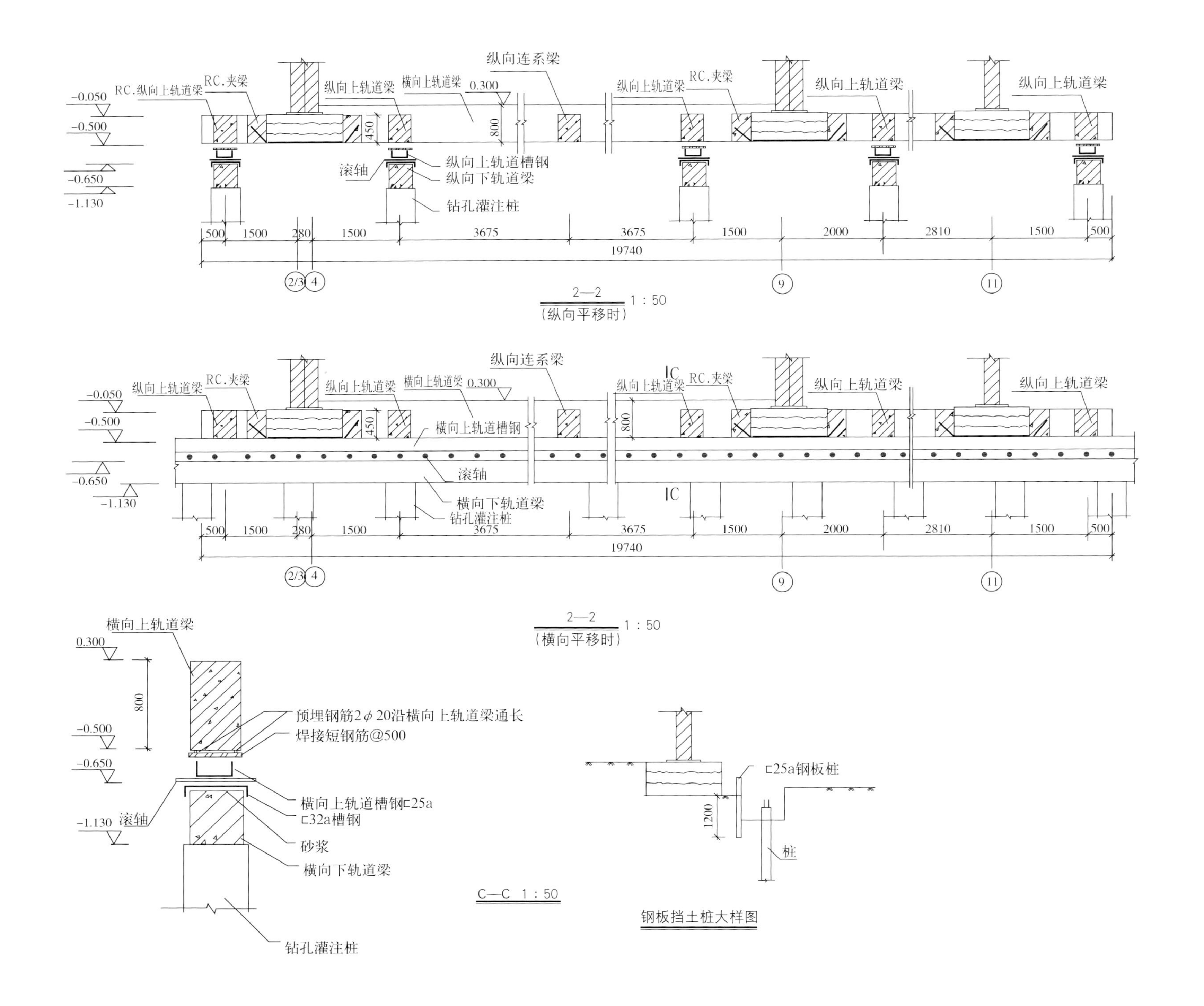

2—2 1：50
（纵向平移时）

2—2 1：50
（横向平移时）

C—C 1：50

钢板挡土桩大样图

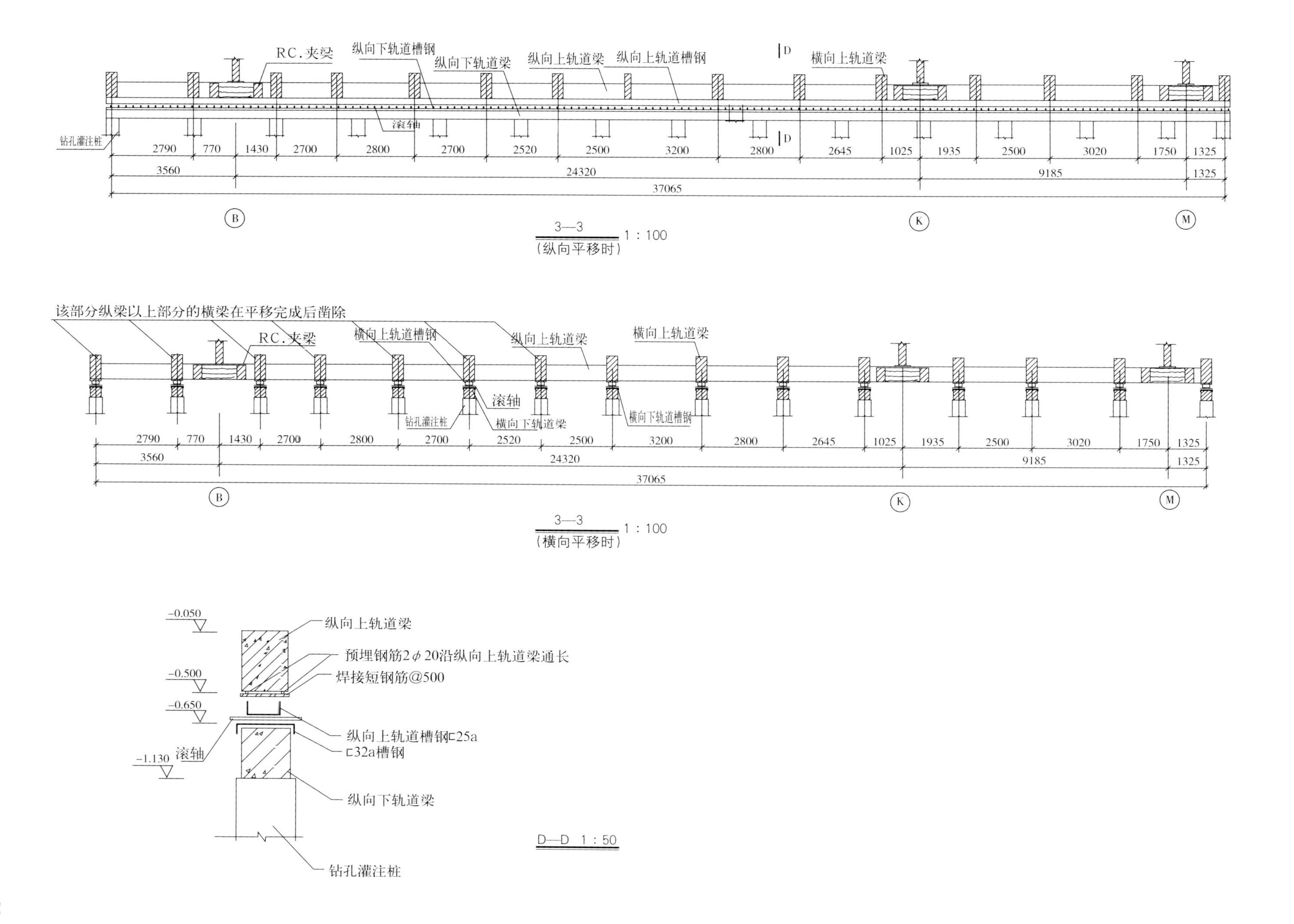

RC.夹梁
纵向下轨道槽钢
纵向下轨道梁
纵向上轨道梁
纵向上轨道槽钢
D
横向上轨道梁
滚轴
钻孔灌注桩
2790
770
1430
2700
2800
2700
2520
2500
3200
2800
2645
1025
1935
2500
3020
1750
1325
3560
24320
9185
1325
37065
B
K
M
3—3　1:100
（纵向平移时）
该部分纵梁以上部分的横梁在平移完成后凿除
RC.夹梁
横向上轨道槽钢
纵向上轨道梁
横向上轨道梁
滚轴
钻孔灌注桩
横向下轨道梁
横向下轨道槽钢
3—3　1:100
（横向平移时）
-0.050
-0.500
-0.650
-1.130
滚轴
纵向上轨道梁
预埋钢筋2φ20沿纵向上轨道梁通长
焊接短钢筋@500
纵向上轨道槽钢⊏25a
⊏32a槽钢
纵向下轨道梁
钻孔灌注桩
D—D　1:50

附 录 三

岭南厅堂建筑术语解析[1]

面阔——也称“面宽”，是衡量传统建筑宽度的指标。总面宽也称通面阔，指建筑的总宽。

进深——是衡量传统建筑深度的指标。

间——左右前后四柱围合的空间为一个“空间单元”，简称为“间”。

正间——位于建筑中轴线的间。也称“明间”。

次间——位于正间两旁的间。

心间——也称“当心间”。位于厅堂正中央的一间。

开间——指面阔方向的“间”数。因自汉代以后，传统建筑平面纵横向的间数皆为奇数，所以建筑开间分别为一开间、三开间、五开间……

进——在房屋组群中，沿进深方向横向排列的房屋数。从前到后分别为第一进、第二进、第三进……广州话俗语称“踏”。

路——在房屋组群中，每一纵列为一路。每路有独立的交通路线贯穿各进房屋，各路最前方有共用同一入口，也有分开入口，各路横向也侧门相联系。

头门——也称“门屋”。是建筑的第一进。在岭南，头门多建成凹形平面，用门墙和大门分隔前后两空间，前为门廊，后为门厅。

仪门——也称“中门”，是进入建筑的第二道大门。平时不开，人们从它的两边通行，在重要礼仪场合才打开。仪门除礼仪之外，还有遮挡室外人们的视线，避免外人对室内一览无遗，所以俗称“挡中”、“照门”、“屏门”。仪门有设在头门正脊投影线稍后位置，正对大门，另竖两小柱安装门框，门框上设横披直上后坡某桁条，门宽比大门稍大；也有设在后金柱之间，甚至设在后檐柱之间。

前轩——大厅前带卷棚的前廊。因岭南厅堂多敞开，所以厅与轩空间上的分隔不明显。

屏风——字面解析为挡风，实际是遮挡视线，分隔前后空间。江南地区称“太师壁”。一般设在中堂后金柱之间，也有设在后檐柱之间。是中堂的“靠背”，因由八扇可开关的槛门组成，也称“屏门”。在祭祖时，此屏风打开，大门后的仪门也打开，从大门口一直通向祖堂，以便抬进贡品，也让舞狮队的进入拜祖。除此，也由可折叠的小型屏风，用于小厅的临时屏蔽。

敞厅——在岭南的湿热气候下，厅堂敞开有利于通风和散热，所以较多的厅堂在前金柱之间不设屏门，或正间不设屏门。也称“光厅”。

石弓梁——由江南的木月梁演变而来，是次间的檐柱之间或檐柱与山墙之间的联系梁。梁身像“弓”形，也像大虾弯曲的样子，故俗称“虾公梁”。最初是木弓梁，上承木驼峰斗栱，后变为石梁，木驼峰斗栱变为石狮顶花或石花篮顶花等装饰。

博古脊——夔形装饰的脊。古代的夔纹代表水的意象，有水克火的寓意。因夔形像博古架，故称博古脊。

山墙出——北方称“墀头”，是山墙前方凸出前墙的部分。

撑角——北方称雀替，位于柱与梁交接处的下方。在岭南，撑角除起装饰作用之外，还是辅助受力的构件。

---

[1] 本部分由广州大学岭南建筑研究所汤国华提供。

一般水平尺寸比竖直尺寸小，有利于支撑。

后槽——后天沟。在后进的后坡下端折断瓦垄，砌成水沟，形成有组织排水的一部分构造，后槽的水接落水管。

光井——楼层之间的通风采光洞口。常见有二种形式：一种是贴地的隔栅窗，隔栅有木做，也有铁做，上面可以走人，不占上层面积；另一种是用栏杆围合洞口，占一部分上层面积。

瓦当和滴水——北方称“勾头”和滴水。广东分别俗称“满面筒”和“满面瓦”。是檐口收口的瓦件。若上釉烧制成为琉璃构件，装在素瓦坡顶的檐口，就称为“琉璃瓦剪边”。

闸门——既通风采光又可有效防盗的门，在民居的正门和侧门都使用。闸是一组木竖栊，落闸是安装竖栊，竖栊呈上圆下方样子，寓意“天圆地方”，又方便装卸。

瓦钹——固定在桷板上的小构件，间距为一桁距或二桁距。其作用是卡住板瓦和栓住瓦筒、防止瓦件下滑。瓦钹有用铁做，也有用硬木或老竹做。

博风带——指硬山顶建筑的山墙顶部与屋面垂脊交接的一段地方，也有叫“墙檐”。悬山顶山墙顶部与屋面底交接的一段地方，也称“博风带”。

步梁——梁的一端被抬，另一端入墙或入柱的梁。承载一桁距（即一步）屋顶重量的步梁称“单步梁”，承载二桁距（即两步）屋顶重量的步梁称“双步梁”，承载三桁距（即三步）屋顶重量的步梁称“三步梁”……

架梁——梁的两端被金柱或瓜柱抬着。承载二桁距（即三桁）屋顶重量的架梁称“三架梁”，承载四桁距（即五桁）屋顶重量的架梁称“五架梁”，承载六桁距（即七桁）屋顶重量的架梁称“七架梁”……架梁没有双数，也没有一架梁，最上一短梁只由一瓜柱支承，本身不承重，只起装饰作用，有些被雕成元宝状，故称为“元宝梁”。

封檐板——也叫“遮檐板”。是檐口众桷板的收口构件，对飞桷（飞子）也起一定的支持作用。封檐板也是遮雨的构件，也是檐口主要的装饰构件。封檐板上有题材丰富的木雕，观赏价值很高，所以也被称为“花板”、“花檐”。

横披——屏风、门窗上部或檐口下固定的花格，是通风采光的构件。有些地方为了防飘雨、用透光材料蚝壳或玻璃封闭花格。

窗槛板——槛窗下面的栏板，一般阴刻山水、人物、花鸟、蔬菜等图案。

垂带石——台阶两端的收口石。摆设方向与台阶石垂直，有各种造型，一般雕成起伏变化的曲线或抱鼓状。

明堂——有外明堂和内明堂之分。大门前的空地称外明堂，中堂称内明堂。以前是商议和宣布大事的地方。

照壁——也叫照墙。在室外正对着大门的墙壁，有壁座和壁顶构造。其宽与中路建筑等宽，其高要高于大门上沿而低于门屋前檐。其与门屋距离就是建筑前方的属地界限。

倒座——大型建筑左右路的第一进或最前的房屋，如向后面开门，就是倒方向座向。

系板——梁架上联系相邻桁的斜撑，以增加梁架的整体性，多雕成鳌鱼或飘带形状，使刚变柔。

替木——连接斗栱和桁的构件。

陀墩或驼峰——梁上承托斗栱的大块垫木，上表面平为墩，上表面凸为峰。陀墩可调节上下梁之间的高差。一般陀墩表面都有精美的木雕。

附 录 四

锦纶会馆整体移位过程中文物建筑变动监测报告

一、监测目的

广州鲁班公司最近对已有 270 多年历史、损坏又较大的砖木结构市级文物建筑——锦纶会馆实施整体平移：首先纵向平移 80m，然后整体提升 1.08m，再横向平移 22m。这一工程在广东是史无前例的。为了知道平移过程中文物建筑有何种变动以及变动程度如何，特进行监测。

二、监测内容

1．基础托换
（1）柱基础托换对柱倾斜的影响
（2）墙基础托换对墙安全的影响
2．纵向平移
（1）平移过程中，水平偏差和垂直偏差情况
（2）平移起动时的后倾惯性加速度
（3）平移制动时的前倾惯性加速度
（4）平移过程中，建筑构件的振动
（5）纵向平移引起石柱、木柱的变动
3．顶升
（1）顶升起动时的下拉惯性加速度
（2）顶升引起墙体的变动
4．横向平移
（1）横向平移引起石柱、木柱的变动
（2）横向平移全过程引起石柱、木柱的变动
（3）横向平移引山墙的变动
5．整个工程前后对比
（1）建筑朝向的变化
（2）各柱下沉量
（3）各柱倾斜量
（4）墙体变化
（5）屋顶变化

三、监测方法

1. 单摆法（重锤、水平尺、标尺、秒表、橡皮筋等）
2. 水平、竖直三维观察法（轻质滚球、水平尺、重锤、经纬仪）

四、监测结果与分析

1. 柱基础托换前后倾斜方向和倾斜量的变化

检抽两条柱：第一进后檐东石柱（A），第二进前檐东石柱（B）。

	E（东）		W（西）		S（南）		N（北）	
	前	后	前	后	前	后	前	后
A	60mm	25mm					10mm	10mm
B	35mm	0mm					15mm	65mm

分析：A 柱—托换前后对比，从往西北倾斜转往东北倾斜；
　　　B 柱—托换前后对比，从往东北倾斜转往正北倾斜。
小结：可见柱基础托换会引起柱倾斜方向变化。

2. 平移过程中，水平偏差和垂直偏差

工况：平移平均速度 1.2mm/s；每次最大行程 160mm；时间 8min；
顶升平均速度 10mm/min。

（1）水平偏差

绝对偏差：4mm/7500mm=0.00053。偏角 θ=arctg0.00053=0.0306°=1.8′

相对偏差：4mm/[(26mm+22mm)/2]= 16.7%

（注：4mm 是左右轨道水平位移绝对误差，7500mm 是左右轨道中－中距离，θ 是前进方向偏离角。26mm 和 22mm 分别是左右的上下轨道的相对行程）

矫正偏差：2mm/[(18mm+20mm)/2]= 10.5%

实际偏离：16.7%−10.5%=6.2%

（注：2mm 是左右轨道水平位移矫正的绝对值，18mm 和 20mm 分别是左右的上下轨道的相对行程）

（2）垂直偏差

绝对偏差：9mm/7500mm=0.0012 偏角 β=arctg0.0012=0.068°=4.1′

相对偏差：9mm/[(26mm+22mm)/2]=37.5%

（注：9mm 是左右轨道垂直位移绝对偏差，7500mm 是左右轨道中－中距离，β 是垂直方向偏离角。26mm 和 22mm 分别是左右的上下轨道的相对行程）

矫正偏差：6mm/[(18mm+20mm)/2]=31.6%

实际偏差：37.5%−31.6%=5.9%

（注：6mm 是左右轨道垂直位移矫正的绝对值，18mm 和 20mm 分别是左右的上下轨道的相对行程）

偏差分析：

由于人工操作的多个千斤顶做功不可能绝对同步，也由于上下导轨不可能是绝对水平（实测同一下轨道和下轨道间不水平度平均最大值为 21mm，走过后平均最大下沉量 13 ~ 25mm），因此整个庞然大物的平移过程微观上实际是左右上下都有相对位移的整体前进。

小结：平移过程是一个三维甚低频微振动的过程。

3. 纵向平移起动时的后倾惯性加速度

摆长 3420mm，摆幅 2mm，摆角 α=arctg(2/3420)=0.0335°=2.01′

惯性加速度 a=g · tg0.0335°=0.000585g ≈ 0.0006g

注：g 为重力加速度。

4. 横向平移制动时的前倾惯性加速度

mm	E		W		S		N	
	前	后	前	后	前	后	前	后
A	25	25					10	10
B	0	0					65	25
C			50	50			73	44
D			65	65			58	58
E		7	13		60		43	

摆长 4505mm，摆幅 7mm，摆角 α=arctg(7/4505)=0.0890°=5.34′

惯性加速度 a=g · tg0.0890° =0.00150g

前倾惯性加速度 / 后倾惯性加速度 =0.0015g/0.0006g=2.5 倍

5. 横向平移制动时产生振动

制动时瞬间 1.8 秒内振动 3.5 次，周期 T=1.8s/3.5=0.514s，频率 f=1.94Hz

6. 顶升起动时的下拉惯性加速度

橡胶带自长 L_0=510mm=0.51m，重锤 G=Mg=150gf=0.15kgf

橡胶带加重锤后静止长 L_1=880mm，ΔL=370mm=0.37m

弹性模量 k=0.15kgf/0.37m=0.405kgf/m

顶升起动时附加伸长量 ΔL_1=1mm=0.001m

下拉惯性力 F=k。ΔL_1=0.405kgf/m × 0.001m=0.000405kgf

下拉惯性加速度 a=F/M=0.000405kgf/0.15kg=0.0027g ≈ 0.003g

7. 纵向平移引起石柱、木柱的变动

抽检柱：A 第一进后檐东石柱（方形截面、高 5.43m、边长 320mm）

B 第二进前檐东石柱（方形截面、高 5.06m、边长 320mm）

C 第二进前内东木柱（圆形截面、高 7.21m、直径 360mm）

D 第二进前内西木柱（圆形截面、高 7.21m、直径 360mm）

E 第三进前檐西石柱（方形截面、高 6.87m、边长 320mm）

分析：

（1）A 和 D 基本没有变化。可能上部支撑很牢，不产生位移。

（2）B、C、E 都有向北增加倾斜量。平移过程中发现 C（木柱）位移最大，向北弯曲明显增大，可能是每次制动时产生前倾惯性力累积所至。但纵向平移停止后第三天，C、B 柱都有回复现象，石柱是由于木柱反弹带动复位。

8. 顶升引起墙体和柱倾斜的变动

（1）墙体

顶升后，横移前发现前天井两侧墙靠洞口有上下贯通的斜裂缝，都向纵移前进方向倾斜。西侧墙上部裂缝足有 3 ~ 4cm 宽。

分析：

前天井两侧山墙靠近后开洞发生上北下南走向的斜裂缝是在顶升后横向平移前发现的。由于顶升前和纵向平移前都没有注意，所以不能肯定就是顶升引起的。故作如下三种可能性分析：

1）顶升引起开裂

这里是全屋最薄弱环节，墙又长，荷载又轻，用同样大小力的千斤顶顶升，必然会使这里向上位移量过多，在洞口薄弱环节处开裂。但夹梁很粗大：142cm 宽，75cm 高，千斤顶间距 3m，是不容易顶弯夹梁而导致墙体开裂。

2）纵向平移引起开裂

因进与进之间上部不是刚性连接，质量不等，天井边墙很轻又单薄，起动和制动时，其前后两进的惯性力比它本身惯性力大得多，所以纵向拉力很大，致使墙身薄弱环节——洞口处被拉裂。

3）基础托换引起开裂

基础托换是本次平移工程最危险难度最大的工序。如果上部结构薄弱，整体刚度差，在挖旧基础埋小梁钢筋时，旧基础下部受扰动，这时夹梁还未做，基础上部极可能下沉，带动墙体下沉，在薄弱环节——洞口处因缺少抗剪应力而引起开裂。

以上三种可能，3）的可信性较大，再加上 2），会使裂缝扩展。

（2）柱

mm	E		W		S		N	
	前	后	前	后	前	后	前	后
A	25	25					10	10
B	0	0					25	25
C			50	50			44	37
D			65	65			58	58

分析：A、B、D、E 基本不变，C 继续回弹复位。因顶升时，惯性力为垂直方向，不会使柱倾斜继续变化。

9. 横向平移时引起柱倾斜的变动

mm	E		W		S		N	
	前	后	前	后	前	后	前	后
A	25	26					10	30
B	0			12			25	65
C			50	48			37	81
D			65	42			58	105

分析：

（1）从各柱东西方向倾斜变化来看，基本没有向西前倾，因为在横向平移前，又一次进行东西方向的加固，而且刚性的东、西山墙限制了桁条的位移，也间接限制了柱顶的位移。

（2）C 柱是木柱，因下部加固很紧，上部夹得较松，所以其原已向北的弯度在纵向平移中增大了，在纵向平移停止一段时间后，由于木材的反弹作用，柱身有一定的复原，即往南复位达 18mm，同时推动 B 柱（石）也往南复位达 40mm，在南北方向变化的同时，东西方向也有一定变化。而 D 柱虽是木柱，但加固不牢，并无弯曲现象，也不出现反弹复位现象。

10. 整体平移（含纵向平移、顶升、横向平移）前后柱子倾斜变化情况

mm	E		W		S		N	
	前	后	前	后	前	后	前	后
A	25	26					10	30
B	0			12			65	65
C			50	48			73	81
D			65	42			58	105

分析：

（1）东西方向最大变量为23mm，南北方向最大变量为47mm。同是发生在D柱，其上下测点距离为446cm，位移比为5.2%和10.5%，对于加固了的木构架来说，还不会构成危险。因为其柱础还可以调整位置，减少倾斜量。

（2）说明平移过程中，屋架有相对位移，与下部承托底架并不构成完全刚性体系。

11．横向平移引山墙的变动

经重锤法和经纬仪观测第一进镬耳山墙，因有钢架加固，平移后比平移前向前进方向约有3mm位移。是在误差测量范围之内，可以认为不变动。

	a	b	c	d	e	f
前	31	20	3	23	−13	17
后	87	105	70	47	39	335
对比	+56	+85	+67	+24	+52	+318

12．平移前（托换前）后各柱沉降量

托换前测量柱沉降量如下：

a 第一进西前廊柱比东前廊柱下沉31mm（石）

b 第一进西后廊柱比东前廊柱下沉20mm（石）

c 第二进西前廊柱比东前廊柱下沉3mm（石）

d 第二进西前金柱比东前金柱下沉23mm（木）

e 第二进西后金柱比东后金柱下沉13mm（木）

f 第三进西前廊柱比东前廊柱下沉17mm（石）

横向平移到位后第二天测量柱沉降量如下：

a 第一进西前廊柱比东前廊柱下沉87mm（石）

b 第一进西后廊柱比东前廊柱下沉105mm（石）

c 第二进西前廊柱比东前廊柱下沉70mm（石）

d 第二进西前金柱比东前金柱下沉47mm（木）

e 第二进西后金柱比东后金柱下沉39mm（木）

f 第三进西前廊柱比东前廊柱下沉335mm（石）

整个过程前后对比

分析：

（1）柱沉降都集中在西边柱。测量下轨道面并没有西边低的现象，复查西墙脚到下轨道面的距离发现比东墙少41mm。可见整体有西低东高现象。因平移前没有墙体测量资料，不能说明墙体不均匀下沉是这次平移过程发生的。

（2）第三进西前廊柱下沉太多，至使西边屋顶明显下降，正脊变曲。原因是在柱托换时产生。

五、结论

1．基础托换会引起薄弱墙体开裂。

2．基础托换容易引起柱子下沉和倾斜。

3．纵向平移过程基本不对建筑产生损坏。

4．顶升过程基本不对建筑产生损坏。

5．横向平移过程基本不对建筑产生损坏。

委托单位：广州市文物管理委员会

监测单位：广州大学岭南建筑研究所

所长：汤国华（签名）

2002年1月10日

附 录 五

锦纶会馆后堂的东墙和东厅的东墙纠偏前外倾数据①

一、后堂东墙外倾数据（cm）

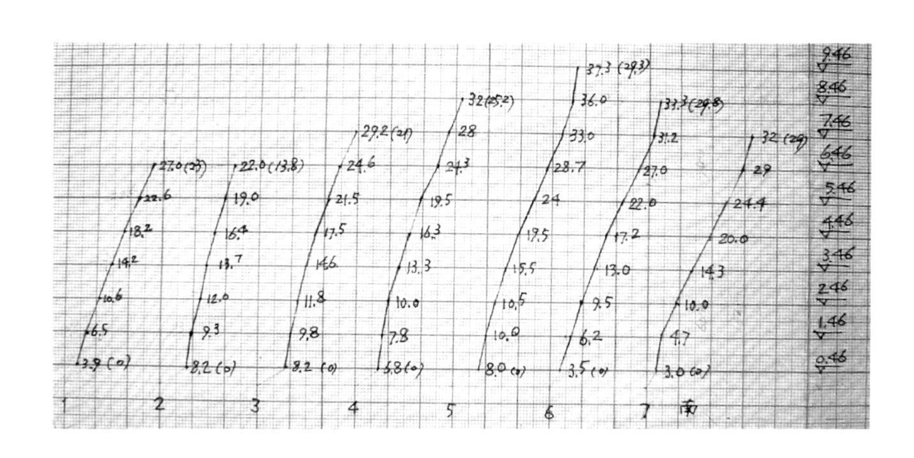

二、后堂东墙外凸数据（cm）

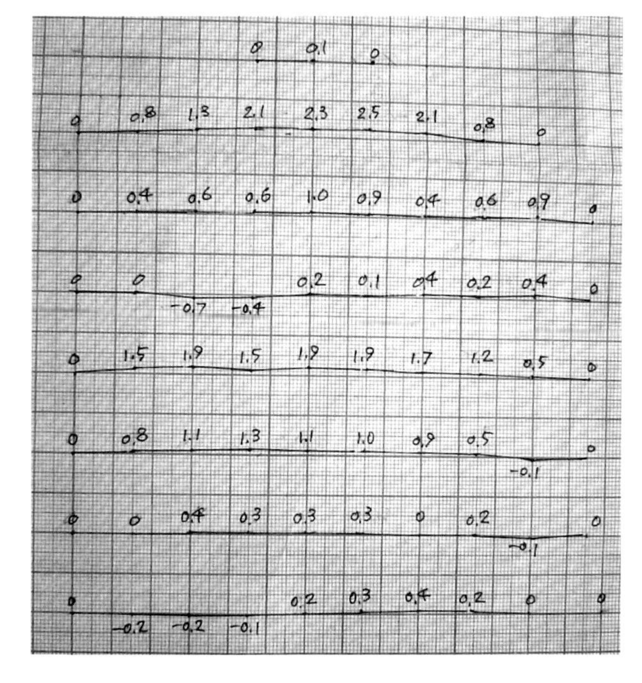

① 本部分由广州大学岭南建筑研究所汤国华提供。

三、东厅东墙外倾数据（cm）

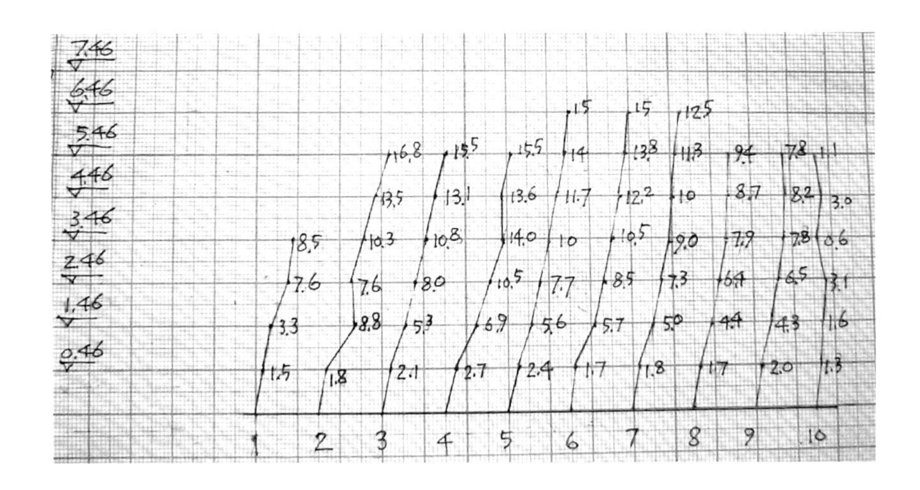

四、东厅东墙外凸数据（cm）

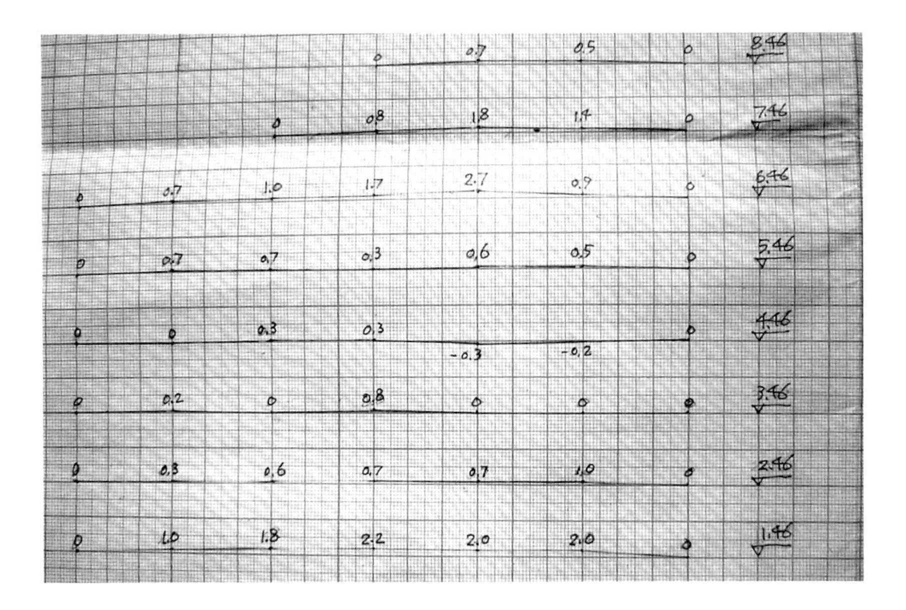

附 录 六

并列山墙纠偏实验数据[①]

一、实验模型

南北走向并列双隅青砖墙2堵，高3m，长3m，上端（墙顶）偏离铅垂线20.3cm，两侧用钢管支撑，使其稳定。墙脚用条石，外倾侧用槽钢置换外侧墙角，槽钢上焊接纠偏杠杆，用千斤顶顶升杠杆。

二、数据记录

北角测量数据

南角测量数据

北角测量数据

步骤	上读数（cm）	下读数（cm）	倾斜量（cm）	纠偏量	压千斤顶次数
1	28	7.7	20.3	0	0
2	28	17.7	10.3	10	45
3	28	21.5	6.5	3.5	20
4	28	24.0	4.0	2.5	10
5	28	25.5	2.5	1.5	10
6	28	26.0	2.0	0.5	5
7	28.5	28.4	0.1	0.9	5

南角测量数据

步骤	上读数（cm）	下读数（cm）	倾斜量（cm）	纠偏量	压千斤顶次数
1	/	/	/	/	/
2	/	/	/	/	/
3	/	/	/	/	/
4	/	/	/	/	/
5	/	/	/	/	/
6	28.7	27.3	1.3	/	/
7	26.0	26.5	−0.5	1.8	5

三、实验结论

1．加压与纠偏量不成正比。

2．二墙之间有位移。

3．纠偏过程中，墙体发生扭偏不大。

四、墙体纠偏的实施

1．施工顺序：网架支撑→墙内托梁（并预埋型钢梁）→纵横墙分离→横梁与墙体分离→顶升纠偏→接墙→墙体灌浆加固→连接横梁与墙体→纵横墙连接→拆除网架→拆除型钢梁→饰面修复。

2．关键施工技术：顶升纠偏时的监测工作最重要。监测工作直接关系到纠偏效果，监测方法为吊线与经纬仪相结合。施工时墙体每隔2m设垂直度监测点一个。纠偏时采用分级顶升，每级顶升量为1～5mm，每顶升一级都测一次垂直度，根据监测结果调整每个千斤顶的顶升量。

3．施工人数：顶升时管理人员9人，工人22人，其他时间工人8～12人。

4．施工工期：75天。

5．最终效果：纠偏后墙体最大倾斜率没超过0.1%。

① 本部分由广州大学岭南建筑研究所汤国华提供。

附录七

锦纶会馆修缮工程方案

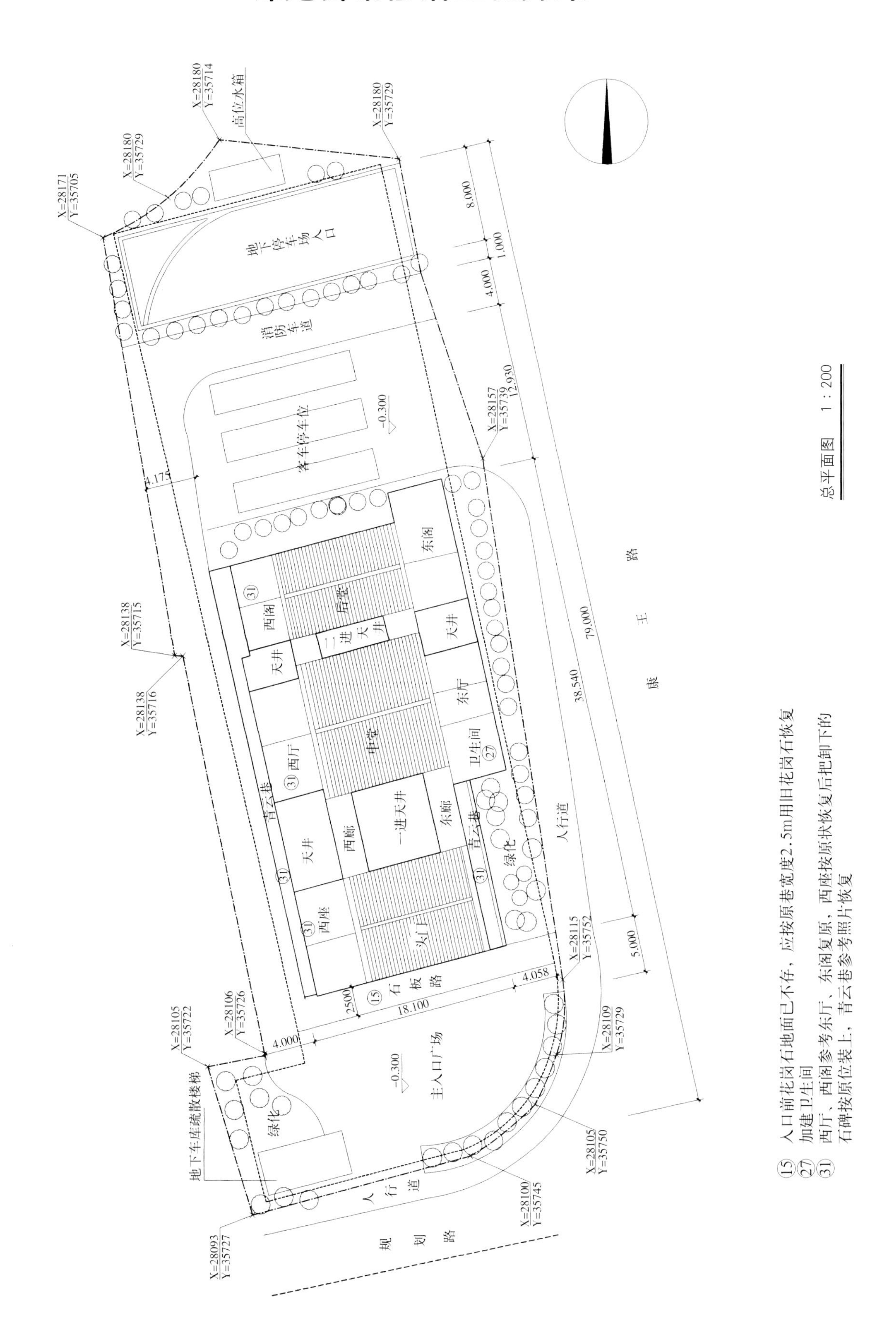

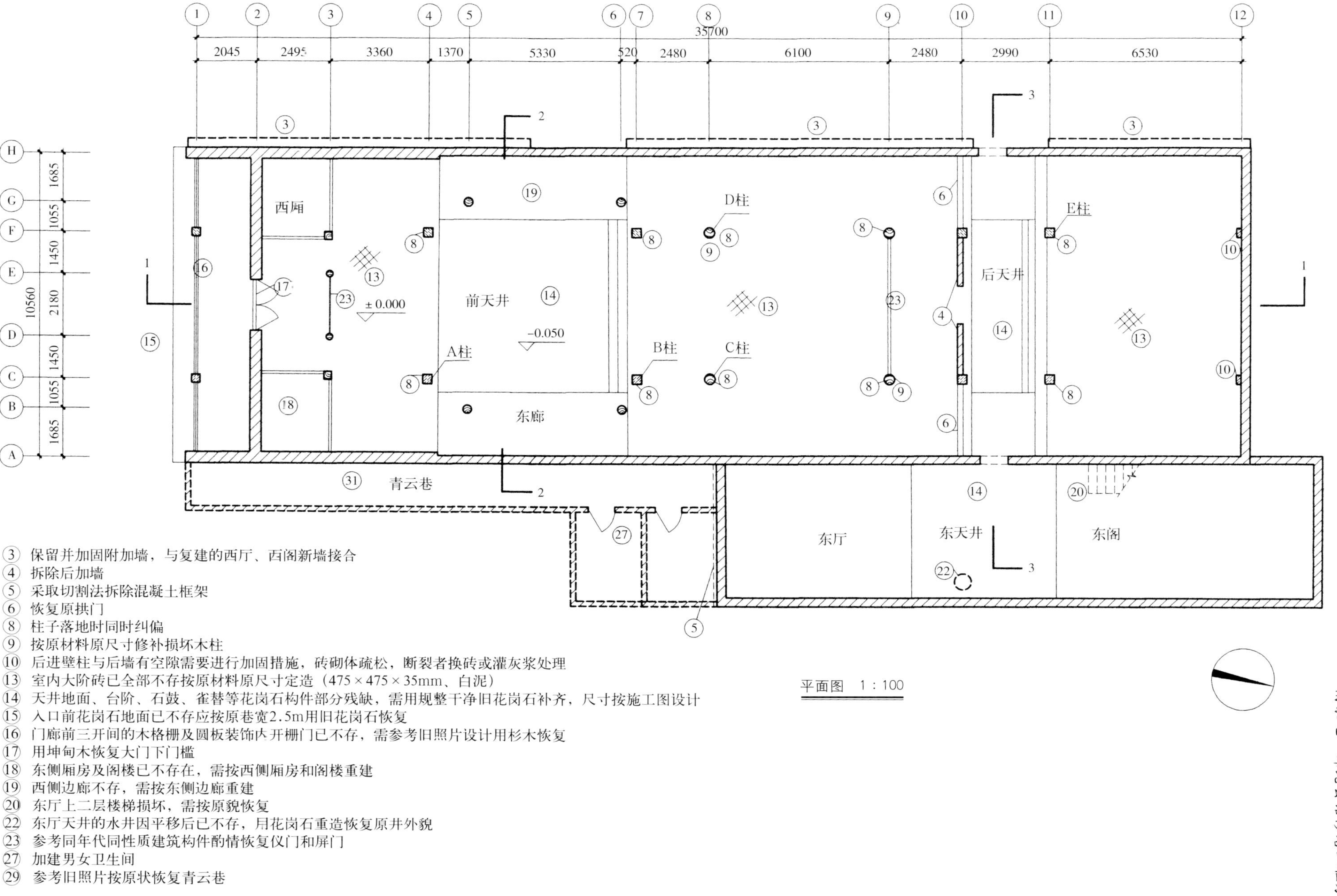

西厢
前天井
东廊
后天井
东厅
东天井
东阁
青云巷
A柱
B柱
C柱
D柱
E柱
±0.000
-0.050
35700
2045 2495 3360 1370 5330 520 2480 6100 2480 2990 6530
10560
1685 1055 1450 2180 1450 1055 1685
③ 保留并加固附加墙，与复建的西厅、西阁新墙接合
④ 拆除后加墙
⑤ 采取切割法拆除混凝土框架
⑥ 恢复原拱门
⑧ 柱子落地时同时纠偏
⑨ 按原材料原尺寸修补损坏木柱
⑩ 后进壁柱与后墙有空隙需要进行加固措施，砖砌体疏松，断裂者换砖或灌灰浆处理
⑬ 室内大阶砖已全部不存按原材料原尺寸定造（475×475×35mm、白泥）
⑭ 天井地面、台阶、石鼓、雀替等花岗石构件部分残缺，需用规整干净旧花岗石补齐，尺寸按施工图设计
⑮ 入口前花岗石地面已不存应按原巷宽2.5m用旧花岗石恢复
⑯ 门廊前三开间的木格栅及圆板装饰内开栅门已不存，需参考旧照片设计用杉木恢复
⑰ 用坤甸木恢复大门下门槛
⑱ 东侧厢房及阁楼已不存在，需按西侧厢房和阁楼重建
⑲ 西侧边廊不存，需按东侧边廊重建
⑳ 东厅上二层楼梯损坏，需按原貌恢复
㉒ 东厅天井的水井因平移后已不存，月花岗石重造恢复原井外貌
㉓ 参考同年代同性质建筑构件酌情恢复仪门和屏门
㉗ 加建男女卫生间
㉙ 参考旧照片按原状恢复青云巷
平面图 1:100

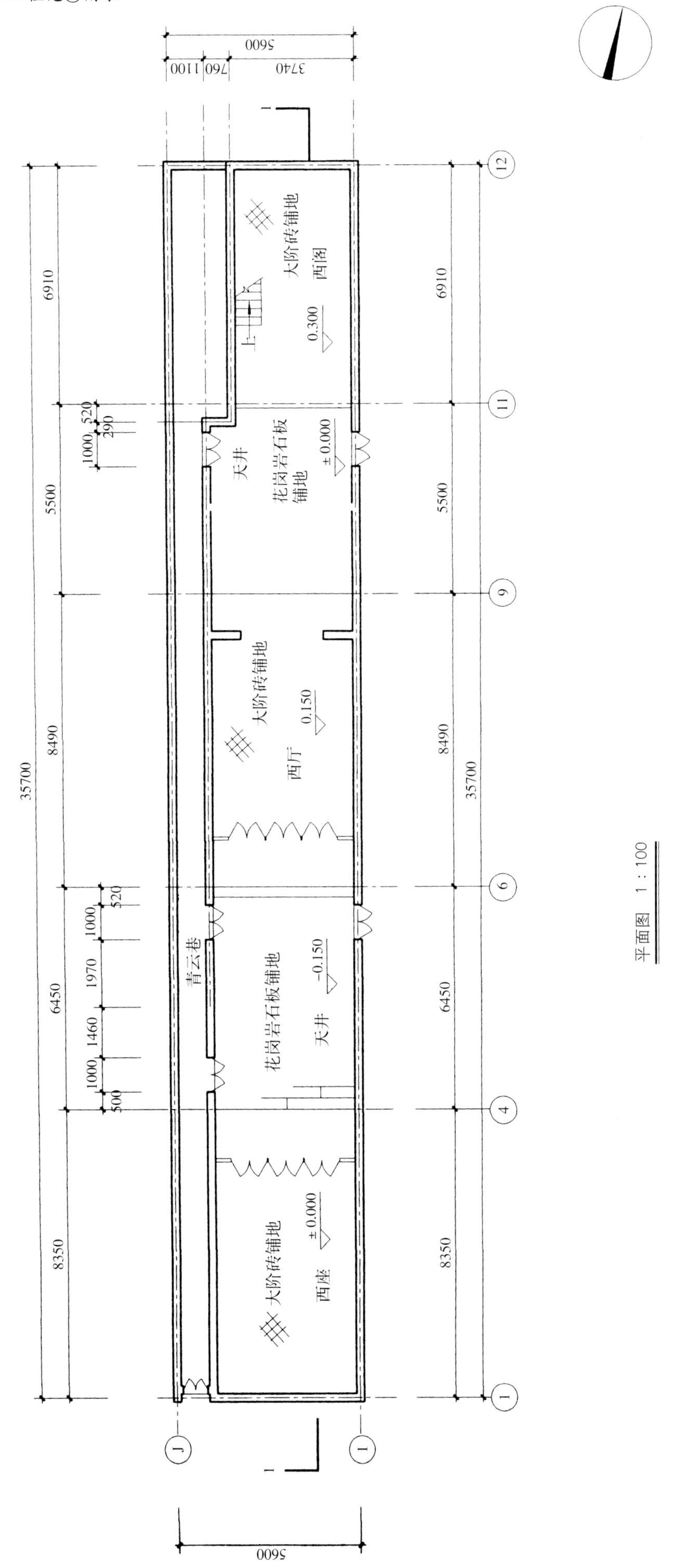
大阶砖铺地
西阁
花岗岩石板铺地
天井
西厅
青云巷
西座
平面图 1:100

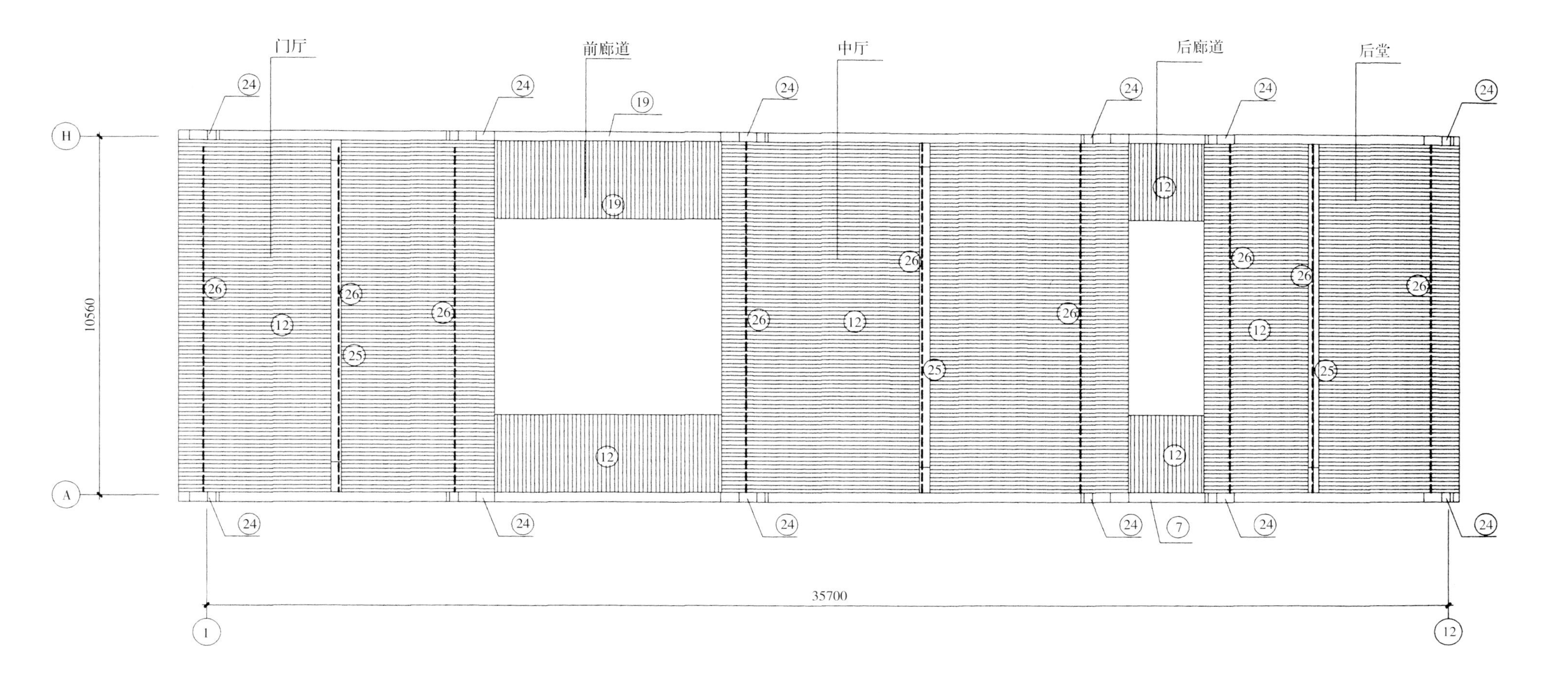

屋顶平面图　1 : 100

- ⑦ 拆除部分倾斜墙体重砌纠偏，拆除高度现场决定
- ⑫ 除琉璃瓦件外，所有陶瓦需挑选合格再用，其余更换新的陶瓦，损坏琉璃瓦件参考同年代同性质建筑和旧照重新设计定造
- ⑲ 西侧边廊不存需按东侧边廊重建，廊顶后加墙拆除
- ㉔ 按原样或参考同年代同性质建筑恢复博古
- ㉕ 按原样或参考同年代同性质建筑恢复正脊
- ㉖ 考虑加固墙体的整体性和抗倾覆性，各进两边山墙之间加三道拉结钢筋，屋脊一道，屋架两道，是否实施，现场再定

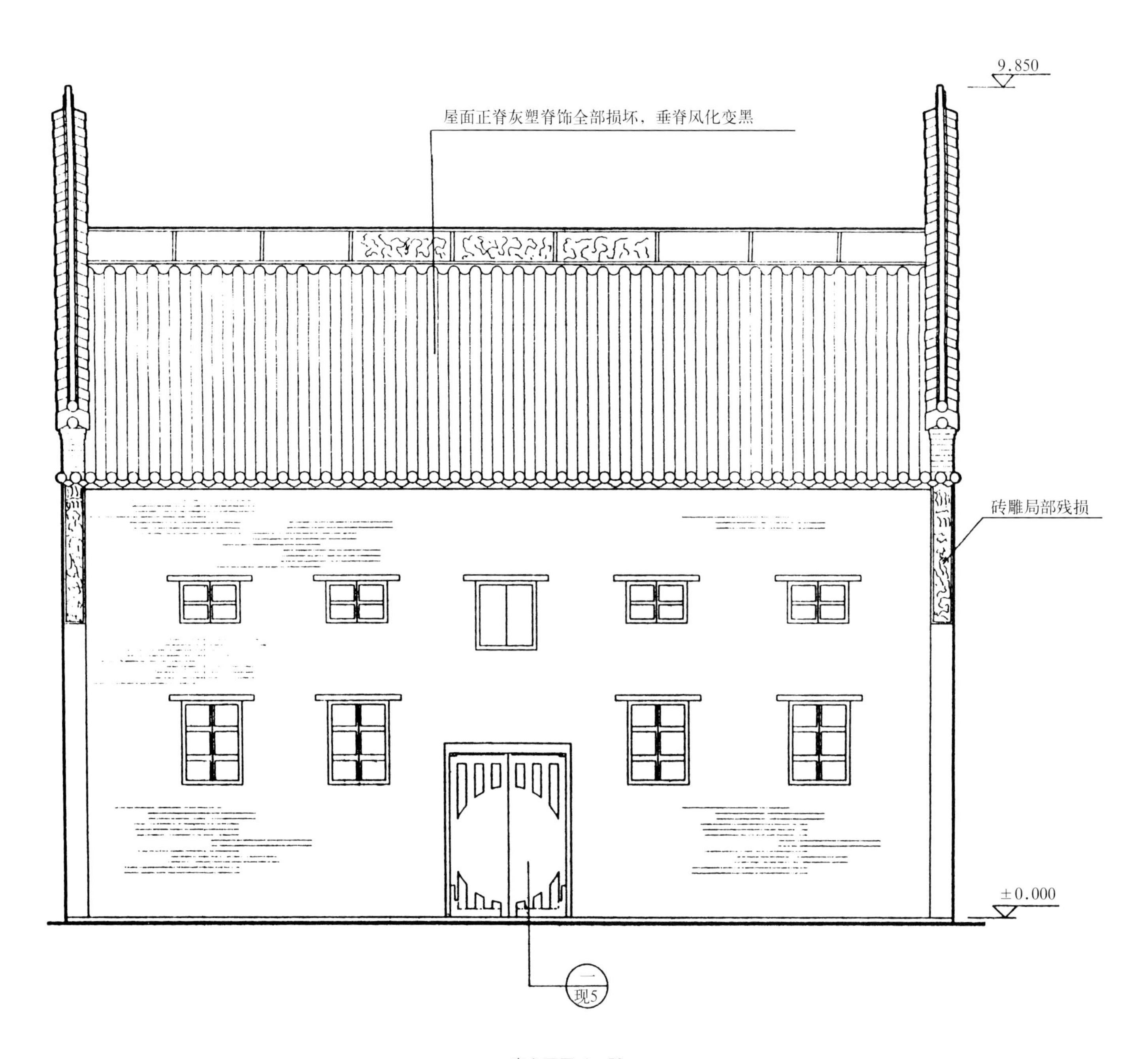

南立面图 1：50

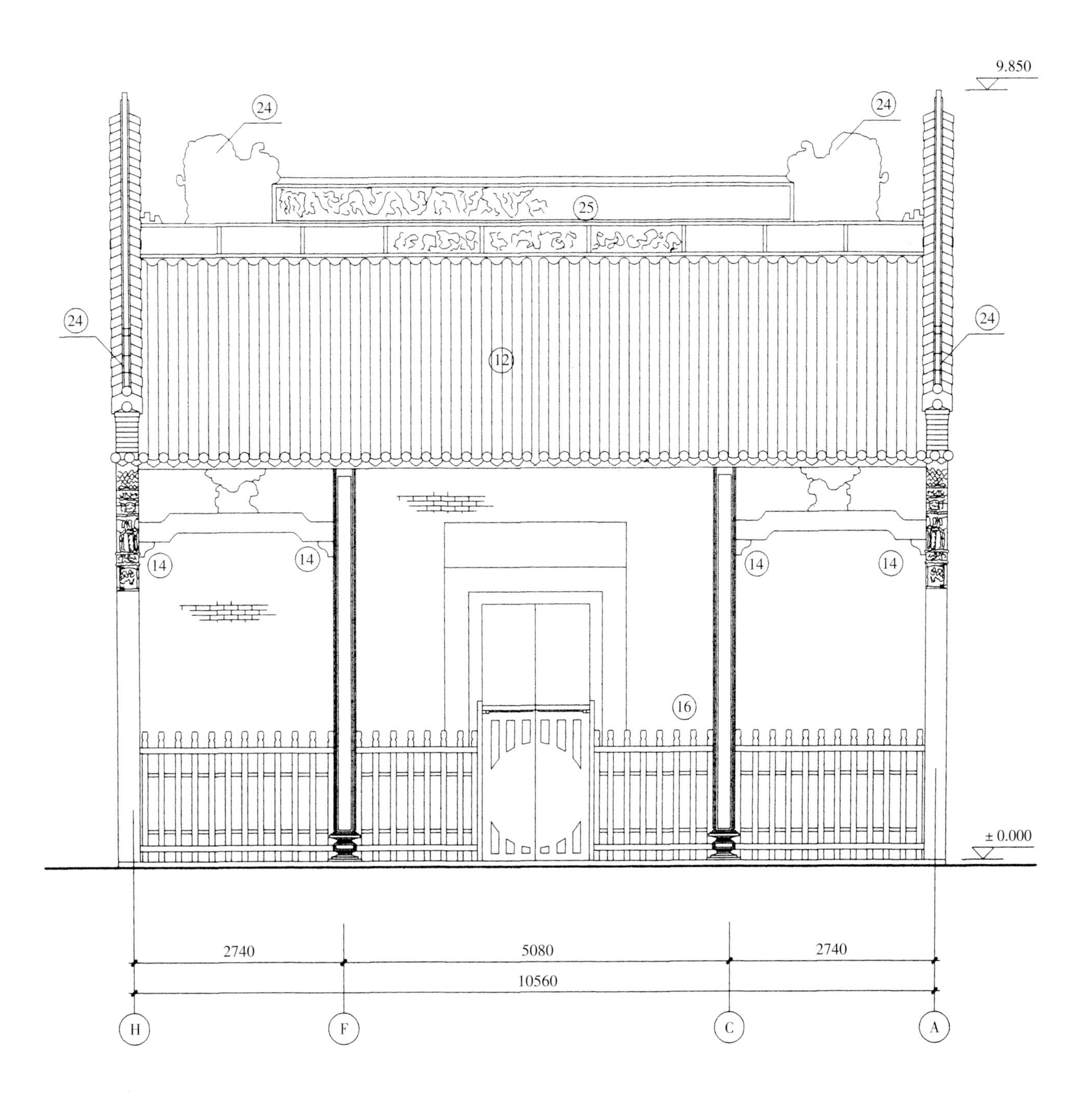

⑫ 除琉璃瓦件外，所有陶瓦需挑选合格再用，其余更换新的陶瓦，损坏琉璃瓦件参考同年代同性质建筑和旧照重新设计定造

⑭ 天井地面、台阶、石鼓、雀替等花岗石构件部分残缺，需用规整干净旧花岗石补齐，尺寸按施工图设计

⑯ 门廊前三开间的木格栅及圆板装饰内开栅门不存，需参考旧照片用杉木恢复

㉔ 按原样或参考同年代同性质建筑恢复博古

㉕ 按原样或参考同年代同性质建筑恢复正脊

正立面图 1：50

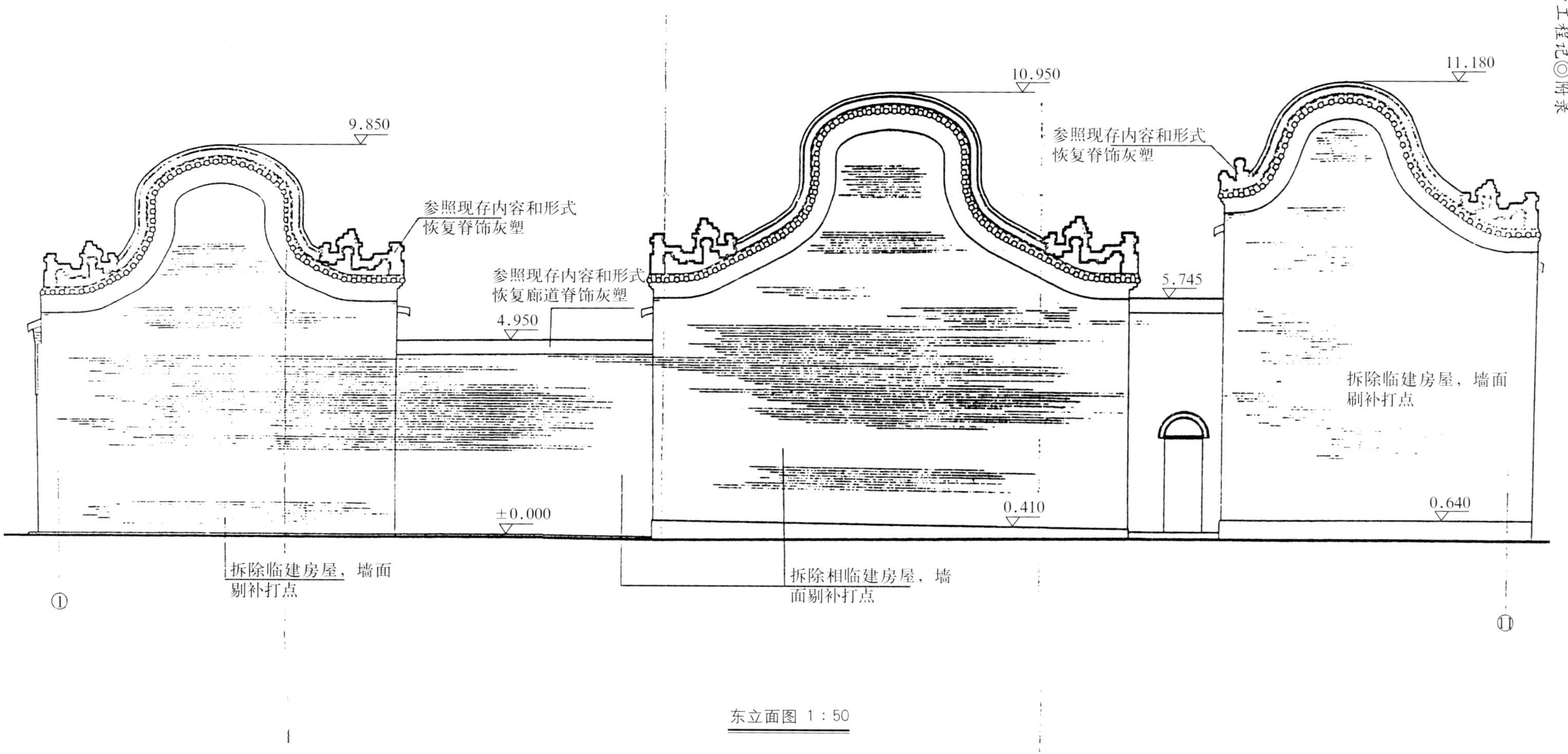
9.850
参照现存内容和形式
恢复脊饰灰塑
参照现存内容和形式
恢复廊道脊饰灰塑
4.950
10.950
参照现存内容和形式
恢复脊饰灰塑
11.180
5.745
拆除临建房屋，墙面
刷补打点
±0.000
0.410
0.640
拆除临建房屋，墙面
刷补打点
①
拆除相临建房屋，墙
面刷补打点
⑪

东立面图 1:50

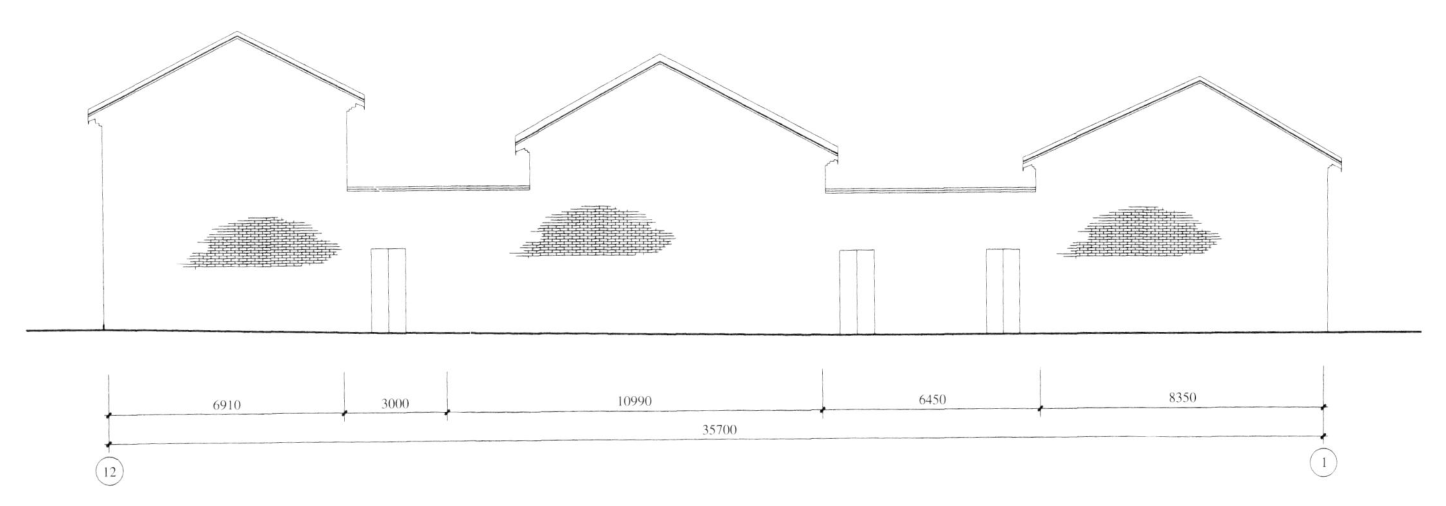

侧立面图 1：100

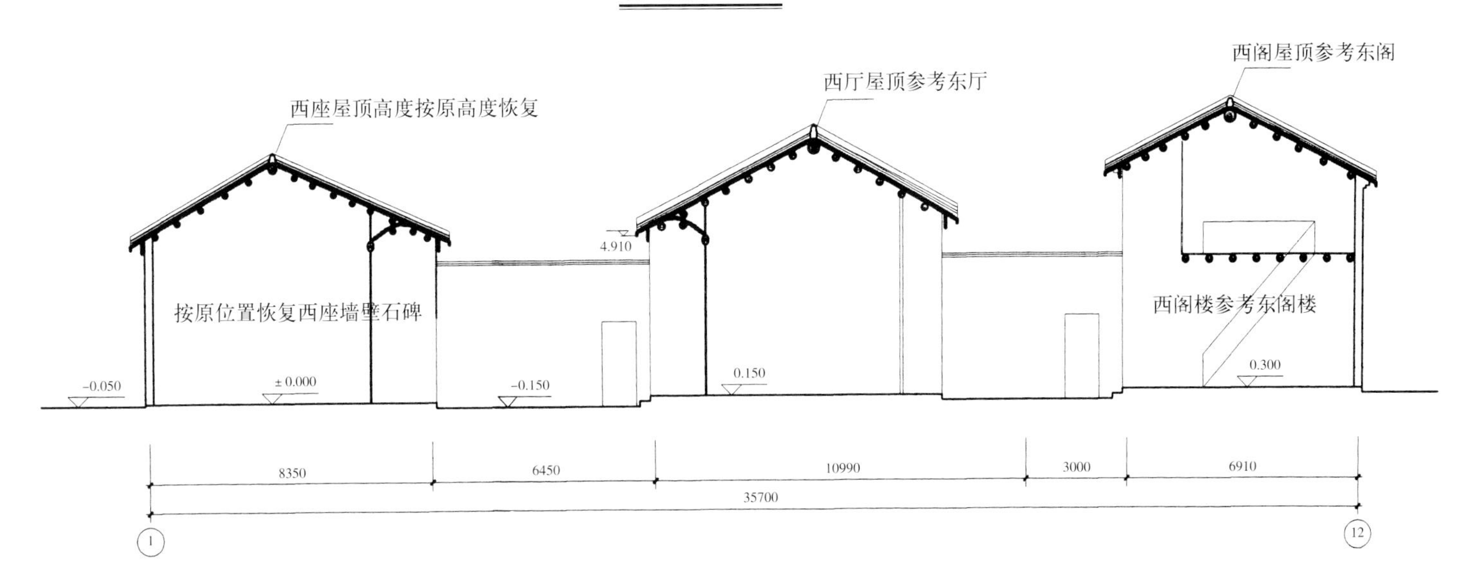

1—1剖面图 1：100

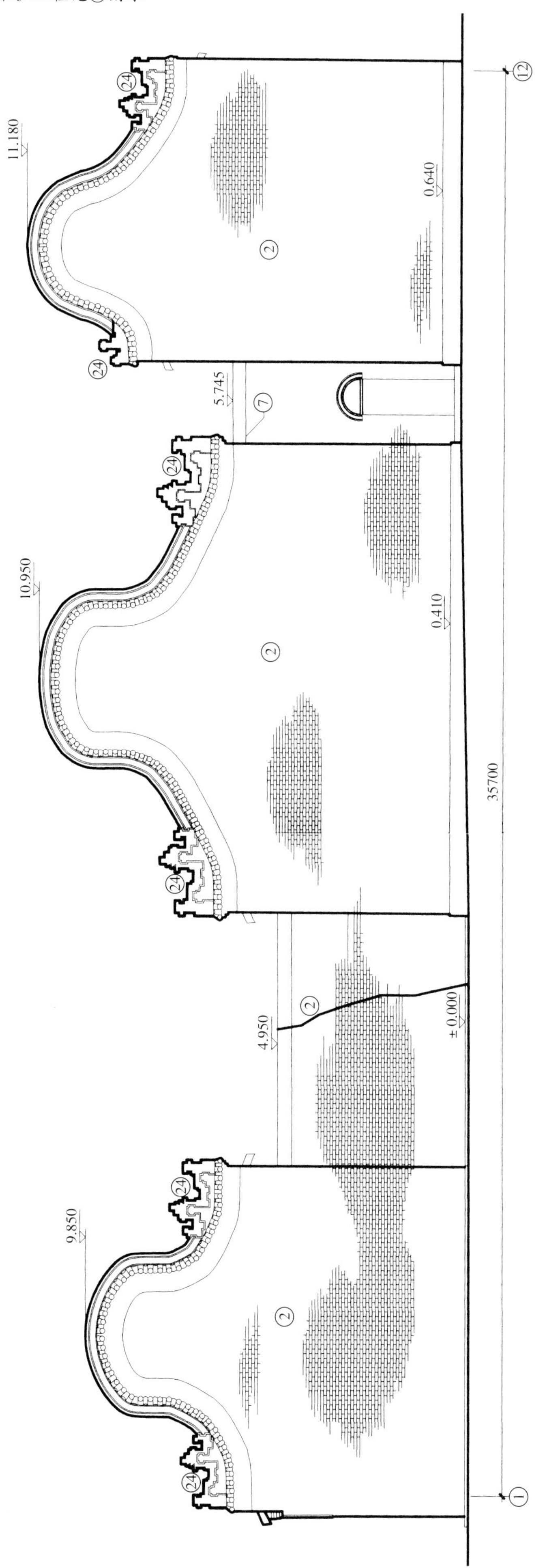

侧立面图　1∶50

② 对开裂墙体作一般的填补处理，断砖更换，所有墙洞照原砌法用旧青砖填充，周边咬合（按原墙体砌法）或灌浆，二进西墙锅耳需检查后决定修缮措施
⑦ 拆除约50cm高部分倾斜墙体重砌纠偏
㉔ 按原样或参考同年代同性质建筑恢复博古

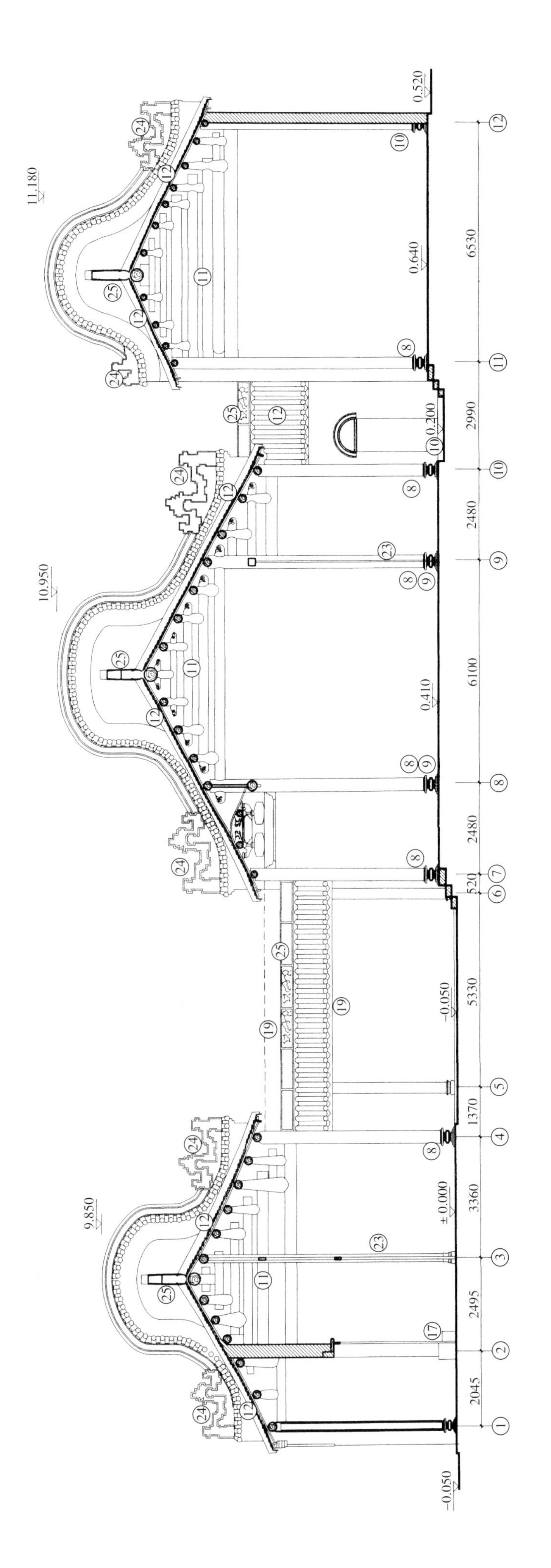

1—1剖面图　1：50

⑧ 柱子落地时同时纠偏
⑨ 按原材料原尺寸修补损坏木柱
⑩ 后进壁柱与后墙有空隙，需要进行加固措施
⑪ 屋架损坏以及后人换上不合规格构件，查白蚁，清除油污，更换损坏和不合规格构件，涂防虫剂，统一油漆
⑫ 除琉璃瓦件外，所有陶瓦需挑选合格再用，其余更换新的陶瓦，损坏琉璃瓦件参考同年代同性质建筑和旧照重新设计定造
⑰ 用坤甸木恢复大门下门槛
⑲ 西侧边廊不存，需按东侧边廊重建
㉓ 参考同年代同性质建筑构件酌情恢复仪门、屏风
㉔ 按原样或参考同年代同性质建筑恢复博古
㉕ 按原样或参考同年代同性质建筑恢复正脊

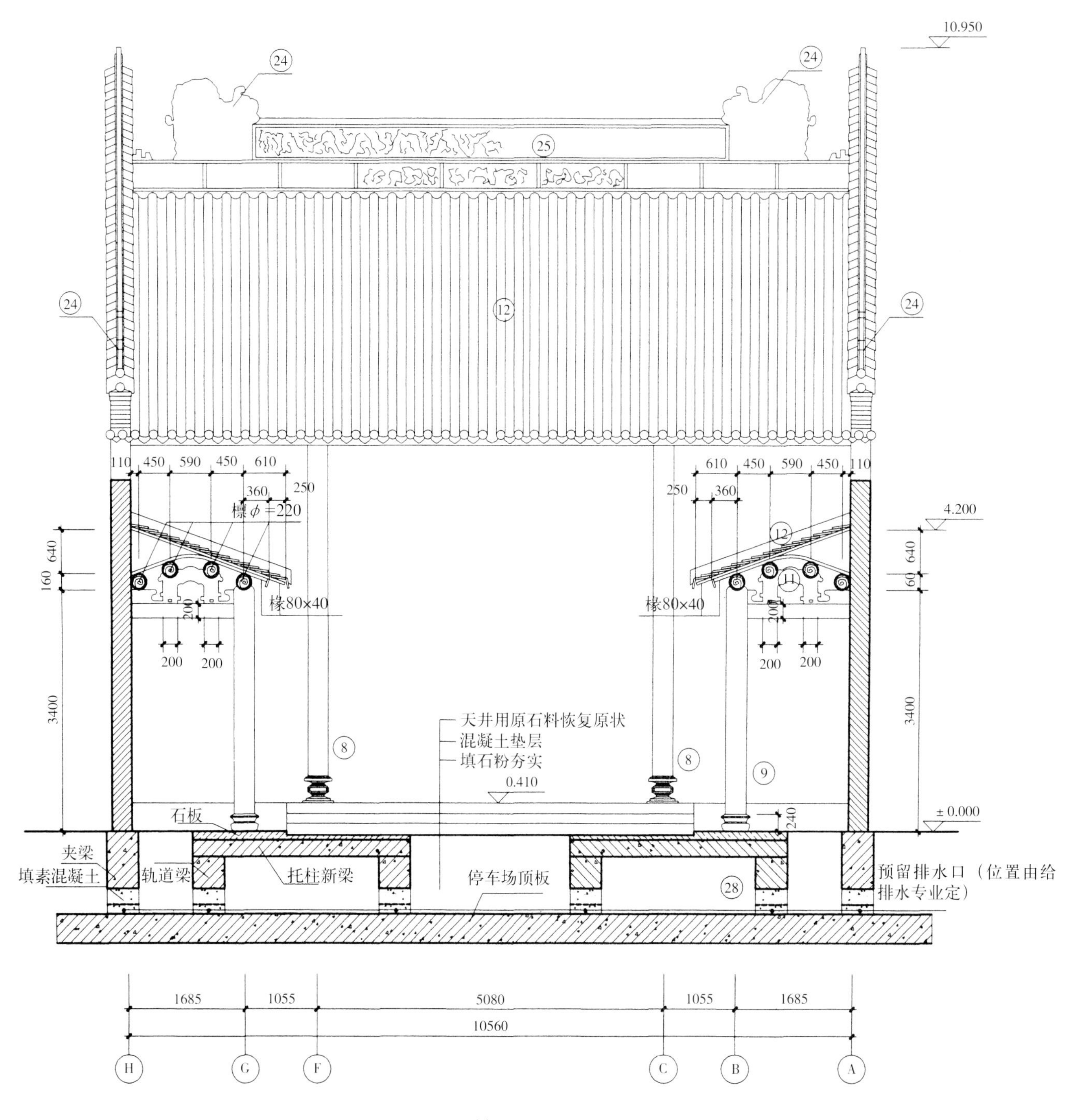

2-2剖面图 1：50

⑧ 柱子落地时同时纠偏

⑨ 近原材料原尺寸修补损坏木柱

⑪ 屋架损坏以及后人换上不合规格构件，查白蚁，清除油污，更换损坏和不合规格构件，涂防虫剂，统一油漆

⑫ 除琉璃瓦件外，所有陶瓦需挑选合格再用，其余更换新的陶瓦，损坏琉璃瓦件参考同年代同性质建筑和旧照重新设计定造

㉔ 按原样或参考同年代同性质建筑恢复博古

㉕ 按原样或参考同年代同性质建筑恢复正脊

㉘ 预留排水管口接市政管道

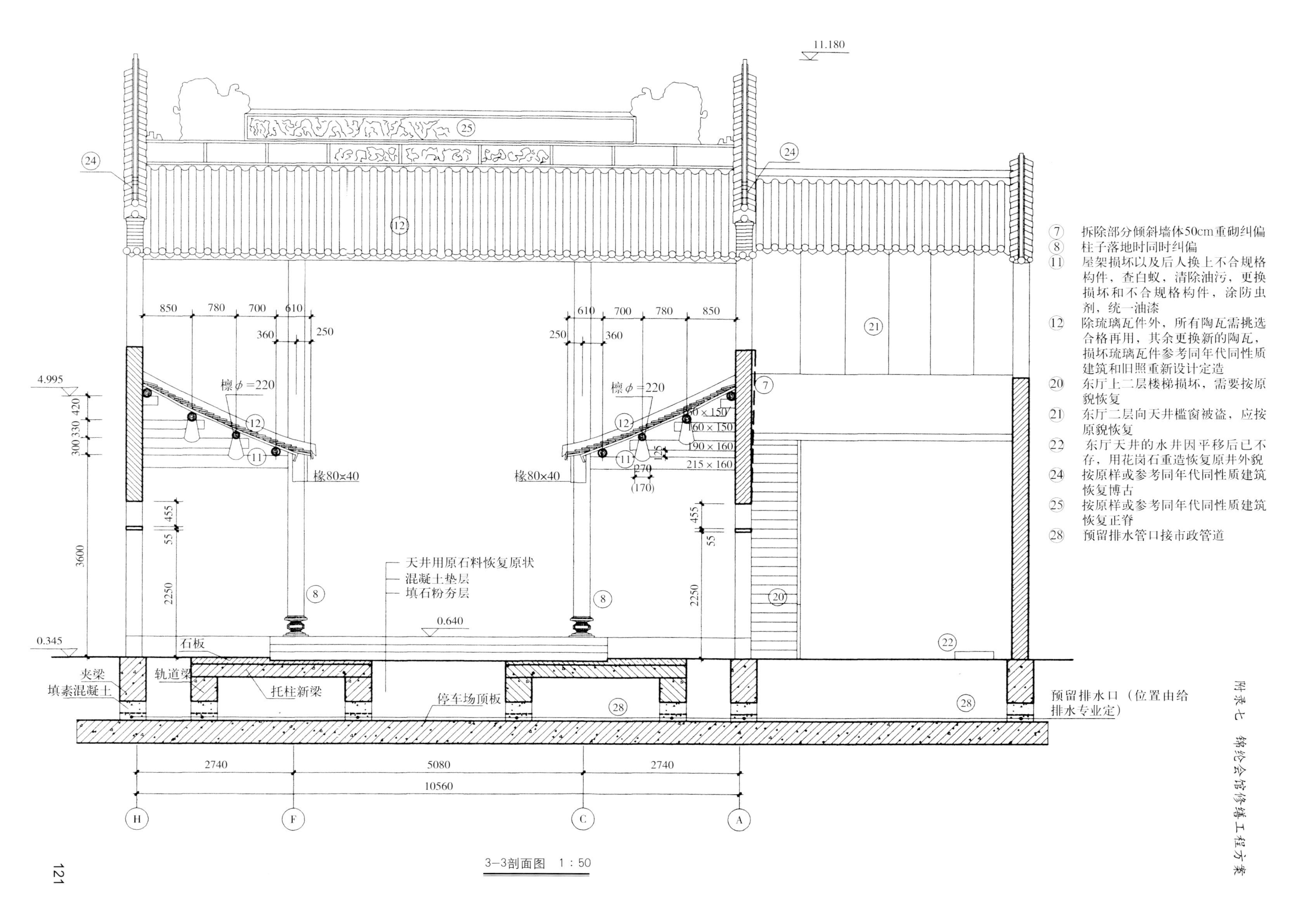
11.180
4.995
0.345
0.640
420
330
300
3600
850
780
700
610
360
250
2250
55
455
檩φ=220
椽80×40
60×150
160×150
190×160
215×160
125
270
(170)
天井用原石料恢复原状
混凝土垫层
填石粉夯层
石板
夹梁
填素混凝土
轨道梁
托柱新梁
停车场顶板
预留排水口（位置由给排水专业定）
2740
5080
2740
10560
H
F
C
A
⑦ 拆除部分倾斜墙体50cm重砌纠偏
⑧ 柱子落地时同时纠偏
⑪ 屋架损坏以及后人换上不合规格构件，查白蚁，清除油污，更换损坏和不合规格构件，涂防虫剂，统一油漆
⑫ 除琉璃瓦件外，所有陶瓦需挑选合格再用，其余更换新的陶瓦，损坏琉璃瓦件参考同年代同性质建筑和旧照重新设计定造
⑳ 东厅上二层楼梯损坏，需要按原貌恢复
㉑ 东厅二层向天井槛窗被盗，应按原貌恢复
㉒ 东厅天井的水井因平移后已不存，用花岗石重造恢复原井外貌
㉔ 按原样或参考同年代同性质建筑恢复博古
㉕ 按原样或参考同年代同性质建筑恢复正脊
㉘ 预留排水管口接市政管道

3-3剖面图　1：50

锦纶会馆修缮一览表

序号	项目	现状情况	原因	修缮意见
1	墙体	①墙体不均匀沉降，西山墙比东山墙低4.5cm	可能当初施工误差，平移前已有沉降，也可能平移中产生沉降	考虑到纠偏可能会引起新的裂缝，所以不均匀沉降不作纠偏，只对墙体进行加固
		②墙体裂缝及洞口	不均匀沉降产生，有些是新缝，有些是旧缝，洞口是居民不当使用，随处开凿造成的	因已经托换新基础，裂缝不会再出现和发展，对开裂墙体作一般的填补处理（按原墙体砌法）或局部灌浆，二进西墙镬耳需检查后决定修缮措施
		③西外墙有一附靠墙	原西厅等建筑，因平移拆除留下	西附靠墙保留，以后与复建的西厅和西阁新墙接合
		④第二进正间后墙	居民后加	拆除
		⑤东厅南墙有混凝土框架	居民后加	采取切割法拆除
		⑥二进两侧拱门	人为砌砖堵塞	恢复
		⑦部分墙体倾斜	日久损坏	拆除少部分重砌纠偏
2	柱子	⑧所有柱子都有不同程度的倾斜和不均匀沉降	部分是平移前不合理破坏，部分是平移工程引起	落地时同时纠偏
		⑨少量木柱腐烂	日久损坏	具体待揭瓦修缮时再检查，按原材料原尺寸修补
		⑩后进壁柱与后墙有空隙	同上	加固
3	屋顶	⑪ 屋架自然损坏以及后人换上部分不合规格构件	日久损坏	查白蚁，清除油污，更换损坏和不合规格构件，涂防虫剂，统一油漆（具体情况待揭瓦修缮时再检查）
		⑫ 瓦件损坏	日久损坏	所有瓦件拆除检查，除琉璃瓦件外，所有陶瓦需挑选合格再用，其余更换新的陶瓦，缺少琉璃瓦件参考同年代同性质建筑和旧照片重新设计定造
4	地面	⑬ 室内大阶砖已全部不存	平移前已被埋	按原材料原尺寸定造（475mm×475mm×35mm、白泥）
		⑭ 天井地面、台阶、石鼓、门廊雀替等花岗石构件部分残缺	平移前移走，有些掉失	用回原石块，缺少部分用规整干净旧花岗石补齐，尺寸造型按施工图设计
5	入口	⑮ 入口前花岗石地面已不存	平移前移走	用旧石块恢复，宽度按原巷宽2.5m
		⑯ 门廊前三开间的木格栅及圆板装饰内开栅门不存	平移前已不存	按旧照片恢复（杉木）
		⑰ 大门下门槛不存	平移前已不存	恢复（坤甸木）
6	第一进室内	⑱ 东侧厢房及阁楼已不存在	平移前已不存	按西侧厢房和阁楼重建
7	前天井	⑲ 西侧边廊不存	同上	按东侧边廊重建
8	东厅	⑳ 上二层楼梯损坏	人为损坏	按原貌恢复
		㉑ 二层向天井的槛窗损坏	同上	同上
		㉒ 东厅天井水井	平移前不存	恢复原井外貌
9	装饰	㉓ 屏风、仪门都不存	日久损坏或人为破坏	参考同年代同性质建筑构件酌情恢复
		㉔ 博古损坏	日久损坏	按原样或参考同年代同性质建筑恢复
		㉕ 各进脊、天井边门门头灰塑损坏	同上	同上
10	增加	㉖	加固墙体的整体性和抗倾覆性	考虑各进两边山墙之间加三道拉结钢筋，屋脊一道，屋架两道
		㉗	解决博物馆卫生配套问题	在东侧进青云巷前加建卫生间
		㉘	解决建筑排水	在各天井预留排水口接市政管道

续表

序号	项目	现状情况	原因	修缮意见
10	增加	㉙	防雷	具体由广州市防雷中心决定
		㉚	消防	室内均匀分散设置气体灭火器，室外由消防部门设计消火栓
11	重建	㉛ 西座、西厅、西阁、青云巷	平移前拆除	西厅、西阁参考东厅、东阁复原，西座按原状恢复后把卸下的石碑按原位装上，青云巷参考旧照片恢复

锦纶会馆修缮工程方案

锦纶会馆原位于广州市荔湾区下九路西来新街21号。2001年因开辟康王路，被往北平移80m后提升1.08m，再往西平移22m，坐落在一地下停车场上。

我校受广州市文化局委托，经多次现场勘察和讨论，并在此过程中与锦纶会馆平移的施工单位广州鲁班公司交换意见，于2002年1月做出锦纶会馆平移后的修缮方案。在2002年3月15日上午，广州文化局组织文博、建筑、结构等专家对我校所做方案进行了论证，现吸收会上各专家一致的意见，对原方案局部修改后，制定本方案。

一、本方案制定的技术依据

1. 北京市文物建筑保护设计所1999年7月测绘图
2. 原华南建设学院西院2000年7月《康王路下穿锦纶会馆的可行性报告》
3. 广州大学岭南建筑研究所2002年1月《广州锦纶会馆平移过程建筑变动监测报告》

二、平移过程损坏情况

锦纶会馆平移工程是一次对损坏严重的传统砖木结构大屋成功的平移工程。平移过程中整座大屋基本保持平移前状态。但有以下5点局部损坏情况：

1. 几乎所有柱子的下沉和倾斜都有进一步变化。
2. 第三进屋顶正脊靠西侧明显下沉。

前天井东西外墙上部由后开洞口南下角开始开裂，裂缝延伸至墙脚，呈上北下南倾斜走向，上部最宽处达25mm。

纵向夹墙梁至少发现3处断裂：西墙从南向北第1和第2横向轨道之间1条；东墙南向北第5横向轨道两侧各1条，东墙北向南第1和第2横向轨道之间1条，这些裂缝已往上延伸至墙体。第二进正脊东半边中部呈向北弯形，刚好是东侧梁架位置，说明东侧梁架已整体北移。

经初步分析，以上1至4种损坏状态都是平移前工程难度最大的托换基础和顶升两工序引起，第5种损坏在平移前已出现，平移过程中有少量发展。

以上五种损坏在下一步修缮中是不难恢复和修补。

三、修缮原则

1. 恢复到平移前的完好状态。
2. 修缮重点是安全加固。

修缮要尽量使用原材料、原工艺。因结构安全需要采用新材料、新技术，应尽量少添加、尽量小损害原结构。执行现行规范时要考虑文物建筑的特殊性和未知性。

装修和装饰参考同年代至今保存较完好的同类型建筑和历史照片，不求全美，只求真实。

四、修缮内容

1. 整体固定
2. 墙体加固
3. 柱子扶正
4. 屋架扶正
5. 更换损坏构件
6. 安装缺少构件
7. 修建给排水系统
8. 安装防雷、消防装置
9. 适当装修
10. 适当装饰

五、修缮做法

因为现在的墙体承托在不再置换的夹梁上，而柱子是承托在要置换的钢梁上，所以整体固定要分为墙体固定和柱子落地两个工序。墙体固定就是整体承托框架固定。柱子在墙体固定后，结合纠偏置换钢梁后下地。

1. 整体固定

1.1 墙体

1.1.1 现状分析

经平移后观测，西纵墙石墙群顶线比东纵墙低 4.1cm，东西山墙不均匀沉降率为 41/10590=3.8‰，入口大门石门套顶西角比东角低 1cm，考虑到这种偏差可能是当初施工误差，也可能是平移前已有沉降，也考虑到纠偏可能会引起新的裂缝，所以墙体的不均匀沉降不作纠偏。

1.1.2 具体做法

1) 目前所有加固棚架保持不动。

2) 现承重墙夹梁底和纵向上轨道梁底与地基（即停车场顶面）之间用高强度混凝土灌实，使其承托上部荷载。各天井要预留往东排水的管道孔。

3) 取走现横向上轨道梁底松动的钢辊轴，压紧的钢辊轴不动。然后向所有空隙灌注高强度混凝土。按广州设计院 G-1-12 图纸施工。

1.2 柱子

1.2.1 现状分析

所有柱子都有不同程度的倾斜和不均匀沉降。造成倾斜和沉降的原因部分是平移前不合理的破坏性使用，部分原因是这次平移工程难度最大的基础托换。倾斜量最大的是第二进的柱子，沉降量最大的是第三进的西檐柱。

柱子上部与屋架相连，柱子下部只接石础，石础现呈架空状态。所以柱子上部的纠偏除第二进东梁架和第三进西梁架外，其他主要是调整柱子下部。对于下沉较多的第三进西檐柱的顶升，应先把屋顶荷载部分卸下，好让上部先复位。

1.2.2 具体做法

现柱子都是用纵向钢梁夹住固定，其置换方法是：在钢梁底正对柱下浇横向钢筋混凝土梁，两端架在纵向上轨道梁上。新梁凝固后，利用新梁支撑住柱上荷载，使柱子不受力。移动钢梁，对柱子进行水平方向复位。完成后，用千斤顶顶住石础底，进行竖直方向复位。完成后，用硬木楔固定钢梁，移走千斤顶。把托住石础的铁件除去，马上按纠正后的标高填充花岗石条，最上一块是完成面石块（即顶柱石）。最后拆除钢梁和承托钢梁的混凝土块，个别顶升复位量较大的柱子应先检查桁条变动情况。桁条与梁架、桁条与墙体的结合处对好位才能顶升。

经检查发现腐烂严重的柱子要按原材料原尺寸更换。

经检查发现与柱子连接处已腐烂的桁条要按原材料原尺寸更换。

整体落地后，拆除部分“包装”钢管，以便进一步勘察和维修。

整体落地后，即安装下水系统，然后用灰土回填室内和天井地下所有空隙，并分层夯实至完成面以下20cm。

原前天井西边廊现不存，这次维修应按照东边廊恢复，所以应预造廊柱基础。

2. 墙体加固

2.1 不倾斜墙体

2.1.1 现状分析

不倾斜墙体上的不当开窗较多，对墙体安全构成严重威胁。此外，部分墙体砌筑砂浆失效，砖块接合松散，所以墙体除填补洞口外，还要对松散砖块补浆或灌浆加固，浆液采用传统石灰浆加少量化学剂。墙体裂缝有些是旧缝，有些是新缝，也有些是旧缝扩展。因已经托换新基础，裂缝不会再出现和发展，所以作一般填补处理即可，尽量少留填补痕迹。

为加强墙体的整体性和抗倾覆性，如有必要，考虑掩蔽地附加少量钢结构，并尽量隐蔽。

2.1.2 具体做法

1）凡洞口填补，要用同规格青砖按洞口两侧丁顺规律砌筑，砂浆采用传统制作石灰砂浆。大洞口要在新旧墙结合处用咬合法。

2）裂缝先清洗虚浮砖碎，小裂缝用青砖磨灰加环氧树脂混合后填补，干后磨平。大裂缝用整块结实青砖填埋，起拉结作用。特别注意转角处裂缝的拉结，必要时埋入钢筋。

个别因后人加建埋入墙体的钢筋混凝土楼板残留物较难清除，只能小心剥深2cm后用旧青砖切片填补。个别特殊洞口现场研究后决定处理方法（如第二进正间后墙可能后加，考虑拆除）。

2.2 倾斜墙体

2.2.1 现状分析

现倾斜墙体较严重的有东厅西墙洞口上部，倾斜最大处已外突5cm，如不部分拆除重砌会有潜在危险。

2.2.2 具体做法

倾斜较严重的墙体从上往下小心拆除，至基本垂直处为止，然后用拆卸下来的青砖重砌，砌法和砂浆按本建筑传统做法。

2.3 附靠墙体

2.3.1 现状分析

现东厅南墙外附靠有一后加建的钢筋混凝土框架结构的填补墙。现三进西墙外有一附靠墙体，是原西侧附靠建筑的自墙。这两处附靠墙应考虑拆除。

2.3.2 具体做法

拆除附靠墙前，应先把东厅南墙和第一、三进西墙加固，然后小心逐砖拆卸。后加建的钢筋混凝土框架要采取切割法拆除。拆除后再视具体情况进行表面处理。第一、三进西墙如不拆除，要做好收口咬接处理。

2.4 墙体整体性和抗倾覆性加固

各进两边山墙之间加三道拉结钢筋：屋脊一道，屋架二道。

3. 柱子扶正

与整体落地同时进行。

4. 屋架扶正

与柱子扶正落地同时进行。

5. 装修和装饰

5.1 屋顶

5.1.1 屋架

屋架构件要请白蚁防治所全面检查,如发现腐蚀严重者必须更换。屋架构件全部要清洗油污,干后涂防虫剂,然后全屋木构件统一油漆。

损坏的和后人换上的不合规格桁、桷和飞子要更换。

5.1.2 屋面

屋面瓦除琉璃瓦件外，全部陶瓦要严格挑选，合格者清洗干净重用。挑选标准是：尺寸足够、吸水率少、完整不裂、坚硬规整。不足数量更换新的合格陶瓦。不必要从别处找旧瓦补齐。布瓦严格按传统搭接法，宁密勿疏。

屋顶正脊琉璃构件只有第三进保留基本完好，其余两进屋脊琉璃构件要参考同年代同性质建筑和旧照片重新设计和定造。

檐口瓦当、滴水，缺少者按现存物定做。

垂脊砖砌博古部分缺损，按左右对称重砌。

5.2 地面

室内地面大阶砖已全部不存，要按平移前测量的原材料、原尺寸定造（白泥 475mm × 475mm × 35mm)。

天井地面、台阶、石鼓的花岗石构件除现还保留完整者继续使用外，不足部分用规整干净旧化岗石补齐，尺寸按施工图设计。

室内铺大阶砖和花岗石前先铺沙垫层。露天铺花岗石前先造混凝土垫层。

5.3 入口

恢复入口前旧条状花岗石地面。宽度按原巷宽。

恢复门廊前三开间的木格栅栏及圆板装饰内开栅门（杉木)。

大门及附属构件基本完好，适当翻新即可。

下门槛补回（坤甸木)。

5.4 第一进室内

东侧厢房及楼阁按现存西侧厢房重建。

5.5 前天井

西侧边廊按现存西侧边廊重建。

5.6 东厅

东厅上二层的楼梯和二层向天井的槛窗应按照原貌恢复。

原东厅天井的水井因平移后已无法恢复，但应该恢复原井外貌。

5.7 屏风、格扇

现各进屏风、格扇都不存，参考同年代同性质建筑构件酌情恢复。

5.8 其他

凡未提及之处要在整体落地后拆除多余支撑和绑架，才能进一步勘察。

6. 给排水系统

6.1 现状分析

下水道和其他地下管道应在地下回填前预先安装或预留，然后按设计标高回填灰土并分层夯实。现锦纶会馆第一进室内地面城市标高为 8.117m，旁边新开干道康王路地面城市标高为 7.540m，市政下水道底城市标高为 5.619m。即锦纶会馆第一进室内地面与市政下水道底之高差为 2.498m。

现锦纶会馆夹梁底与上轨道梁底平，第一进夹梁高 0.800m。夹梁底与停车场顶面之间有 0.370m 空隙。为保证不损坏夹梁，新设计的下水道管线走向完全可以从夹墙梁底过，出外墙后接通市政下水道端井。

复修后的锦纶会馆室内不设厕所。考虑在东侧恢复的青云巷内设置。

6.2 具体做法

室内排水包括雨水和日常清洁等少量污水分别排向前后两天井和侧天井。集中后从西向东排向康王路的下水道。

排向天井的屋面雨水，沿瓦坑下落到地面后，导向金钱眼地漏，先经沙井聚集泥沙，后由传统陶瓦管经纵向上轨道梁和侧墙夹梁底出外墙，再接通市政下水道最近端井。

7. 防雷和消防

7.1 防雷

锦纶会馆位于邻近的高层建筑荔湾广场附近，是否在其防雷保护伞内由广州市防雷中心决定。

7.2 消防

室内均匀分散设置气体灭火筒，室外由消防部门设计消火栓。

8. 施工顺序

1) 墙体固定

2) 屋面卸瓦，同时搭建临时遮雨棚。

3) 检查屋架，测量并登记须更换构件。购置和加工新构件。

4) 柱子校正后下地

5) 修复屋面

6) 拆除内部多余支撑构件

7) 检查墙体并进行加固

8) 安装排水系统

9) 修复地面

10) 进一步的装修和装饰

9. 施工图设计

在锦纶会馆安全落地后，拆除多余支撑和绑架，再次仔细勘察，才能绘制施工图。

广州大学岭南建筑研究所
广州大学建筑设计研究院
2002.3.20

附 录 八

整体移位后维修设计图纸

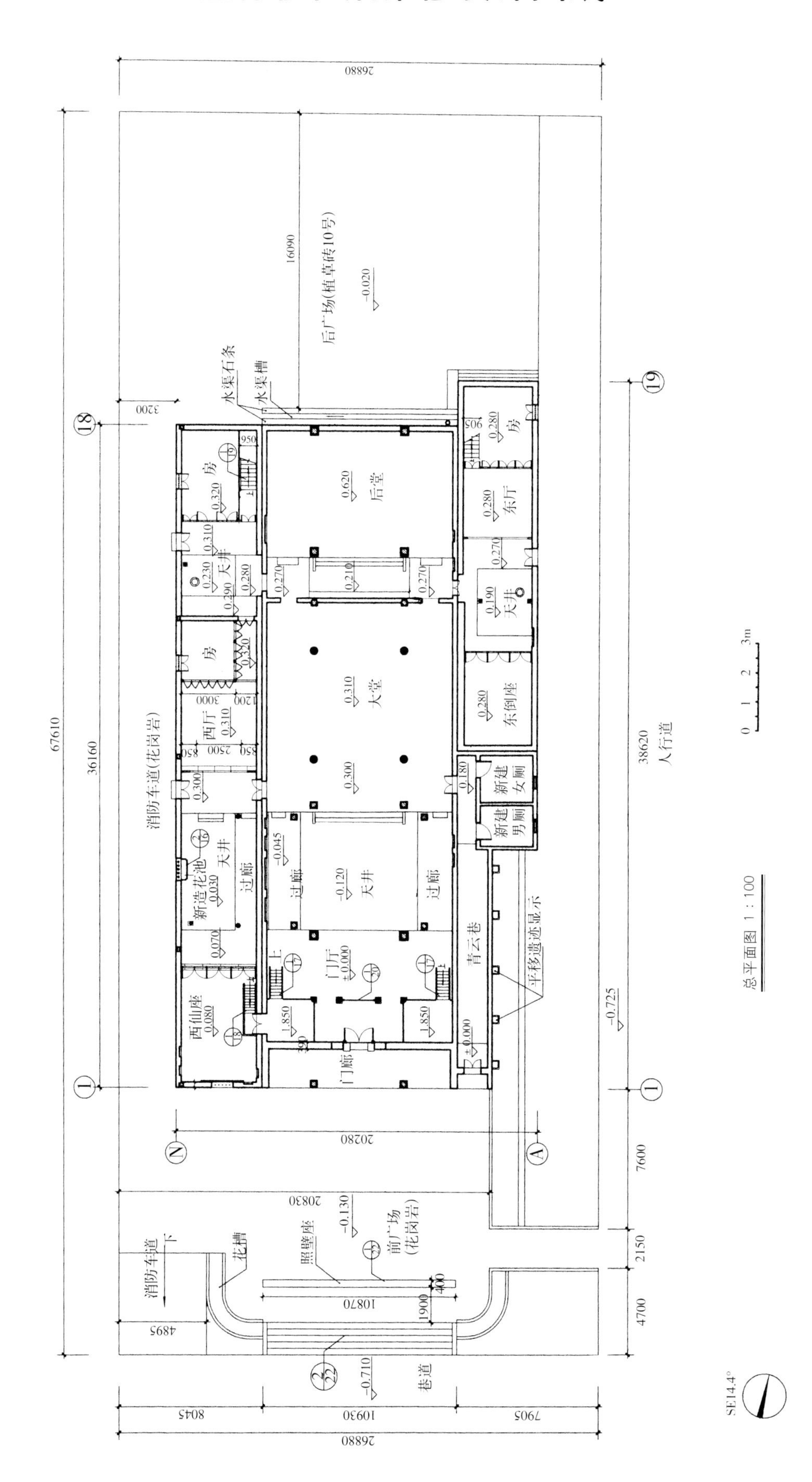

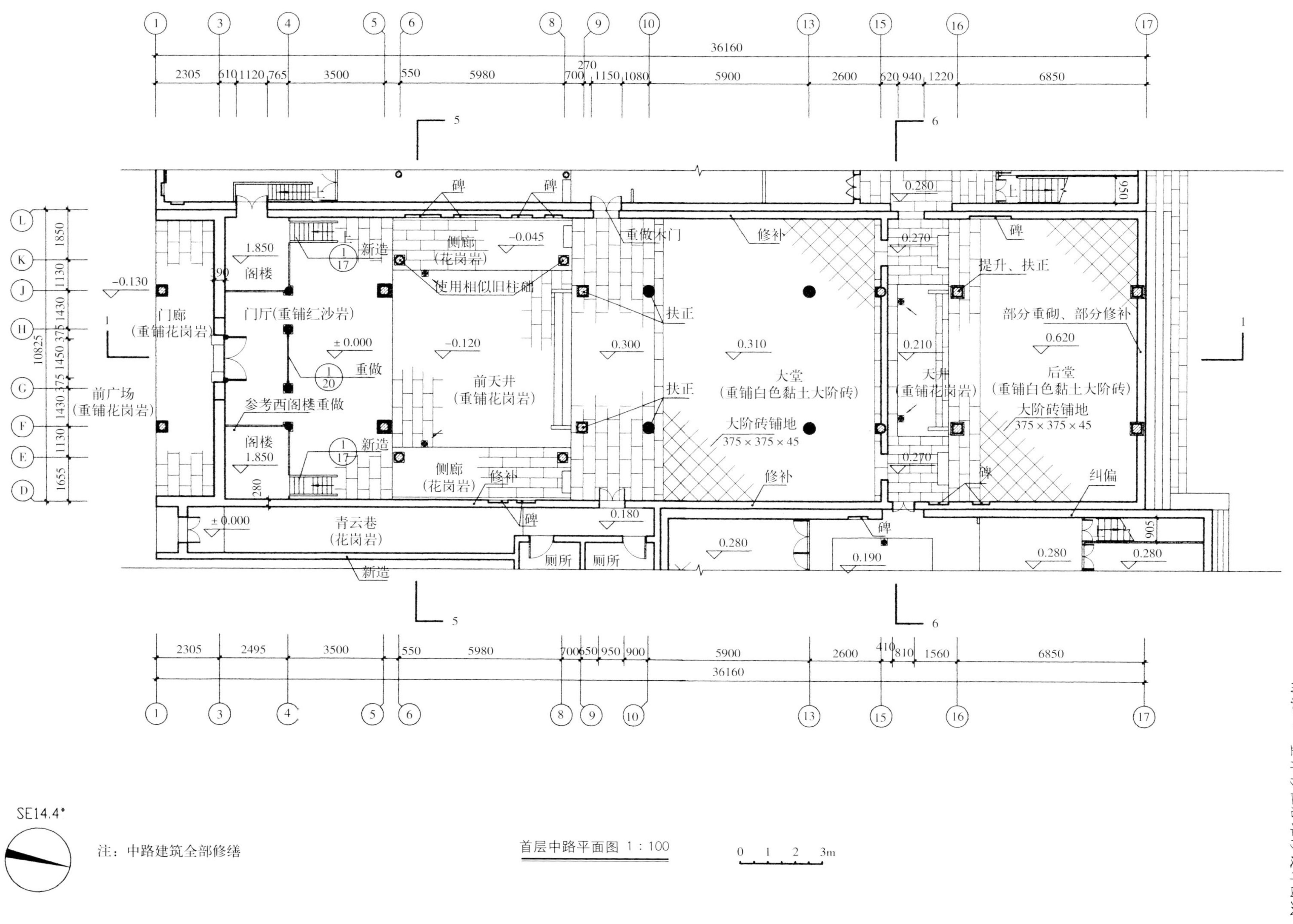

注：中路建筑全部修缮

首层中路平面图　1：100

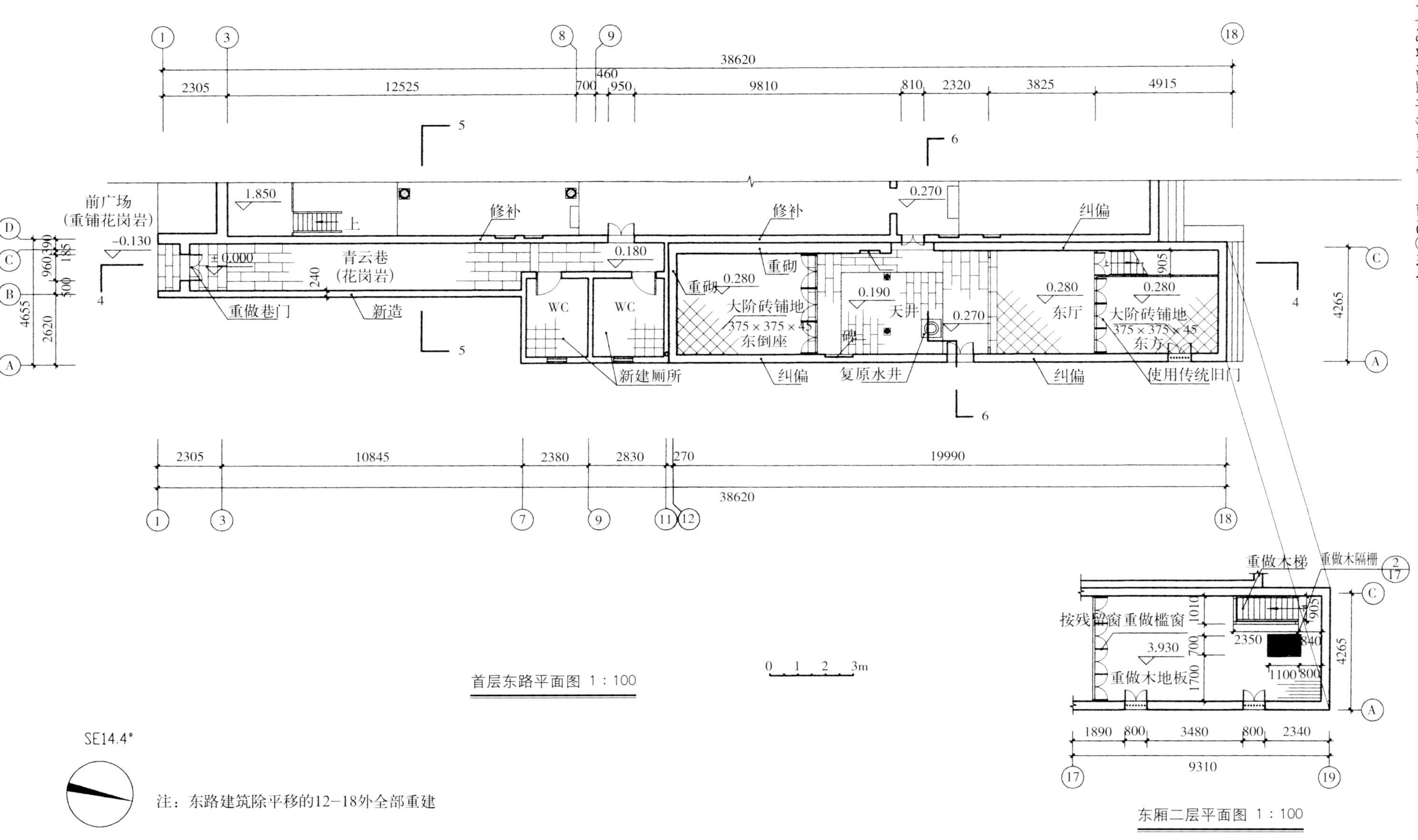
前广场
(重铺花岗岩)
青云巷
(花岗岩)
修补
纠偏
重砌
重做巷门
新造
新建厕所
大阶砖铺地
375×375×45
东倒座
天井
复原水井
东厅
东方
使用传统旧门
重做木梯
重做木隔栅
按残留窗重做槛窗
重做木地板
首层东路平面图 1：100
东厢二层平面图 1：100
SE14.4°
注：东路建筑除平移的12-18外全部重建

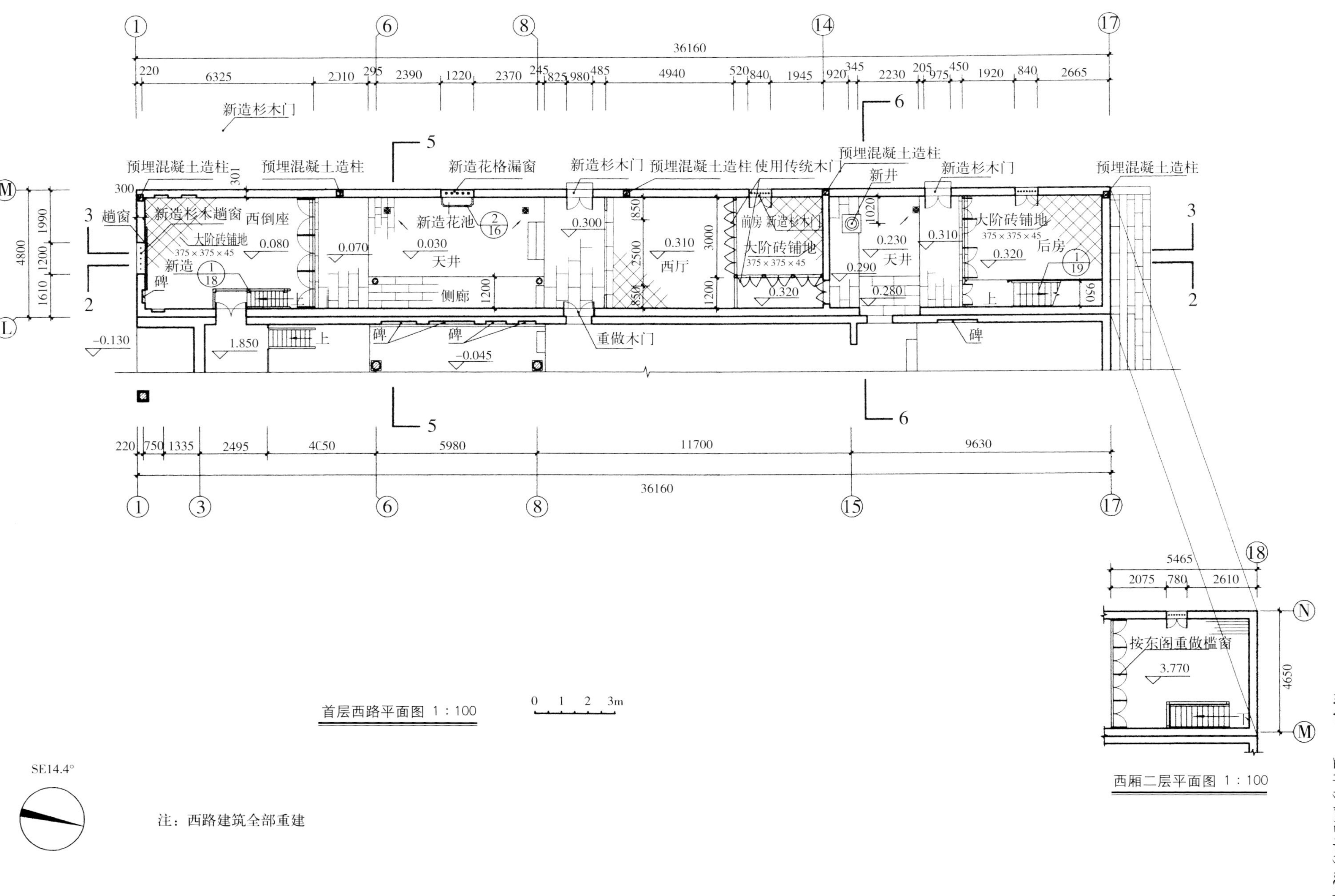
新造杉木门
预埋混凝土造柱
新造花格漏窗
新造杉木门 预埋混凝土造柱 使用传统木门
新井
趟窗
新造杉木趟窗
西倒座
大阶砖铺地
375×375×45
新造
碑
新造花池
天井
侧廊
西厅
前房 新造杉木门
后房
重做木门
首层西路平面图 1：100
按东阁重做槛窗
西厢二层平面图 1：100
SE14.4°
注：西路建筑全部重建

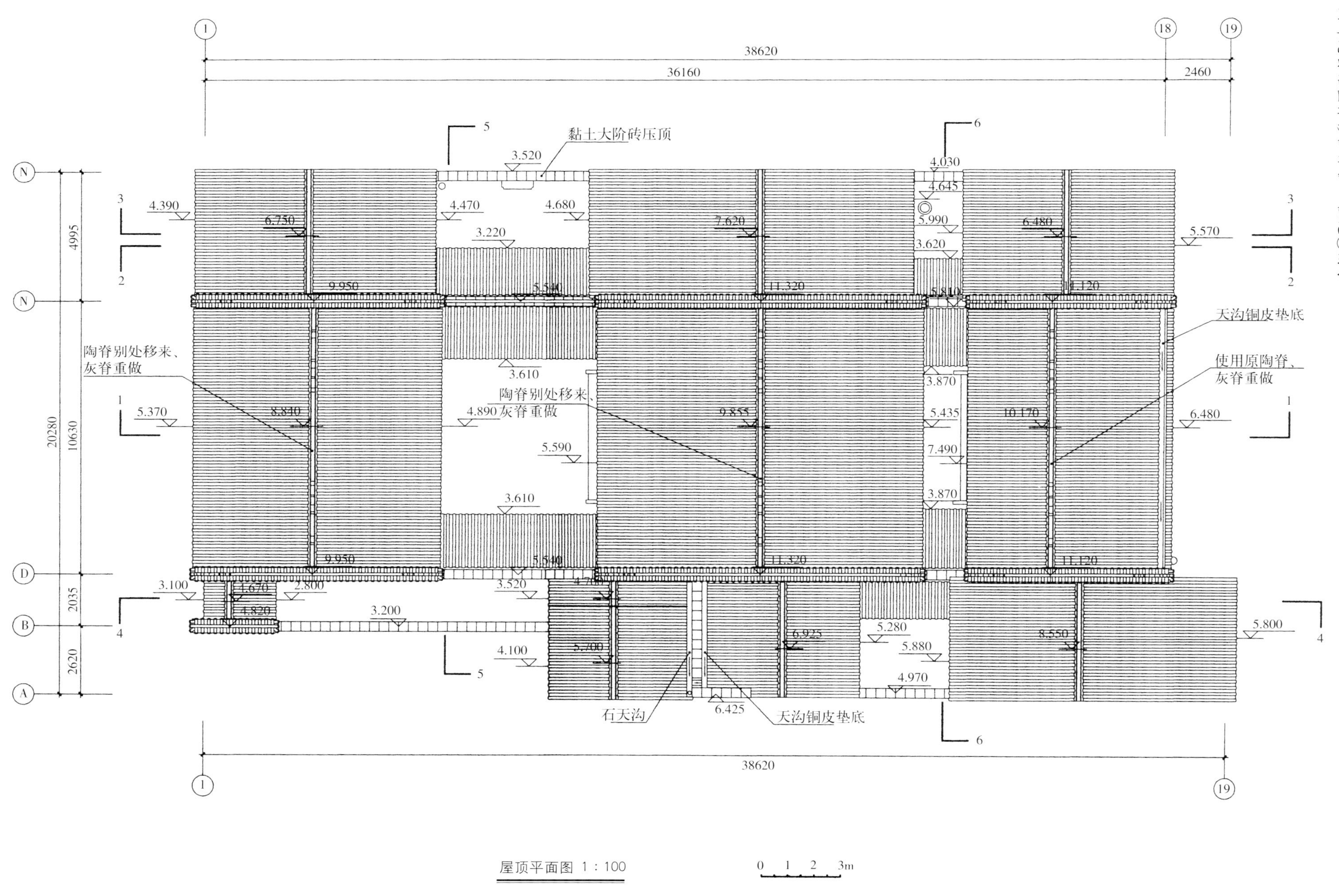
黏土大阶砖压顶
陶脊别处移来、灰脊重做
陶脊别处移来、灰脊重做
天沟铜皮垫底
使用原陶脊、灰脊重做
石天沟
天沟铜皮垫底
38620
36160
2460
4995
10630
20280
2035
2620
0 1 2 3m

屋顶平面图 1:100

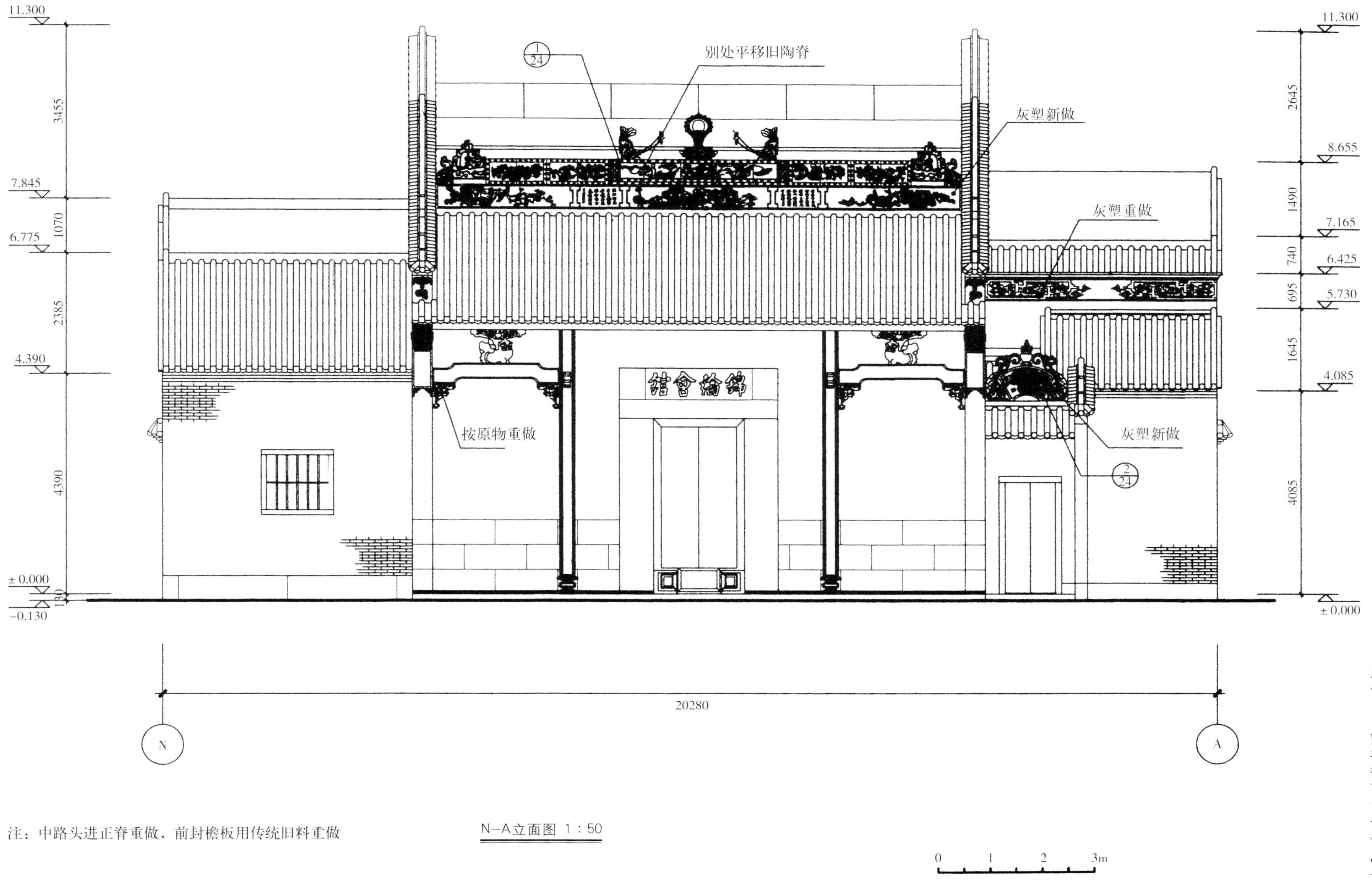

注：中路头进正脊重做，前封檐板用传统旧料重做

N–A立面图　1：50

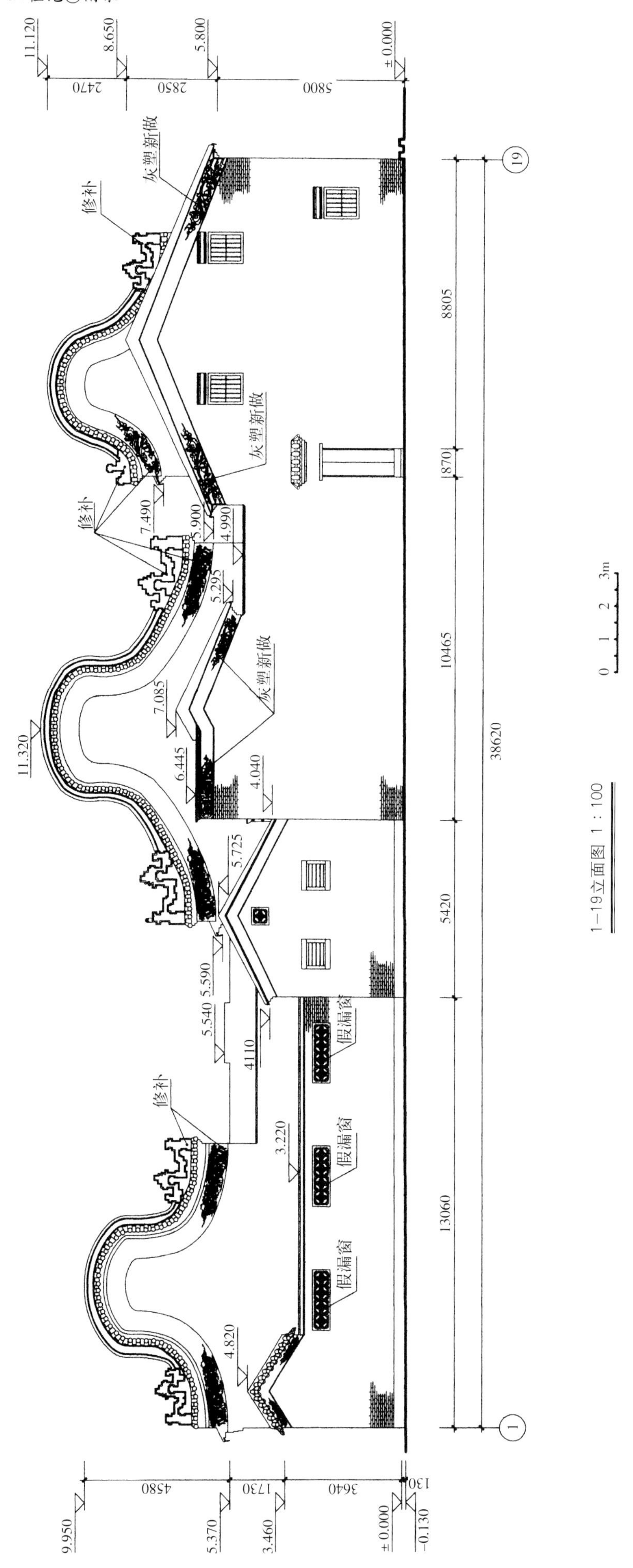
11.120
8.650
5.800
±0.000
2470
2850
5800
灰塑新做
修补
灰塑新做
修补
7.490
5.900
4.990
5.295
灰塑新做
7.085
11.320
6.445
4.040
5.725
5.590
5.540
4.110
假漏窗
修补
3.220
假漏窗
假漏窗
4.820
8805
870
10465
5420
13060
38620
19
1
4580
1730
3640
130
9.950
5.370
3.460
±0.000
-0.130
0 1 2 3m

1—19立面图 1：100

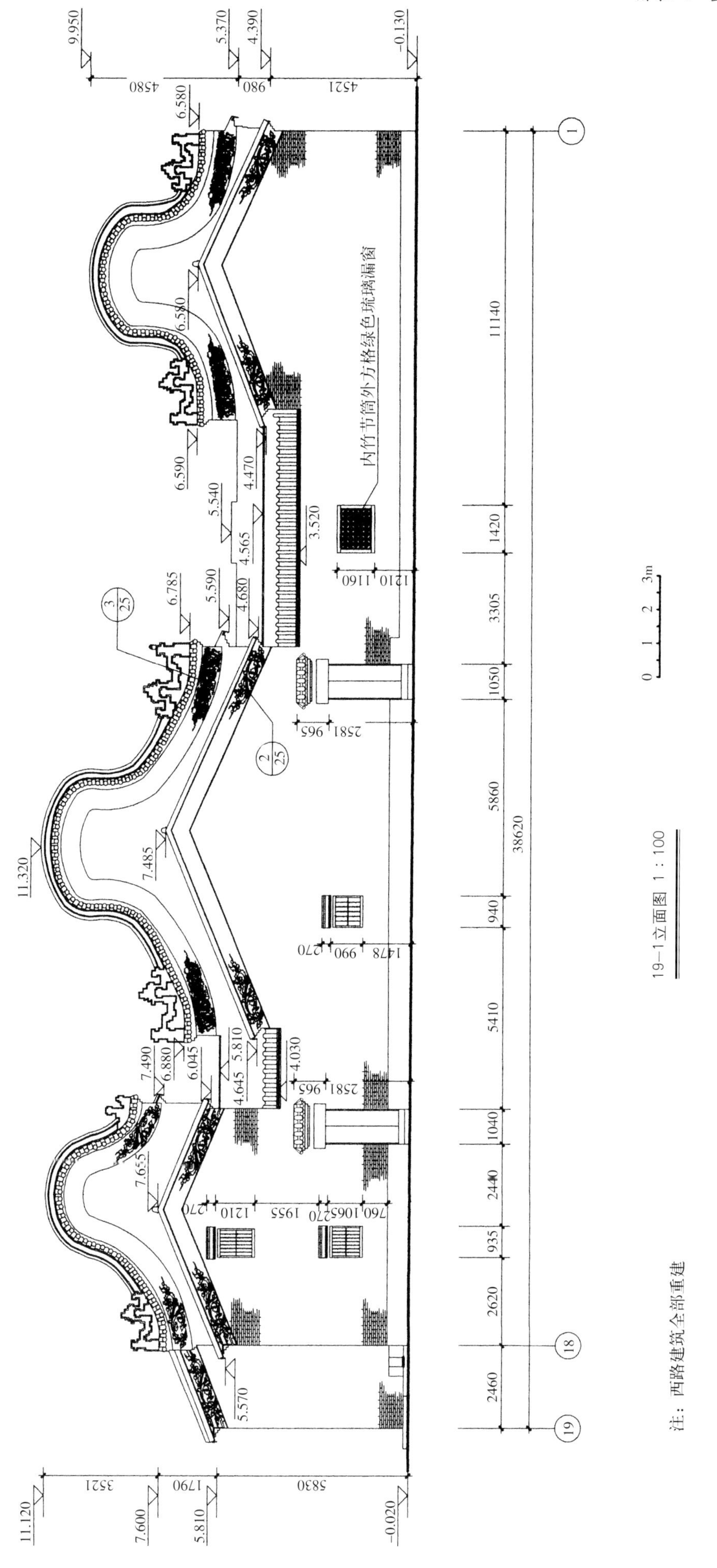
内竹节筒外方格绿色琉璃漏窗
19—1立面图　1：100
注：西路建筑全部重建

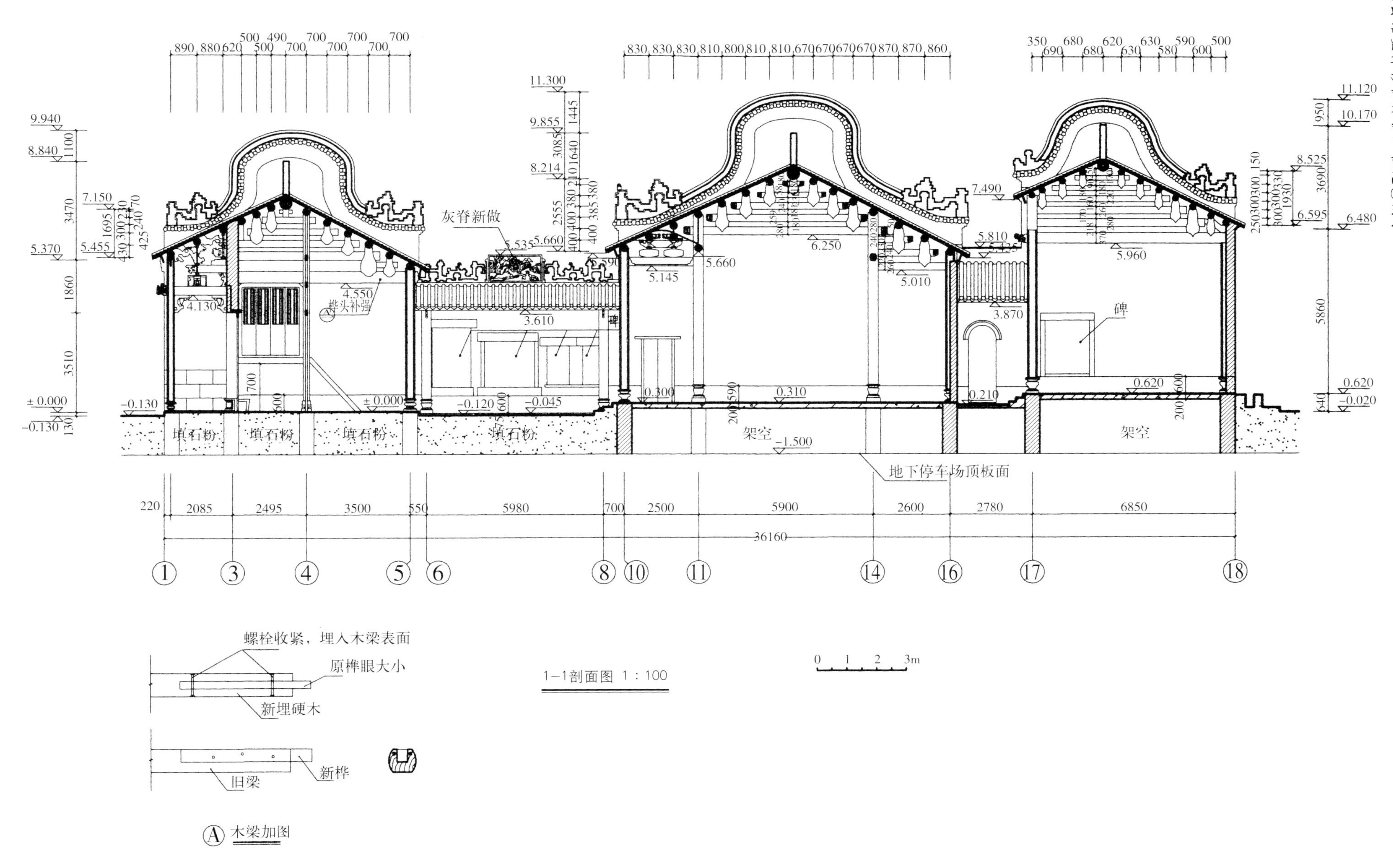
灰脊新做
墀头补强
碑
填石粉
架空
地下停车场顶板面
螺栓收紧，埋入木梁表面
原榫眼大小
新埋硬木
旧梁
新榫
A 木梁加图

1-1剖面图 1∶100

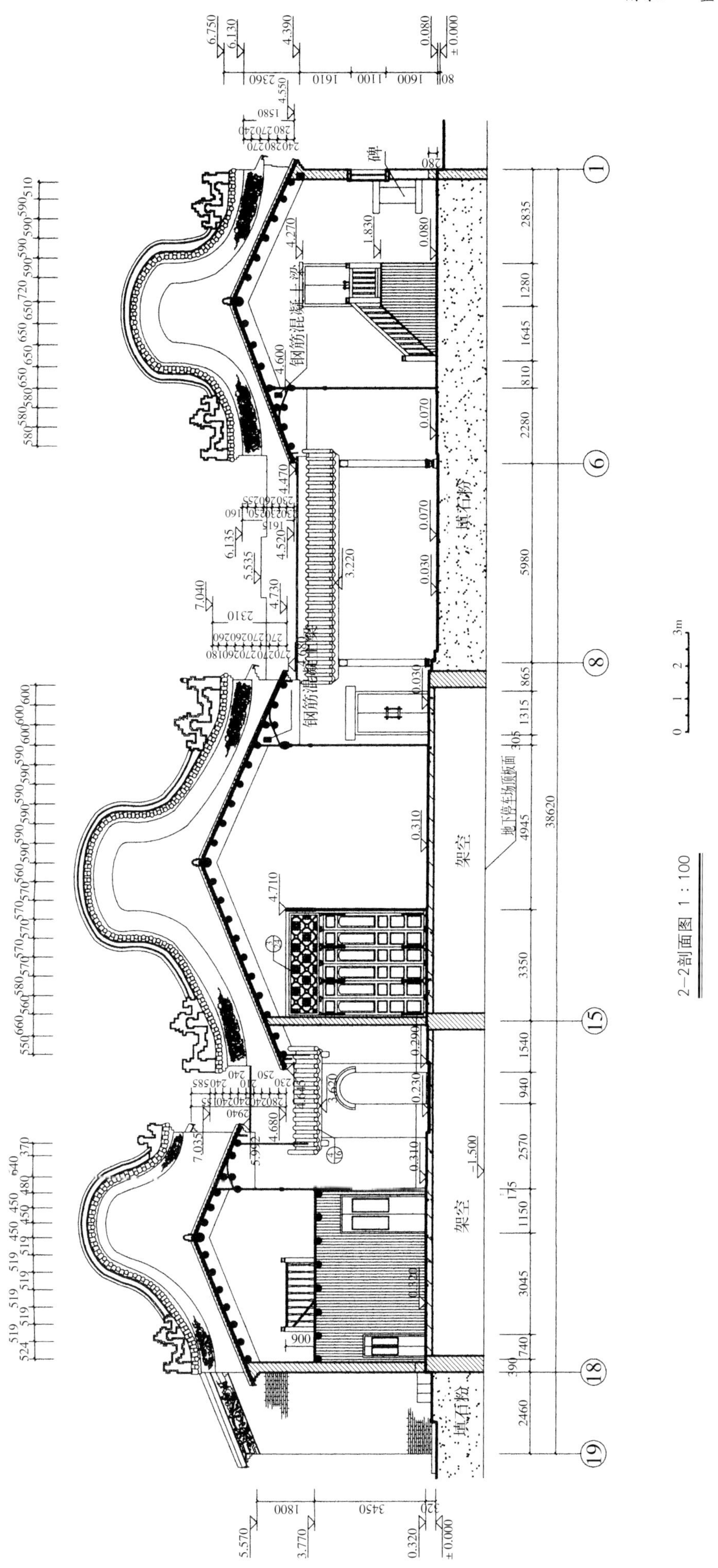

2-2剖面图 1:100

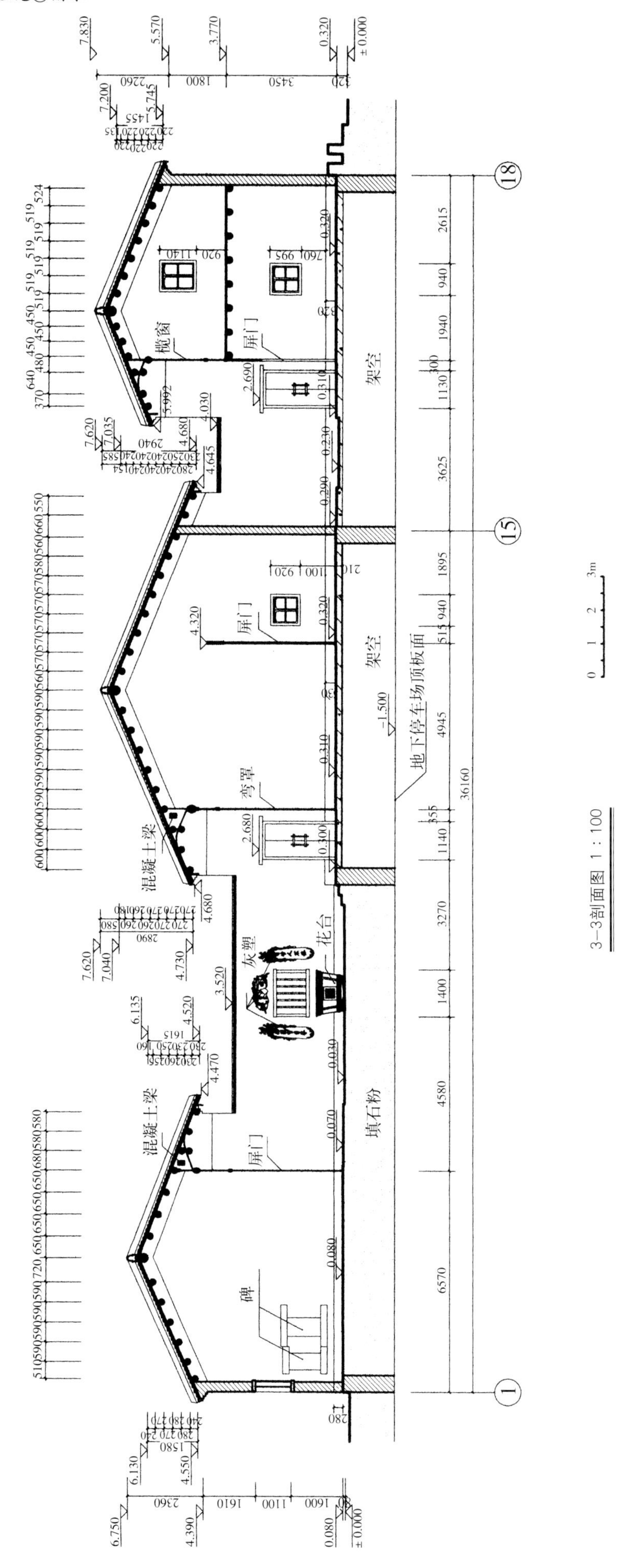

3-3剖面图 1：100

附 录 九
锦纶会馆整体移位保护工程大事记[1]

2000 年

6 月

27 日　广州大学受广州市文化局委托，在锦纶会馆中路东墙和东厅外墙开挖深基础，同时发现中路东墙外倾 3%。

8 月

2 日　广州大学抗震中心预审锦纶会馆夹墙方案。

3 日　市文化局召开会议，副局长陈玉环主持，研究论证锦纶会馆“原地保护，道路下穿”方案，参加会议的有：市文化局、市建设委员会（下简称市建委）、市规划局、市道路扩建工程办公室（下简称市道路扩建办）、省设计院、市设计院、广州大学建筑与城市规划学院、广州鲁班建筑防水补强有限公司（下简称鲁班公司）等单位的工程技术人员、专家等。会上市建委持否定意见，并申述了理由，同时提出了“异地迁建”方案。

2001 年

1 月

4 日　在锦纶会馆现场，文化局文物处副处长刘晓明、曾志光，广州大学建筑设计研究院教授汤国华、广州市鲁班建筑防水补强有限公司（下简称“鲁班公司”）总经理李国雄共同研究平移需要的时间和经费。

10 日　市建委召开协调会议，参加会议的有：市道路扩建办、荔湾区、市文化局等有关部门。会议明确市道路扩建办为锦纶会馆业主身份，要求向有关部门申报办理一切迁移手续。

会议结束后，市文化局委托广州大学建筑与城市规划学院、华南建设学院西院建筑设计研究院[2]做《锦纶会馆整体移位可行性研究报告》。

2 月

3 日　受市文化局委托，广州大学建筑与城市规划学院、华南建设学院西院建筑设计研究院完成了锦纶会馆整体平移可行性研究报告。

3 月

14 日　市建委副主任邓汉英主持召开锦纶会馆平移可行性研究报告评审会，参加评审会的有：市建设科学技术委员会、市建委城建处、科技设计处、建筑业管理处、市规划局、市国土局、市道路扩建办、市文化局、荔湾区政府、广州大学建筑与城市规划学院、华南建设学院建筑设计研究院、广州园林建筑工程公司等单位的

① 本附录由苏乾、汤国华、黎显衡、刘春华、胡晓宇整理。
② 现更名为“广州大学建筑设计研究院”。

专家、学者及有关工程技术人员。会议原则同意采用整体平移的方案，并建议会馆建筑左、中、右三路一体进行平移，平移路线取折线（即与建筑轴线正交）的平移方案。

15日　市文化局就锦纶会馆整体平移保护问题向市政府请示报告。

16日　市建委召开锦纶会馆整体平移规划安排会议。会议确定平移最终地点为整体向北平移，顶升后再向西移于华林寺东侧，平移后地下层为停车广场。

22日　市文化局就锦纶会馆整体平移保护问题向省文化厅报告。

4月

4日　副市长李卓彬批示同意锦纶会馆整体迁移保护。

13日　市道路扩建办副主任杜树灵主持召开锦纶会馆整体平移、华林寺东侧地下停车场设计方案审查会议，参加会议的有市建委、市文化局、市道路扩建办、荔湾区建设局、市设计院、鲁班公司等有关单位负责人和专家组成员，经过专家评审论证，同意由鲁班公司和市设计院制定锦纶会馆平移设计具体实施方案。

5月

3日　省文化厅批复同意锦纶会馆整体平移保护。

29日　市文化局曾石龙局长、陈玉环副局长带领有关专家到锦纶会馆现场检查平移前的准备工作，并对会馆建筑内的碑刻和封火山墙的保护提出了意见。同时，决定成立锦纶会馆保护专家组，专家组由文物专家麦英豪、黎显衡、苏乾，古建筑保护专家汤国华，建筑结构专家吴仁培、冯建平等组成，定期开会，监督指导；市文物考古研究所负具体监理之责并派专业人员常驻工地，加强联系。

6月

6日　拆除被破坏大，无保留价值的西厢房，为墙壁碑刻的加固进行试验。

18日　测量墙倾斜后，纵移方案稍有改变。

23日　测定后确定向北移80m方案。

7月

5日　纵横基础夹梁开始施工。

19日　市文化局、专家组及鲁班公司、市道路扩建办、工程监理方开现场会议。具体研究有关墙壁、柱础、碑刻等加固的具体问题。

8月

2日　市文化局、鲁班公司、专家组及有关工程人员开现场会议。陈玉环副局长传达李卓彬副市长的指示，康王路道路工程必须于10月30日完成。

4日　市文化局领导再次带领专家组到锦纶会馆现场检查平移前的工程准备情况，对锦纶会馆建筑平移的细节保护工作包括墙壁碑刻的安全保护提出了建设性的意见。

15日　完成全部反力架安装，完成柱位托换施工工程。

16日　鲁班公司进行平移演习，市文化局领导陈玉环与专家组成员到现场观察，进展顺利。事后针对现场实际操作情况提出了一些改进意见。

18日　上午九时开始正式平移，全天共纵向移动了90cm。初试平移成功。

19日　上午，锦纶会馆整体平移正式开始。

9 月

3 日　在荔湾广场由吴仁培教授、冯建平教授、鲁班公司、监理单位、汤国华教授共同研究顶升方案。

10 日　整体平移纵向 80m 全部完成。开始转移千斤顶加压方向，准备顶升。

14 日　开始顶升。

16 日　完成全部顶升 1.085m。

25 日　开始 90° 向西平移 22m，逆时针转一度安置预定华林寺东侧。

26 日　鲁班公司召开新闻发布会，宣布次日完成全部平移。

27 日　凌晨 5 时全部平移结束。

11 月

21 日　李卓彬副市长批示，同意锦纶会馆移交市文化局使用管理。

12 月

6 日　市建委召开会议，确定锦纶会馆的复原修缮工程由市文化局负责。

2002 年

3 月

15 日　市文化局召开锦纶会馆维修方案专家论证会，提出用动态维修方案。

4 月

15 日　锦纶会馆移交仪式在锦纶会馆举行。市道路扩建办向市文化局移交了锦纶会馆建筑及其所属用地的产权和使用权。市道路扩建办、市文化局、鲁班公司和广东民间工艺博物馆（下简称工艺馆）有关负责人参加了移交仪式。

9 月

2 日　市文化局副局长陈玉环主持召开锦纶会馆落地后维修有关方案专家论证会议，参加会议的有：市文化局、专家组和市设计院、市道路扩建办、鲁班公司等单位专家及工程人员。

10 月

25 日　工艺馆与鲁班公司签订锦纶会馆的维修工程合同。

2003 年

4 月

12 日　锦纶会馆的维修工程正式动工。

5 月

12 日　市文化局文物处副处长曾志光和广州大学汤国华教授以及工程技术人员开会讨论锦纶会馆落地对地下停车场的影响。

6月

6日　市文化局党委书记周素勤、副局长张嘉极、文物处副处长曾志光与工艺馆领导班子就锦纶会馆复原维修工程的有关工作问题，进行了充分的研究商讨。

同日　维修工程设计、建设和施工三方负责人汤国华、李继光、谢光、李建铭等人，在锦纶会馆召开第一次现场施工会议，就维修工程的施工组织、协调运作以及一些基本问题达成共识。

13日　维修工程双方的负责人黄森章、李继光、李国雄等人在锦纶会馆现场召开专家咨询会议，就锦纶会馆地下车库顶板防水、后进檐柱顶升和主建筑地面加空问题进行咨询和研究。专家组、市设计院工程师柳建祖、市文化局文物处副处长曾志光等参加。

19日　上述人员又再讨论锦纶会馆的回填和加固方案。

28日　五华县第一建筑工程公司广州分公司工程队（下简称五华建筑公司）分包锦纶会馆地面以上建筑维修工程并开始进场施工。

7月

4日　市文化局局长陶诚视察锦纶会馆维修工程。

9日　工艺馆召开维修咨询会议，讨论第三进下沉柱顶升问题。鲁班公司、五华建筑公司及专家组参加了会议。

22日　经市建委审批，同意由鲁班公司承揽锦纶会馆的维修工程。同日，工程技术人员召开例会，讨论防台风的影响。

29日　市道路扩建办工程处处长黄绍基在该处会议室主持召开了锦纶会馆东路地下室顶板及反梁侧底永久防水工程问题协调会。市设计院、市二建、鲁班公司及工艺馆有关人员参加了会议。

30日　锦纶会馆复原维修工程设计、施工和建设单位负责人召开施工现场会议，就各路施工进度具体计划等问题进行磋商，决定了施工原则和具体的施工方案。

8月

6日　工艺馆谭有余和鲁班公司李国雄及工程技术人员召开例会，讨论锦纶会馆的墙体加固问题。

13日　锦纶会馆东厢房墙体和第三进东山墙体出现倾斜，情况危险。

15日　维修工程双方的负责人李继光、李国雄召开现场专家咨询会议，就锦纶会馆第三进东山墙和东厢墙体的维修问题进行了讨论和研究。专家组等参加了会议。

20日　市文化局副局长张嘉极主持召开专家咨询会议。就锦纶会馆第三进东山墙和东厢墙体的维修保护问题进行了充分的讨论和研究。专家组成员冯建平认为“基础没有问题”，专家吴仁培说：“有些反对派就是等你拆墙。”张副局长则说：“纠偏不成方拆。”专家组、市文化局文物处副处长曾志光和维修工程双方的负责人李继光、李国雄等人参加了会议。

24日　李继光强调锦纶会馆基础有空洞，坚持要灌浆。

29日　市文化局副局长张嘉极主持召开锦纶会馆维修复原工程专家咨询会议。再次就锦纶会馆第三进东山墙和东厢墙体的维修保护问题进行研究，初步确定了纠偏维修方案。专家麦英豪提出竣工后要出版一本整体平移维修专志。专家组、市文化局副局长陈玉环、市文化局文物处刘春华和维修工程双方的负责人黄森章、李继光、李国雄等人参加了会议。

9月

6日　市文化局陈玉环副局长和文物处曾志光副处长、刘春华，以及黎显衡、汤国华、冯建平、李继光、李国雄在增城日月山庄召开会议，讨论锦纶会馆的纠偏施工问题。汤国华提出先以东厢东墙南段试验为宜，李继光提出模拟试验方案。

9日 纠偏墙体试验准备，李继光、汤国华主持试验。

11日 东厢东墙南段纠偏试验成功。吴仁培教授和冯建平教授认为该方案是可行的，否定了加混凝土墙的A方案。吴仁培教授提出如下意见：1. 实验中的两面墙是平行的，但实际的两面墙不平行，即使填平后受力也不均匀，剪力分布不清楚。2. 转动点要明确。3. 要用混凝土梁作托梁。之后，甲方工艺馆再次召开论证会，一致认为纠偏维修方案可行。参加论证会的有专家组、市文化局文物处曾志光、工艺馆李继光等。

24日 锦纶会馆维修平面（外面及环境）设计方案专家咨询会议在工艺馆召开。市设计院工程师柳建祖等、专家组、市文化局文物处副处长曾志光和建设单位负责人李继光等参加了会议。

10月

22日 锦纶会馆中路一进西南角、中路前东廊、中路三进后墙基础继续灌浆，前广场回填石碴。

30日 市文化局文物处副处长曾志光和工艺馆馆长黄淼章、副馆长李继光等人，在陈氏书院召开专家咨询会议。就锦纶会馆原西厢后座东侧遗留的一堵单砖墙体、中路西廊三块碑石红砂岩边框上端残缺部分、首进和次进的陶脊与檐口木雕花板的复原维修问题进行了研究。专家组参加了会议。

11月

12日 按照纠偏方案对东厢东墙进行纠偏。

13日 按照纠偏方案对后进东墙和东厢后座西墙（孖墙）进行第一次纠偏。

18日 按照调整后的纠偏方案对后进东墙和东厢后座西墙（孖墙）进行第二次纠偏。

12月

10日 市委宣传部副部长罗京军到工地现场视察并了解维修工程的进展情况。

16日 按照原样取原有遗存的陶塑脊饰砌筑安装后进正殿正脊。

2004年

1月

13日 从锦纶会馆南面隔一街的原“关帝庙”遗址地基位置发现并陆续挖出原有基石，运至工地用于复原西厢和东青云巷的墙基。

2月

20日 取南海神庙和陈家祠库存旧陶制脊饰拼合砌筑安装于首进正脊上。

3月

1日 工艺馆与中山市小榄镇菊城陶屋签订定购合同，委托乙方烧造修复锦纶会馆的部分陶塑瓦脊饰件，包括鳌鱼连波浪底座；仿造原有博古脊饰一座。

12日 广州市花都区花山建筑工程公司施工队进场开始对全部灰塑装饰进行全面修缮。

30日 工艺馆副馆长李继光主持，召开维修工程专家现场咨询会议。就锦纶会馆头门栏栅的复原、照壁座复原、东厢与西厢增设边廊和界石安装位置等复原维修问题进行了研究。专家组及工程双方有关人员参加了会议，决定暂时不复原门口木栅栏。

7月

2日 市道路扩建办工程处处长黄绍基在该处会议室主持召开了锦纶会馆东路地下室顶板及反梁侧底永久

防水工程问题协调会。市设计院、市二建、鲁班公司及工艺馆有关工程人员参加了会议。

8 月

20 日　工地现场会决定恢复“锦纶堂”木匾，东侧外地面保留一跨平移上下轨道梁，露出滚轴，让市民参观。

30 日　市委常委、宣传部部长陈建华到工地视察锦纶会馆复原维修工程。

12 月

31 日　工艺馆向荔湾区文化局初步移交锦纶会馆整体建筑和管理使用权。

2005 年

2 月

28 日　锦纶会馆移交暨开放仪式在锦纶会馆举行。市委书记、市人大常委会主任林树森，市委常委、宣传部部长陈建华，副市长李卓彬，荔湾区区委书记向东生，区长刘平，市文化局局长陶诚，副局长陈玉环、张嘉极等领导出席了移交仪式。市文化局向荔湾区政府整体移交了经复原维修的锦纶会馆建筑以及使用权。

附 录 十
锦纶会馆维修工程验收报告

广　　东　　省
文 物 维 修 工 程 验 收 表

申请单位（盖章）广东民间工艺博物馆

负 责 人（签名）

2006 年 8 月 14 日

广 东 省 文 化 厅 制

维修单位名称	锦纶会馆	时 代	清代	保护级别	市级
地 址	广州市荔湾区康王路	使用单位	荔湾区政府		
方案审批部门	广州市文化局	批准文号			
工程管理单位	广东民间工艺博物馆	负 责 人	李健光		
设计单位	广州市鲁班公司 广州大学建筑设计研究院	资质		设计主持人	李小波 汤国华
施工单位	广州市鲁班公司	资质		施工负责人	李国雄
监理单位		资质		监理负责人	
开工时间	2003年4月28日	竣工时间	2004年8月8日		
批准维修项目	1、整体落地。 2、结构加固。 3、建筑原貌维修。 4、外地面工程。				

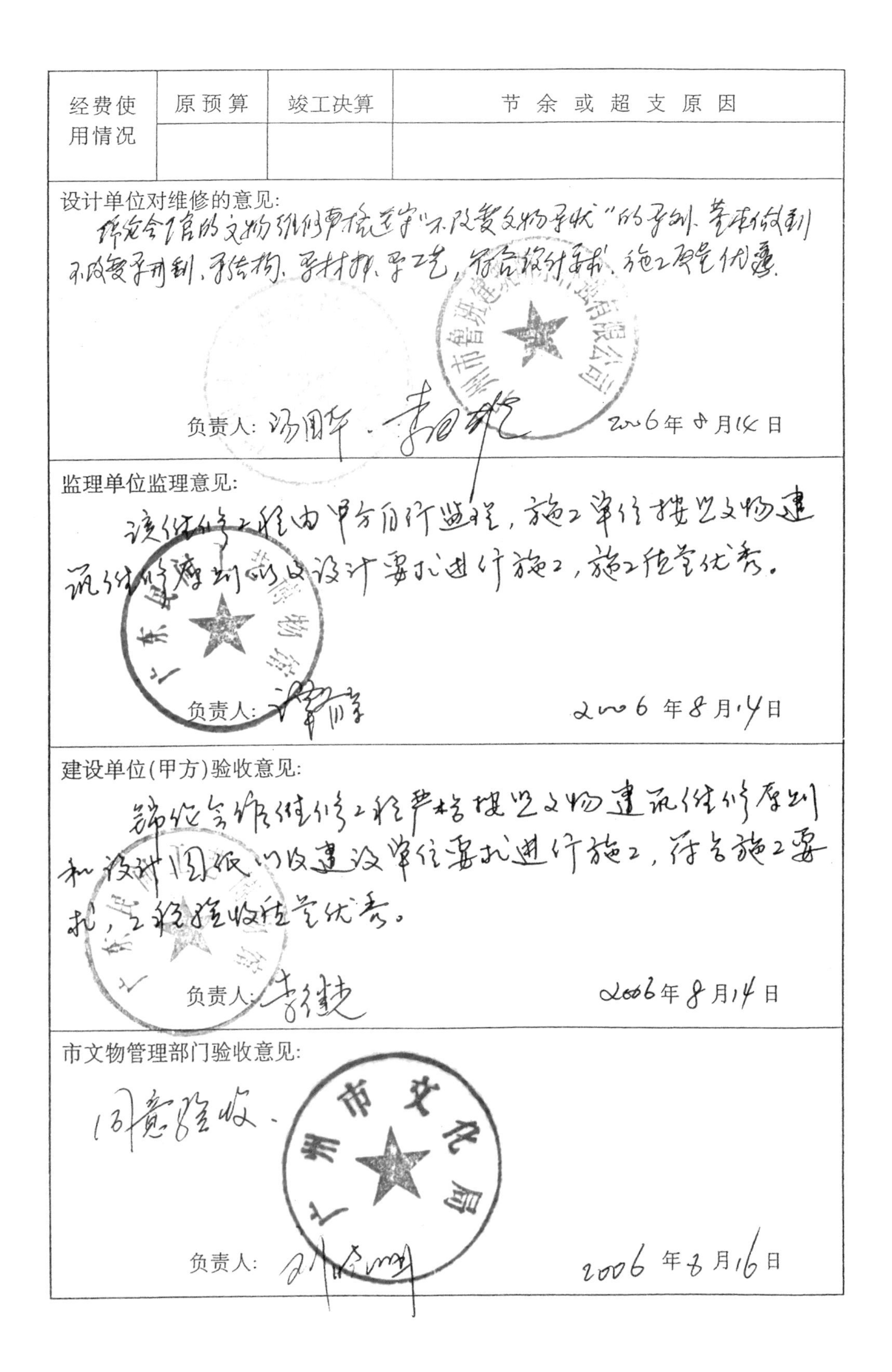

经费使用情况	原预算	竣工决算	节余或超支原因

设计单位对维修的意见：

锦纶会馆的文物维修遵循"不改变文物原状"的原则，基本做到不改变原形制、原结构、原材料、原工艺，符合设计要求，施工质量优良。

负责人：汤国华　　　　2006年8月14日

监理单位监理意见：

该维修工程由甲方自行监理，施工单位按照文物建筑维修原则以及设计要求进行施工，施工质量优秀。

负责人：　　　　2006年8月14日

建设单位(甲方)验收意见：

锦纶会馆维修工程严格按照文物建筑维修原则和设计图纸以及建设单位要求进行施工，符合施工要求，工程验收质量优秀。

负责人：　　　　2006年8月14日

市文物管理部门验收意见：

同意验收。

负责人：　　　　2006年8月16日

专家验收意见：

锦纶会馆维修工程的处理措施得当，方法正确，维修中的技术有所创新，符合不改变文物原状的原则，竣工验收资料完善，符合规范要求。通过验收，评估结果为"优秀"。

专家签名：[illegible] 苏乾[illegible] 冯建平 [illegible] 汤国华 吴仁培 冯永驱 黎显衡 吴[illegible] 2006年8月14日

参加验收人员	姓 名	单 位	职务、职称	签 名
	陈玉环	广州市文化局局长(副)	副局长	陈玉环
	肖东	广东民间工艺博物馆	副书记	肖东
	曾志光	广州市文化局博物馆处	副处长	曾志光
	冯建平	华南理工大学	教授	冯建平
	黎显衡	广东革命历史博物馆	研究员	黎显衡
	李小波	广州市鲁班公司	经理	李小波
	邓吉新	广东省[illegible]第一建筑工程公司	工程师	邓吉新
	冯永驱	广州市考古所	所长	冯永驱
	沈粤	广大设计院	副院长	沈粤

省文物主管部门验收意见：

姓 名	单 位	职务、职称	签 名
[illegible]	广州市文化局博物馆处	处长	[illegible]
刘春华	广州市文化局文物处	主任科员	刘春华
李国雄	广州市鲁班公司	总经理	李国雄

年 月 日

附录十一

碑刻释文①

郡城之西隅业蚕织者宁仅数百家从前助金脩建　关帝庙于西来胜地以为春秋报赛及萃聚众心之所迨后生聚日众技业振兴爰于癸卯之岁集众金佥题助金构堂于　关帝庙之左以事奉
仙槎神汉博望张侯焉盖蚕织之事虽肇端于黄帝之世然机杼之巧花样之新实因　侯于元狩年间乘槎至天河得支机石遂擅天孙之巧于是创制立法传之后人至今咸蒙其利赖兹构堂崇奉实
食德报本不忘所自之舆情也征予言以记其事予不禁为之喜曰即此可观世道之隆焉粤自文明既启天地有必泄之精华章服既兴组织有日工之制作然旷览前朝季世大东有咏每嗟抒轴之
空短褐不完易起无衣之叹欲求其锦绣遍于寰区蚕织易于倍售者又安能乎兹幸值
圣天子在位德教诞敷恩覃薄海彼都人士擅衣冠文物之奇远国商帆亟困载贸迁之盛则合坊之经营于斯艺聚集于斯土者不其安适丰裕哉独是事之有始者尤贵于善后各宜德心相照信义交孚
勿作诈伪以欺人勿因日久而懈怠庶几　仙槎之神居歆昭格永锡纯禧于无斁矣爰寿诸贞珉以志不朽所有芳名及庙例并刻于左

恩弟子　周鸿禧　陈广辉　喜认铁香炉一座敬奉

赐进士出身奉
旨命往广西观政派委协充志馆纂修候补知县何梦瑶撰文

雍正九年十一月　吉日立

---

① 此处收录锦纶会馆内保存的全部19方碑文，以时间顺序按碑刻原样排列。原碑文中难以识读的字一律以"□"表示，碑文破损、残缺或本身空缺的位置作留空处理。碑文的录入和校对工作主要由广东民间工艺博物馆黄海妍和广州市文物考古研究所胡晓宇负责完成，在这个过程中得到广东民间工艺博物馆何慕华、江宝仪、伍伟帆的帮助，谨致谢忱！

卢良号助金壹两伍钱 陈帝育银玖钱 刘元弼 梁宇斌 陈孔文 苏德相 陈佳昌 叶殿和 何殿兴 廖贤长 张观其 张辉士 郭之弼 吴启微 潘弈科 黎上纶 梁泽严 陆瑞璋 区兴泰 谭谈同 罗冯仝 何圣亮 刘云新 麦子琳 卢伯让 黎羡纶 杨元礼 霍迎和 方惠友 梁汉周 潘道璋 何允友 德成号 游奇珍 陈士济 阮茂□

陈弘口助金壹两伍钱 严宗绍银玖钱 赵季珍 卢贤让 陆始平 施宗恒 罗伯兆 陆国宝 何灿上 罗天儒 何孙光 张迥敷 麦梁进 梁蕃周 余□泽 潘元开 霍华圣 刘杜同 梁祖觉 黎尚隆 王天富 黄如彩 黄麟生 林罗仝 陈殿元 潘元蔼 杨元孝 麦翘望 谭敬三 霍□□ 潘弈先 潘廷召 郑庆寿 霍汝朝 孔元富 □□□

董梅卿助金壹两肆钱 陈瑞谋银玖钱 李昌隆 易合号 梁翔兴 黄合利 霍宣献 梁伍林 黄洵雄 梁礼鸿 方文友 潘洪客 张业进 梁公谦 刘承慈 罗斐章 张振千 陆意友 区华汉 黎尚鸣 王以福 黄蟾英 潘挺兰 陈浪千 梁陈仝 梁乔轮 冯显兆 何鹏斯 陈万鹏 邓文蛟 杨孔信 易佳林 李辛号 冯国祥 麦文就 庞君亮

罗承芳助金壹两肆钱 梁承拱银捌钱伍分 何茂德 蔡及之 麦佳朝 潘世麟 梁文柱 谈赞昌 黄蟾宾 翁和万 陈伟生 张文贵 黄作生 黄允迪 苏建君 陈元兆 叶德昌 区发周 黄以诚 阮国怡 关廷辉 陈德谋 关超腾 罗觉号 陈时亨 霍长献 麦贤阶 杨作绶 黄宗宪 麦宗源 梁子燕 罗弘叟 罗五凤 何太章 潘之芳 陈□英

霍平鲲助金壹两肆钱 苏应长银捌钱伍分 鲁锡郎 谈仲□ 凌万胜 陈胤本 冼兴为 梁应麟 谢刘惠 莫茂千 王宗儒 潘朝爵 麦祖兴 劳启爵 冯兴傅 周佐斯 谢维谦 黎进裔 区兴傅 冯敬夫 陈胜祖 李帝铨 何云明 罗乃思 麦帝隆 何燕及 冯积良 陈德雄 郭京儒 左士逊 刘瑞璧 杨开富 崔祥君 侯伯尚 何达蕃 谭□三

陆广盛助金壹两叁钱 黄赞元银捌钱伍分 吴意昌 吕明球 何桂添 黎德伍 钟敏聪 徐式麟 戴仕天 潘启圣 梁裔舒 罗文灿 麦家璠 邓炳郎 范祐卿 易瞻荣 胡裕合 吴世泰 区兴子 黎贤泰 关陆胜 何弘国 赵仕潮 孔□万 冯德裔 梁叔通 易文卫 陈帝成 李世乂 黎满伦 潘豪客 钟敏信 罗傅光 谭联生 张智采 梁华周

易当焕助金壹两叁钱 冯国元银捌钱 马礼斯 胡蔼始 何□标 苏德昭 黎圣茂 麦景如 招卓兴 林匡祥 严宗启 林彦公 关启发 伍沧亟 梁承清 罗芝宰 苏德厚 何茂嘉 冯允林 罗佩刘 李孙彰 刘朗泰 陈瑜长 罗爵元 邓健元 陆茂长 李云渐 梁君杰 何文居 罗万广 梁贤仰 刘法昌 黎彦兴 罗辑光 潘小昌 黄爵兴

区兴干助金壹两叁钱 梁兴国银捌钱 吴珮广 张敏宪 翁衍万 易卓德 钟敏恭 罗仕宗 赵万广 孔宗万 何伯伟 张裔侯 杨廷瑞 郭遇发 冯始源 易兆时 黎名科 何秀生 关德合 李益长 陈国惠 冯万楚 蔡昂芝 龚朝华 何斯来 黄贤枝 潘斐明 黎弈相 罗肇夫 杨杰辉 麦秀佳 张任贤 黄奏功 李辉龙 黎元光 李□长

梁智尚助金壹两贰钱肆分 梁源胜银捌钱 郭芝林 区英才 伍道□ 区以吕 陆泽雷 劳广汉 梁荣恩 黎爱吕 麦耀文 陈鹏聚 陈应龙 陈爵声 吴迪元 霍珍献 麦全刚 黎德伦 陆世高 梁显芳 关上斐 潘元赞 吴友直 杨杰千 邓贵 李殿祯 易文约 麦信五 何世积 陈廷钎 刘起鹏 梁丕创 麦子承 麦绍宗 李成初 蔡道荣

周家济助金壹两贰钱 劳文泰银捌钱 冯子登 罗弈光 杨瑞上 朱子恩 潘潮举 谈天御（一钱九分） 明上连 黄英友 罗承焕 孙延智 区敬羡 阮达和 张赞台 陈芝吉 廖援衡 黎吉伦 林建善 何文裕 陈正和 何叔翰 麦玉奇 罗觉辉 陈尚志 冯既 麦宗伦 卢祥彦 谢志兴 梁则彰 潘元潮 梁尧熙 廖胜国 徐万昭 周耀伯 何□□

吴伯让助金壹两贰钱 张赞岳银捌钱 徐名甫 张任贤 冯国楠 苏水合 伍经广 潘琼芝（一钱 分） 梁彦齐 黄文阆 潘渭隆 关广裕 梁发忠 周财仁 黄裔璋 何帝仝 麦贤宗 芳德爵 陈挺裔 余兴仁 邓赞占 潘辅宁 何世在 林建珩 罗童成 李圣昭 翁恒吉 冯思潮 冯万甫 梁则禄 易慈敬 简子礼 陈秀源 周信叔 麦焕成 □□□

黎昌号助金壹两贰钱 叶圣可银捌钱 刘孟儒 徐韬客 胡弈始 黎廷 冯居伟 麦参颖（一钱 分） 陈胤公 蒙泰弘 关君惠 冯彩璠（已上供一钱一分） 梁文霖 麦张贵 陈福兴 梁熙鸿 黄德相 黎茂广 梁善高 屈作裔 郭孔志 黄章士 李文彩 邓罗进 谢启墀 廖全长 李广衔 李廷望 潘殿章 梁昌胜 黎宣承 吴振声 麦广臣 潘相卿 方辅侣 陈□会

陈胤国助金壹两壹钱伍分 伦汉田银柒钱柒分 刘声广 关广浩 简九连 张圣谟 廖广进 区贤泰（一钱 分） 潘启庄 郑三合 梁杰宾 苏文焕 梁天宠 李桂余 黄殿标 梁熙华 梁兴伯 徐世显 潘敬周 陆长隆 陈熙和 程毅斯 罗亮臣 罗翠章 关同儀 荆良琼 梁昭让 伦胤元 廖定赞 廖平广 关陵章 李世奇 苏德照 潘博万 邝源 冯彩□

苏豪章助金壹两壹钱 潘任联银柒钱伍分 罗全佳 曾仁佐 易兼若 陈恪修 杜秀绪 林建良（一钱 分） 麦玉良 陈国华 李尚彦 周遇章 梁承强 王际飞 区尚文 梁荣玉 梁琳客 陈君玉 陈理昌 冼璇甫 叶伯培 杜杰郎 赵泰生 罗伯禄 陈云友 麦信成 陆象处 区彦奇 余恒九 林爵业 关餘章 罗有杰 麦贤臣 陈士 潘宾相 黎朝聘

梁源汇助金壹两壹钱 廖华六银柒钱 伍敬千 陈以礼 劳兴连 范芝亨 潘元显 关仕储（一钱 分） 何慈敦 何同才 林仲贵 区贤登 梁光性 邝慎荣 蔡伯昇 周源斯 张作君 潘子博 刘亮揆 任高恩 王茂昌 潘挺文 何式男 周永日 霍士章 刘福先 潘仁兴 何蔼兴 陈显能 梁陆同 区泰本 谭义璋 叶廷瑜 张达进 麦国亮 邓组纬

陈泰兴助金壹两壹钱 梁联玉银柒钱 □际钊 陆广登 陈兴能 张业广 麦公尧 徐欣甫 陈喜信 孔喜方 陈活建（已上供五分） 陆昌梧 陈居演 陈邓仝 梁师尚 黎万隆 梁兴宰 杜叔郎 罗文挺 翁宗富 李彦赞 何洵良 黄允盛 劳德弘 冯弘勺 罗亘贤 孔上光 蒙允泰 张敦显 孔衍 陈迪文 冯彩兴 钟德兴 梁泽炳 何斐章 李□万

辛泰长助金壹两零捌分 尤瑞长银柒钱 杨乔章 麦尔吕 张赞号（已上供五钱） 梁宗允 陈侯爵 陈士昌 潘泰祥 李允德 徐敬豪 何兴惠 谈际鹏 刘廷佐 黄光盛 黄德瞻 何朝长 谢文宽 甘子茂 翁宇金 梁广生 何叔尧 邓敬元 吴君显 邓德元 梁国文 陆明辅 陈东道 林建来 龚朝作 陈世宗 黎先宁 陈长兴 何观英 麦观帝 阮茂瑶

陈汝蔼助金壹两零陆分 卢孙杨银柒钱 黎际会 罗德奇 蔡□（四钱二分） 潘锡祥 邓元麟 叶梓鸿 陈炳彦 陈泽辉 林世材 杜超郎 麦广盛 罗承源 邓侯赞 易林 梁奇祯 陈志祥 陆广恩 麦卓阶 黄叔品 潘元甫 孙广庚 杨德运 易国良 刘日高 罗觉华 罗敬始 梁鸿超 廖伟兴 黎燕芝 杜秀昌 赵学胜 白孔嘉 冯作兴 陈奕典

何益家助金壹两零叁分 陈恂元银柒钱 易瞻河 高其昌 苏德秀（四钱九分） 麦帝秋 邱广 杨公孙 黎仰伦 霍贤谷 吴观遇（已上供一钱四分） 何台兴 李秉良 冯文瑜 苏潘同 潘侯芳 苏成修 张国邦 吕仕显 董乾兴 冼士宗 麦玉明 黎昌儒 杨杰振 谢启荣 邓友大 陈活年 屈惟聪 叶廷瑜 冯裕相 谈侣参 黎孙鹏 霍□□ 陈士景 陆章其 张景日

梁国甫助金壹两零贰分 卢孙衍银柒钱 罗文章 麦辉纪 黎通升 冯子高 萧君汉 方德兴 庞全三 梁承忍 冯遇相 梁寅裕 邓应善 冼佰大 张文来 谭朝祥 罗预公 陈朝斯 吴士成 徐公让 关裕南 叶时保 方文苍 李郁辉 曾圣宗 崔凤登 冼显国 黎梓华 黎宗裕 黄喜鹏 何桂祯 王朝彦 叶芳敬 陆彦圣 谭高士 莫华璋

罗振先银七钱 苏叶修 严建聚 易卓懿 黄君贤 杨如桐 潘乔卿（已上供三钱） 邓乾昌 陈作元俱（一钱三分） 崔平 冯仝之 吴弘昭 潘之麟 易廷上 谢铨 麦元起 邓永昌 陈迥满 唐伯超 梁云尚 陈应寿 杨贤上 曾超彩 严积儒 罗长辉 麦启汉 陈辅文 邓德友 刘起腾 潘公作 罗应玉 潘敦客 简荣宴 张君侯

白□英 罗翠章 李尚明 陈吉士 潘弈卿 黎广斯 陆才先 何弘嘉 叶朝辉 黄文林 潘昌远 陈朝舒 余华兴 康裔仟 梁展斯 陈弘祥 陆耀开 潘挺伸 徐受芳 杜茂 冯广康 陈朝爵 麦文卓 陈德宠 梁璧 区明湛 冼合仁 劳文□ 潘熙凤 麦洪□ □冯仝 何孙佩

沐

恩弟子 周鸿禧 陈广辉 喜认铁香炉一座敬奉

陈奇源 伍道准 关昌琛 黄法朝 劳惠朝 鲁朝伯 陈祚达 李陆广 陆文彩 何然斯 何陈始 陈兴创 陈贤升 谈廉 黄恒士 庞祥伯 罗代祖 钟应君 林高潢 黎阳仝 廖世彩 吴德宽 劳应龙 颜文勤 谈联芳 冯显尚 陆林仝 潘汝梅

苏润仁 张祖列 吴伟朝 尤耀明 罗君润 梁子厚 谢天德 辛圣则 李昌伟 陈悦华 何荣斯 潘红□ 麦道巢 潘汝良 邓朝宝 刘秉常 黎耀宸 谢伯和 冯骞源 区瑞云 梁德前 胡德辉 黄裕公 卢辉 卢国明 霍士登 廖泽广

区兴启 伍启我 崔仪在 陈而进 麦璜中 黄卓兴 余华英 冯遇相 杨倩璋 王上明 邓圣裔 杨达士 李孙贤 陈如清 冯维英 苏元发 何东兆 刘源 刘祯俊 李昌显 麦杜胜 梁广正 黄奕兴 黄国宾 梁有元 李洪泰 陈朝志

冯裕君 郑惟俸 郭振顺 麦可祯 冯绍融 陆启万 郭兴常 招耀文 蔡连朋 张美裕 黄蟾玉 黄英麟 麦士秀 梁承桓 郭岑仝 陈以成 刘云昌 帅□成 谢芳荣

赐进士出身奉

旨命往广西观政派委协充志馆纂修候补知县何梦瑶撰文

一先年原酿金六十零脩建　关圣帝君庙每岁主会十有二人递主□事今建立　祖师神庙每岁亦议主会十二人惟诞节建醮係其堂理余外一应杂项均不干与　壬申年主会捐金叁两捌钱正　龚荣伯　冯在聪　何翰璧　冼懿文　吴益聪　梁殿高　杨荣举　邓德璇　陆辰元　何维杰　梁开灿　潘昌和

本行众议锦纶主会历年出例金叁两伍钱上承下效不得催延交盘之日印契连银点明交与下手主会收贮　一众议会馆内家伙什物并助金交盘之日亦是交与　先师主会收贮

一众议凡新开铺每户出助金贰钱值月祃首收起交与　先师主会收贮以为日后修整　祖师会馆使用　一众议会馆内只许创始重修首事乃得上扁自壬子年起各案主会不得效尤

缘首　黎居惠　梁元尚　梁承良　陈广辉　关广亮　郑惟端

雍正九年十二月　吉日立

（一）　锦纶祖师碑记

郡城之西隅业蚕织者宁仅数百家从前助金脩建　关帝庙于西来胜地以为春秋报赛及萃聚众心之所迨后生聚日众技业振兴爰于癸卯之岁集众金佥题助金构堂于　关帝庙之左以事奉

仙槎神汉博望张侯焉盖蚕织之事虽肇端于黄帝之世然机杼之巧花样之新实因　侯于元狩年间乘槎至天河得支机石遂擅天孙之巧于是创制立法传之后人至今咸蒙其利赖兹构堂崇奉实

食德报本不忘所自之舆情也征予言以记其事予不禁为之喜曰即此可观世道之隆焉粤自文明既启天地有必洩之精华章服既兴组织有日工之制作然旷览前朝季世大东有咏每嗟抒轴之

空短褐不完易起无衣之叹欲求其锦绣遍于寰区蚕织易于倍售者又安能乎兹幸值

圣天子在位德教诞敷恩覃薄海彼都人士擅衣冠文物之奇远国商帆亟困载贸迁之盛则合坊之经营于斯艺聚集于斯土者不其安适丰裕哉独是事之有始者尤贵于善后各宜德心相照信义交孚

勿作诈伪以欺人勿因日久而懈怠庶几　仙槎之神居歆昭格永锡纯禧于无斁矣爰寿诸贞珉以志不朽所有芳名及庙例并刻于左

癸卯年主会捐金一十四两　陈理谋　明伟元　杨文德　周鸿禧　黄博友　何振嘉　罗觉昌　吴观遇　陈广辉　梁汝芝　梁华尚　梁远三

壬寅年主会捐金陆两助石一百二十块　区元拱　陆举聪　黄金明　陈仕铎　麦弘调　杨元长　胡天锡　胡海日　关广进　关广亮　林公戴　劳学贤　鲁鸣歧

辛丑年主会捐金捌两　徐昌甫　何弘嘉　梁承秀　郑汝吟　易元植　翁唐宾　霍兴伍　徐启沧　梁允昌　梁儒　麦胜甫　劳兴大　辛泰长

庚子年主会捐金陆两　陈广惠　明泽馨　杜子郎　梁聪玉　傅昌表　黎先宁　梁承良　卢贤让　温源馨　周世琮　陈休珮　苏豪章　区兴干

己亥年主会捐金陆两　冯德纲　方良玉　何台乡　简纶章　梁承拱　陈茂长　罗惠叟　陈上贤　潘锡祥　陈聚郎　何斯和　严玉润

甲辰年主会捐金五两　刘应朝　黄弈开　刘宗奇　谢启荣　陈弈秀　罗承芳　霍公望　冯式璋　陈上祯　莫茂聘　赵万广　苏弘载

戊戌年主会捐金五两　易心两　陈国翘　梁源汇　杜元瑞　潘允卿　罗盛昭　罗秩宗　陈兴能　冯腾长　麦道逵

丁酉年主会捐金五两　刘信贤　丘奇广　梁兴国　黎先能　陈玉瓖　何奏功　杨杰祥　伍庚长　梁智尚　梁帝尧　苏华龄　梁仕弘

丙申年主会捐金五两　李观显　陈茂才　黄克闾　张金绶　曾帝宽　叶斌发　黄金万　翁帝兆　陈敷言　罗则忠　区以文　徐世连

乙未年主会捐金五两　易帝护　白兆祥　麦奇悟　杨广大　何风鸣　曾兆连　梁元尚　潘华祯　董大奇　马元贵　罗仍会　梁御隆

壬子年主会捐金三两陆钱三分　吴世泰　罗承祚　王宗儒　杨瑞生　罗芝幸　苏德裔　彭尚侯　麦佳朝　黄彭友　罗道文　陆大华　黎显南

辛亥年主会捐金三两五钱　杨初茂　陈观浪　李子语　刘圣奇　伦汝倬　陈弘璋　冯圣科　刘求保　麦瑞连　伍道南　梁士昭　麦尔昌

戊申年主会捐金三两三钱　李彦赞　陈琼玉　陈佩昭　叶德昌　蔡昂之　廖世华　罗全佳　苏广宪　林世贤　黄文榜　易朝佐　何桂添

丁未年主会捐金三两二钱　何益嘉　潘侯芳　苏霞修　黎茂麟　吴祯连　杨作緎　霍梦鹏　何上建　梁承豪　龙芝元　关廷瑞　罗洪策

丙午年主会捐金三两一钱四分　邓元麟　何孙芳　柯帝辅　梁瑜玉　吴启微　冼瑗甫　易经焕　卢大伦　陈迥漢　陈汝蔼　白瑞起　何灿上

庚戌年主会捐金三两一钱　陈士长　关朝宽　孙世国　吴伯让　陈恂元　李芝蕞　杨杰振　罗彦昭　罗盈佳　游素仁　劳兴达　卢孙畅

甲午年主会捐金三两　麦广　黄圣凤　周瑞臣　蔡祖昌　麦显元　麦观松　罗□严　黄吉昌　霍广俸　易樂纲　梁□聚　张业广

己酉年主会捐金三两　叶贵耀　李昌成　徐登云　王以福　潘伯朝　严上祯　黄兼三　周观照　何上元　黄士珍　周觉斯　潘元广

乙巳年主会捐金三两　丘广　杨伦章　罗源沼　何源嘉　冯朝宽　冯国元　苏士成　卢万成　何文祥　徐韬容　梁齐三　陈兴敏

癸巳年主会捐金二两一钱　潘迪才　陆星洪　易元君　曾昭联　黄萝容　陈胤国　曹道隆　何俊生　罗殿长　胡泽广

癸丑年主会捐金三两六钱五分　冼兴为　康裔仟　黎通升　冯裕棠　陈明辅　冼能瞻　孙永昂　陈祺会　陈秀源　梁承秋　张赞岳　罗德禄

甲寅年主会捐金三两五钱二分　黄家焕　黄作源　罗序五　冼璇甫　陆泽书　李裔长　冯伯尧　罗觉亨　林匡祥　莫茂千　陈德科　陆爵英

乙卯年主会捐金三两五钱二分　伦惠名　梁举荣　罗翠章　陆始平　区兴貺　莫宗仕　吕朝重　黄荣开　陈何仝　陈瑞元　康基肇　冯荣建　潘朝仓

丙辰年主会捐金三两五钱二分　劳文泰　潘斐明　梁彩周　梁应麟　孔卓惠　罗芝祚　潘熙翘　罗觉辉　杨英元　麦秀佳　李耀德　区绪兴

丁巳年主会捐金三两九钱四分　暨瑜賔　蒙忝□　吴尚友　冼恒大　潘世然　江海清　何曾异　梁丕創　罗长辉　明肇叶　黄其仝　陈世则　辛泰上

戊午年主会捐金三两五钱二分　叶殿和　简云容　陆言照　傅才士　陈迥满　何周礼　潘傅桐　冯赞臣　郑庆仓　罗彩叟　易承赞　劳湛昭

己未年主会捐金三两陆钱正　郭源玉　张思平　陈茂先　李耀常　麦弘敬　麦秀南　关辽保　梁承朗　黄命採　辛圣登　罗云佳　沈华之

庚申年主会捐金三两捌钱正　黄蟾宾　傅英士　邓朝山　黄悦元　霍常万　蔡存长　罗伯辉　何寒青　卢惠蕃　郑庆琼　辛泰贤　潘盛宣

辛酉年主会捐金三两八钱五分　黄远兴　邝建猷　莫元英　潘杰周　苏子昂　梁能宾　陈士光　罗永佳　周鸿许　罗锡公　李玉明　伍成干

壬戌年主会捐金四两二钱正　关宗元　温茂生　廖定赞　陈绍平　苏叶修　潘信科　关陈仝　范殿球　关援三　霍平兰　陈大泉　区鍏应

癸亥年主会捐金三两九钱正　尤耀鹏　陈国华　孔喜万　杨贤上　李齐长　潘元瀚　何言斯　陈上济　何荣佳　陆天元　方腾辉　伍泽临

甲子年主会捐金四两九钱正　何叔尧　黄英秀　苏敬元　莫华章　李尚明　陈大开　杜衍嘉　廖敬洪　李达海　游顺泰　苏朝泽　杨经上

乙丑年主会捐金三两陆钱正　冯彩琼　叶允茂　陈尚仟　李兰广　苏荣章　李秉大　伶伟中　黄光祖　谢君宠　刘朝圣　邓廷俞　杨纯清

丙寅年主会捐金三两陆钱正　麦卓阶　麦景焕　劳广汉　卢顺有　林世禄　霍汝朝　谭鼎士　陈迴干　李德新　易瞻联　黎源升　冯泽源

丁卯年主会捐金三两陆钱正　麦贤家　谭崇志　潘林楚　刘衛生　苏德照　黎和茂　袁洪观　陆连长　刘济之　曾邦志　陈相英　何绍东　杨全珍

戊辰年主会捐金三两八钱　冯正玉　李泽秀　陈鹫康　白启上　邵霍仝　李达忠　潘尚文　周德敷　郑扩泽　胡仰泰　易孔昌　黄圣德

己巳年主会捐金三两八钱正　冯在华　陆尚杲　霍平五　郑庆□　苏元发　陆邦琏　孔卓焕　邓乔攀　梁则酉　麦海和　陈君有　潘昭荣

庚午年主会捐金三两陆钱正　范之亨　陈国俊　梁承忍　麦亮和　麦衍惠　何绍征　冯国士　潘琏章　白启祥　张贵成　区贤祐　林燕万

辛未年主会捐金四两八钱正　何上远　陈务炳　潘元德　梁绪敷　孔德万　张敦裕　区邦远　马奕衡　李卓明　龚聚贤　邓维海　梁炳明

曾输联助金肆两正　廖瀚京银壹两　開德尚　冯廷长　陈佩昭　梁彩同四钱五分　游启隆　廖康蕃　白瑞超　黄家焕　何广善　欧联昌　罗文韬　罗英元　黎泰□　潘宣履　李文盛　梁东康　张□惠　廖启和　赵惠侯　吕万麟　陈腾龙　麦穗佰　黄奕开　曾渭客　梁仁慈　霍举潮　周腾熙　徐直天　黄允秀　冯伯尧　王文锦　区景琛　黄朝芝　冯□□

正士号助金叁两零贰分　曾鸣歧银壹两　卢大伦　陈迥汉　何振嘉　潘廷翰四钱　伍道昌　邹广业　李东明　邓嘉儒　赵光玉　易德宗　麦成宗　梁承孟　潘元惠　霍惠朝　冯伯璇　黄允斯　符敬中　麦天士　何关仝　陈帝锡　谭兴华　陈文宪　黎弘新　阮乔锡　杨蓄琼　谭天德　孙永调　杜会郎　梁承朝　潘朝报　王者屏　罗朝辉　谭周杰　杨□□

陈茂长助金贰两玖钱肆分　大合号银壹两　麦宅洪　黄文彦　彭上侯　林光文　罗承祚　陈皇辅　陈元长　谈台伍　曹道隆　蒙嘉弘　黄显宗　霍江御　梅联友　陈俊昇　何圣惠　何腾昌　钟世显　英文裔　梁殿元　何振高　潘广苍　杨榴　易经焕　麦陶元　潘绍信　杨作廷　美仝　麦洪先　陈伸卿　李彤翰　尤经元　罗乃廷　冼士贵　叶□□

刘宗奇助金贰两玖钱　李子恩银壹两　罗彦昭　麦衍文　方作广　莫英瑞四钱　陈尚元　孔兴贵　苏霞修　邓简相　谢廷章　陆元　何士孚　梁泽荣　孔朝君　潘贞子　黎洪纶　孙永贵　谈以仁　苏士成　林嘉斌　王宗圣　江海清　陈承源　易元庆　麦家茂　潘斐文　陈广元　淝天祚　麦良胜　梁宗辅　简有魁　冯在聪　冯德良　龚侯邦　冯□□

潘叶祯助金贰两陆钱伍分　潘德银壹两　孔肇书　何士建　卢顺有　蔡炳元四钱二分　罗日升　陆联德　陈大琮　冯英诏　麦耀纶　梁殿人　陆而君　梁承豪　吴杰勳　陈作霖　麦齐圣　梁用泰　张文兴　林信美　李凤彩　陈體禹　曹俊谦　罗元胜　林文焕　霍伟敬　罗嗣珍　欧阳济　王尚荣　杜秀元　陈绍其　岑显璋　周成魁　李启万　何子週　廖□□

梁元南助金贰两伍钱　李广大银壹两　梁齐三　何显生　陈明辅　张成昌　罗天隆　谢如和　罗福叟　梁公盈　林世贤　冯清元四钱二分　陈耀云　区德雄　苏宜聪　梁广最　苏德茂　林绪贤　关道远　张文□　易朝佐　王应　何桢祥　罗士达　黎用佐　何文盛　陆言慎　何文芳　何尚志　潘孟通　潘敬□　钱聚龙　区景元　梁殿锡　温良韧　陈殿邦

李芝蕞助金贰两伍钱　伍庚长银壹两　游素仁　潘元广　罗道文　叶荣可　罗贤昭　陈昭源　何良弼　潘廷杰　三齐号　钟文法　阮信盛　薛量湛　罗乔翰　陈贤佐　陈帝龙　蒙卓华　黎昌宝　麦觉千　陈文元　罗代创　潘孟朝　徐懋纾　谭仰卿　黄侯觐　潘孟隆　李伯成　叶芹良　周麟可　苏真锡　黄昌洪　伦惠连　何文凤　陈元仕　李瑞凝

冯仕华助金贰两叁钱肆分　苏名修银壹两　罗盈佳　潘璋客　冯荣建　罗瑞霭　伦绍举　梁天祐　罗异汉　吴圣子　陈仲兴　邓万胜　谭景玗　黄侯远　孙昌盛　劳侯荣　黄祥也　莫杜辅　何卜贤　劳敬安　易黄合　潘太来　崔正琛　欧齐歧　徐天禄　张賛韬　潘杰周　冯在明　张宇坤　廖罗同　蔡德贵　黄宪贵　吕朝重　何华勋　方水泰　张衍万

黎居惠助金贰两壹钱捌分　黄先银壹两　冗卓惠　麦比垣以上六钱　冼能瞻　苏仪伯　习瑜宾　潘楚瑜　李伟爵　潘元品　潘秀然　邓蔼文　周仕国　黄泰文　邓作朝　谭英彦　卢苗长　蒙本弘　潘绍兴　潘用伦　梁显世　陈文师　左玉衡　杜爵侯　廖京和　陈衍参　梁则现　欧阳国良　冼兴和　麦升五　陈圣享　潘尚仁　梁嘉燕　徐弘冕　合和店　李瑞君

王仕凤助金叁两贰钱　苏匡国银壹两已上各柒钱　潘陞祥三钱五分　谭进公　王卓英　麦用彩　黎圣织　何子润　林业千　伍维千　杨耀栽　周翘昌　周朝会　潘汝贤　黄广士　卢元长　陈觉先　邓仰容　梁宗尊　梁来祖　陈恩上　杜圣德　尤宗友　黎兴和　邓远万　冯文祯　林尚敏　张迥发　黎兴仁　陈如佐　马上锦　冯潮源　麦景浩　谭敬业　邓世□

梁瑜玉助金贰两零伍分　梁遇安银壹两　黄彭友六钱伍分　柯圣科五钱四分　廖開盛　苏弘载　罗源昭　周翘昌已上共四钱　冼恩远　谭华进　钟德昭　梁迁芝　潘启锡　黎式载　苏道三　周觉斯　邓炳牛　董上文　胡泽脩　潘用之　梁绵泽　李文昭　陈瑞珍　黎国林　梁琼俊　刘维章　梁陶蕃　何胜全　梁光炳　陈德广　苏鲲　冯华海　陈公楚　潘芝进　梁炳东　陈唐裕

陈态方助金贰两零壹分　陈广辉银壹两　黄其全六钱伍分　潘斐侯五钱三分　劳兴大　梁源广　麦茂　林世洪三钱八分　陈际时　方善广　潘景客已上共三钱　李光元　黎有元　何广元　何有禄　林德胜　庄邦俊　何弈嘉　陈有培　曾宗兴　霍公望　陈威君　潘汝苍　麦玉珖　关文盛　邓奇忠　温佡盛　邓德明　黄君厚　冯元秋　陈世义　潘锡泰　吴昌隆　陈玉勳　陈黎同　李宣彰

何文祥助金壹两柒钱伍分　苏广宪银玖钱伍分　陈绍平六钱三分　何源嘉五钱一分　冯腾长　冼瑗甫　苏德裔　冯式璋　关恩奇　麦景焕　张任贤一钱八分　傅英士　麦家能　区兴翰　赵作昌　梁象侯　梁超　杨孔恩　陈启弢　梁慈德　陈茂德　陈国仲　黎兴让　潘汝成　黄作源　何德俞　冯子奇　邓朝宠　黄天球　孔际盛　易敬和　谭尚才　陆爵英　陈瑞元　黄辉盛　莫裕章

陈子敬助金壹两柒钱壹分　徐名曾银玖钱　冯在重六钱一分　梁宗广五钱一分　区兴貺　郭伯織　梁承财　邝作□　谭鳌士　陈贤拔　黎叶和　郑汝□　潘昌礼　关陆秀　梁裕鳌　梁简兴　廖国赞　林万爵　区挺汉　崔御　莫迥异　梁寅多　李基遴　邓富远　李琼枝　邓义荣　潘始孟　何奇文　林绪鹏　罗万国　邓陈辉　梁文光　招士雄　黎元凤　徐仕魁　叶逢裕

傅昌表助金壹两陆钱陆分　张嘉宜银玖钱　郑惟端八钱二分　李文宰五钱一分　黄荣开　黄圣任　刘逢千　石志高　何圣联　劳纯章　黄国良　张朝士　任观志　李逢春　刘承芝　陈昌连　区在三　杨洪泰　区兴牧　辛文周　陈仝　莫宗仕　刘昌源　朱应奇　李廷瑞　陆长辅　黄以德　陈文瑞　张灿宸　邓晓日　张瑞隆　罗伯鼎　梁则远　梁誉同　周德问　陈创□

锦纶碑记

广州府南海县正堂加二级纪录二次魏　为籲恳宪恩赏示严禁以甦穷民以垂永久事乾隆元年十一月初八日奉本府信牌乾隆元年十一月初三日

奉

广东等处承宣布政使司布政使加二级纪录六次萨　批本府申详□□係南海县西关地方织□铺户与工匠人等控手工银成色平头一案先据工匠梁广同人等赴县赴府具禀经卑府与南海县给示晓谕梁广同等又赴宪辕恳请勒石严禁奉批民间行使银色戥秤自应划一公平岂容挽和低潮轻出重入□行市各有成规或因价值低昂定有扣折之例则又不宜一概示禁致有偏袒仰南海县立速确查该处机户交易成规及有无行使低潮扣短戥秤情弊□详候夺勿得稽延等因嗣经南海县查明请嗣后支给工银以纹银九折戥用九八不许铺户搀搭低潮亦不许工匠播弄刁揩等由详请宪台核示□□□□交易理应公平工匠银色自有定价该机户等乘其缓急而操奇赢无怪工匠等蝶蝶赴诉也仰广州府再加酌定章程另具简详以凭批饬勒石该处永远禁约可也等因仰见宪台加惠□民□□卑府查民间行使银色戥秤自应恪遵宪示划一公平难容搀和低潮轻出重入惟是行市各有成规又应听从民便在各机户承接行店之银既有折□之□□于戥头一项查广城行铺遵用司马而以九八扣除者又比比皆然若令以纹银司马交易机户不肯受亏以致又议减价似转多不便之处请饬嗣后机户给发工匠银两照依纹色九成扣算不许搭用九成以下之银其戥仍照行例出入均用九八不得分外再□在机户平时务须体恤工人在各匠临时不得藉端揩勒相须相济和气经营至于工匠巧拙因人不同工价低昂因时有别凡业是艺者彼此无不深悉固无庸□□□定亦不许恃众滋事敢有抗违鼓众齐行要胁停工者俱按律究惩则商工均沐一视之仁矣是不允协理合详候宪台察核批示以便转饬该□勒石该处使各遵守取具碑摹□查感荷恩猷实非浅鲜缘由奉批如详转饬勒石永禁仍严饬机户人等毋得再违定例混用低潮小戥剥削穷民工匠人等亦不得恃众滋事致于永究先取碑摹及勒石处所报查缴等因奉批拟合就行备牌仰县照依宪批详内事理即便勒石永禁仍严饬机户人等毋得再违定例混用低潮小戥剥削穷民工匠人等亦不得恃众滋事致于察究先取碑摹及勒石处所径报藩宪及本府查□毋违等因奉此合行出示勒禁为此示谕西关机房铺户及工匠人等知悉嗣后挟本营生务须公平毋得再违定例混用低潮小戥剥削穷民其工匠人等亦须安分不得恃(众)滋事停工勒价察□□有不法之徒仍敢抗违一经访查或被告发立即严拿审详按律究治尔等各宜自爱共安生业慎毋自踏法纲以致噬脐无及特示

乾隆十四年七月初十日又蒙

南海县正堂加四级纪录四次吴　为查案申明饬遵严禁聚众齐行勒价以安艺业以肃法纪事照得省会西关机户与匠工控争银色平头齐勒价一案

□□乾隆元年□县详奉

□□转奉

□宪萨　批行出示勒石饬令纹银九折戥用九八各经遵守在案讵日久法弛间有从违靡一以致前月匠工复敢标贴停工叠经本县示谕饬令机户匠工□□情议价务照正色银两支发彼此不许滋事即日照常安业织工织造在案今据匠工梁广同等及机户陈大同等呈诉到县当查机户匠工银色戥头□□前县详定勒石饬遵已久毋庸再为另议合再查案揭示饬遵为此示谕机房铺户匠工人等知悉嗣后尔等支发工银务须遵照原定章程纹色九折□□九八毋许额外丝毫扣克低潮小戥剥削穷民其匠工人等亦须安分□作即日开工照常织造不得标贴惑众停工齐行勒价以及结队滋事倘敢抗违□□□□□按律究处各宜禀遵毋违特示

锦纶祖案先师碑记

癸酉年主会捐金叁两捌钱正 杨可斌 翁裕长 陈华相 邓楚天 潘尧斯 潘义合 元亨号 潘宗豪 曾英文 陈大联 莫亨南 陆振蕃

甲戌年主会捐金叁两陆钱正 杨德运 林益号 麦穗孚 区陆仝 区元俊 龚千举 李惠广 邓国积 左德昌 廖作恩 卢礼上 潘利远

乙亥年主会捐金叁两捌钱正 李瑞凝 王帝源 邓楚秀 陶绳斌 邓柱瞻 何逵珍 潘恒超 何化能 朱区仝 黄圣翔 陈大榕 岑柔长

丙子年主会捐金叁两陆钱正 陈大荣 伦以昌 陈广昌 邓德琨 叶耀成 緦怡号 怡合号 曾齐五 冯杰源 何显斯 李尚鑰 杨兰上

丁丑年主会捐金叁两陆钱正 邓清品 劳在腾 黄朝欢 陆赞兴 潘康在 陈世显 麦时茂 李元章 杨德号 吴允侯 伦定积 梁开炳

戊寅年主会捐金叁两陆钱正 易翰宗 邓德琛 卢本友 杜德璋 周简卿 叶健荣 叶飞熊 区邦遇 王元号 何凝斯 冯伟裔 梁昌号

己卯年主会捐金叁两陆钱正 霍柱臣 麦衍信 潘奕绪 杜茂韬 冯胜昌 麦礼和 吴聚成 康景赞 招公万 朱湛□ 陆儒纪 郭正玉

庚辰年主会捐金叁两口钱正 叶裕蕃 陆汇昌 叶政郎 何朋号 苏德美 梁子升 何世伦 吴维敬 伦盛号 杜端兴 杜德贵 冯维忠 叶健儒

辛巳年主会捐金叁两陆钱正 杨秀廷 苏□□ □□□ 何□□ 杨继相 陈子盛 易显彰 冯儒芳 阮达庇 岑兴修 苏荣裕 关正援

壬午年主会捐金叁两陆钱正 麦君卓 苏□□ □□□ 何光绪 张志刚 吴泽臣 潘荣芝 潘兴东 吴简汉 何顺士 邓广振 蔡懿图

癸未年主会捐金叁两陆钱正 邓维本 叶源京 □□修 潘联可 孔平万 朱秀号 王灿修 冯裕昌 伦兴号 杨惠珍 陈陆仝 卢翅大

甲申年主会捐金叁两陆钱正 易泰连 苏□明 刘体万 杜奇卓 傅泽瑞 陆作可 郭恒发 曾元号 何辉光 杨浩廷 潘广相 何平容

乙酉年主会捐金叁两陆钱正 潘绍礼 □惠长 陈仕达 黎谭仝 谭联伸 罗端纯 冼贤伍 陈燧荣 麦彦炳 潘兴西 罗隆昌 周昌裕

丙戌年主会捐金叁两陆钱正 陈显明 何□□ 严飏元 和昌号 罗俊斯 梁东蕃 陈维昌 陈建万 黎贤书 陈朝瑞 刘祖珍 冯翼之

丁亥年主会捐金叁两陆钱正 黄齐芳 易惠滨 邓佐高 吴以充 黎觐三 李正成 刘芳馨 梁海号 潘振嘉 陆纯仁 刘纯三 罗荣新

戊子年主会捐金叁两陆钱正 康修远 冯廷远 毛泰裕 阮达先 张恒彦 莫尚举 罗正合 黎建名 达泉号 岑隆修 梁教周 协盛号

己丑年主会捐金叁两陆钱正 潘明卓 王源兴 黄彦文 孔杜号 黎觐式 招公赐 陈士满 冯锡朝 罗开号 冯正昌 李尚均 梁际蕃

庚寅年主会捐金叁两陆钱正 罗廷仰 杨纯恒 关国友 邓蕃昌 和昌号 霍朝号 邓同兴 陈帝叶 罗梁振 梁甲周 梁礼君 岑盛齐

辛卯年主会捐金叁两陆钱正 邓芳震 陈国泰 区兴杰 以义号 径昌号 崔三合 张上敬 陆茂号 邓正泉 陈健能 周胜先 卢永利

壬辰年主会捐金叁两陆钱正 □□□ 董联章 梁广能 陈挺元 黎显盛 陆意仁 伦震可 辛宗钊 钱信义 潘始相 岑永齐 潘□□

癸巳年主会捐金叁两六钱正 彩源号 朱仕朝 刘文毓 罗广辉 梁佳仕 陆惠诚 陈荣福 何体扩 杜联益 何润之 何盛正记 卢锦大

甲午年主会捐金叁两六钱正 陈源修 孔朝敬 吴祖敬 孔昌万 潘挺相 符茂参 区贤琏 罗兴章 陈子联 黄振纲 邓宜广 李挺森

乙未年主会捐金叁两六钱正 梁泰临 陈光大 周天成 麦锡聚 杨国宝 蒙□和 何浩川 罗文桂 何柱号 杜廷润 刘鸣生 会云号

丙申年主会捐金叁两六钱正 正援号 广胜号 吴三兴 关贤茂 陈宰宸 严成显 邓信号 卢眷鉴 昌正同记 陈子登 卢见□ 梁泗盛

丁酉年主会捐金叁两六钱正 梁彦文 陆国兴 梁轩周 梁允腾 叶荣清 关国仰 陆元开 何志永 恒兴号 冯聚昌 李殿臣 麦松秀

乾隆十八年癸酉五月吉日当年主会立

重建会馆碑记

尝读易萃卦辞曰王假有庙涣卦辞亦曰王假有庙夫庙之关于萃涣也人诚有之物亦宜然我粤省

会人民辐辏百工技能托业斯土不一而足郡城西隅业机□者尤通达阛阓□

西来胜地倡义举修　武帝庙以为岁时伏腊萃聚众心之所雍正癸卯之岁复构堂于武庙左偏祀

汉博望侯张子文说者谓子文尝至大河得天孙支机石巧遂以传故奉以□

槎神也历有年矣然其堂隘而将圮乾隆癸未长夏郭君恒发又谋以新之□金乐助授若值受若地

鸠厥工庀厥材是年腊月始事明年八月告成属余言以志之予维子文乘槎将

之说其事于史不绝书溯自西陵氏始蚕民无皴瘃之患当是时黼黻文章必以法故黑黄苍赤莫不

质良上以充郊庙祭祀之服下以给庶民日用之需自汉以来锦绣纂组踵事增□

此诚运会迁流之故而亦天地之英华所必泄也况我粤位正离明素称衣冠之盛者哉若奉以为萃

涣之意则无不可昔员峤山冰蚕作茧织为文锦水火不侵宣州兔毛为褐后有

丝真假相混盖业有专家巧由心造物之群兮从矣郭君承数十年美意类聚而振兴之纠合众力□故鼎新伉其门直其庭歌台绮阁结构维工雕梁刻杏其材美也香壁泥椒其色

也银檐栖凤其形高也玉陛流波其光远也云锦天章络绎而交集者俨然聚族以为居也是役也郭

君深有会于王假有庙之意欤然考　张侯武帝前后不同时皆汉人也粤中庙

武帝众矣重其义也而祀　张侯则独此然亦以武庙为发轫诚以义始将以义终千百载后不忘厥

初吾见人心有萃而不涣而　张侯之食报为无穷也爰书之以镵于石

赐进士出身文林郎候选知县南海梁昌圣撰

甲子年主会　陈朝一　罗朝炳　罗朝永　罗朝新

今将签题工金芳名序列　潘绍科　徐宏号　邹予国　黄汉号　潘兴燐　黎景茂　罗简德　何储号杨浩占　陆尚迪　陆言性　陈礼长　陈雄德　梁智恺　罗荣号　梁敬生　周格兴

冯胜号助金叁拾伍员　梁礼明　梁公礼　罗廷仰　罗荣泰　麦彦炳　广应号　义盛号　伦贵号

潘杰斯　陆大智　程盘章　甘荣长　冯廷汉　陈锡金　刘振茂　张廷贵　黄胜韬

李齐长助金叁拾伍员　黄致中　陈湛英　喜助工金贰员半列　黄汝球　廖泗源　廖弼和　陈仲兴　梁悠远　麦朝光　周恢先　范端序　潘立朝　陈锡大　邓立昆　张荣开　潘祖光

吴俊盛助金叁拾贰员　潘广号　区兴士　陆汝德　王源兴　梁万雄　陆三德　杨荣广　潘宇文　卢怀舜　朱辉曼　杨徐号　卢孙鸿　李兴文　梁殿宰　张智开德　何进彦　黄以戴

德茂号助金叁拾员　麦海和　苏德美　陆文忠　朱恒顺　杨调广　冼式君　钟成号　卢朝号　麦彦锡　黎洪俊　区贤大　邓时迪　苏宏杰　潘瑞朝　潘文邦　黄招彦　黎德儒

蔡存号助金贰拾陆员　喜助工金肆员半列　合隆号　冯祥号　林彦邦　劳广智　潘经文　邓悦朝　郭兴常　陈洪懋　傅英士　沈元信　周德盛　潘德朝　李攀士　郭士号　梁兴广

冯赞臣助金贰拾伍员　三和号　孔杜号　潘裕泰　陆祥号　何润芝　劳在多　李广朝　黄俊杰　麦昭前　黎满书　马胜号　邓田王　冯仁昭　林深广方能昌仝　冯迪号　杨廷标　李启□

何显斯助金贰拾贰员　陈荣号　麦君卓　林启升　冯儒溥　程维士　李天斐　伦洋号　易惠滨卢大荣　梁能斌　梁显周　莫国士　邱广大　李宗枝　邓诒犹　卢道齐一阳　马达

黄朝欢助金贰拾员　劳援士　甲申年主会　区仲朝　关国友　邓衍号　邓玠信　罗朝润　陈肇隆蔡彩然　罗挺昌　徐能吕　罗在臣　杜德盛　高昌号　朱朝号　梁雍锡　刘腾□

梁承秋腾号仝助金贰拾员　喜助工金肆员列　保成号　潘义合美记　林成都　李惠广　严成号　罗广辉　伦德可　杜贵号　麦毓号　何良远　邓广通　罗广朝　李南辉　潘景文　区国玉

冯胜昌助金壹拾捌员　罗应文　卢亨元　陆合兴　纶元号　潘溢辉　王灿修　黄国文　罗乃天　黎显盛　罗锡公　邓建惠　张朝冠　朱正号　冯士如　冯华绪　黄茂元　黄以□

罗东翰助金壹拾陆员　邓绍熊　元合号　罗挺贤　朱辉锡　阮茂坤　杜启仁　陈朝英　关国柱　邱成光　李礼长　谭比友　冼志隆　李启聪　区贤让　蒙弘号　左方本　冯裕□

冯达号助金壹拾陆员　陈迥号　泗兴号　裕华号　霍平伍　李兰广　黎起政　罗衍尚　黄朝擢　周国聪　杨祚远　岑超涧　苏善号　苏子德　黄美广简茂良仝　林达□　李侯得　刘遇□

郭正玉助金壹拾伍员　潘义合　李见号　陈怡号　黄禄宗　罗挺耀　杨源斯　陈启宗　邓君进　邓一协　梁汉周　瑞盛号　谭邦士　苏宏豪　李茂号　潘元蕃　林叔弘　陈孙□

吴允昌助金壹拾伍员　日华号　益彰号　梁桂嘉　李以德　关汝凝　成合号　李沧龙　张远光　潘秋彦　元利号　岑长号　罗经芝　林迺怡　邵国源　黄祥演　麦君锡　罗观胜

何荣号助金壹拾伍员　李达忠　潘广辉　潘恒号　黄齐芳　张德万　利益号　苏冯号　梁能立　罗举号　陈任佳　辛恒济　关国仁　潘其泰　袁世如　杨进盛　何惠源　简云英

林元邦助金壹拾伍员　正合号　杨秀廷　罗最号　何大有　杨达生　吴允修　邵楚湘　陆观联　潘伯朝　邓英俊　高遇清　梁奇洲　梁可参　朱郁全　杨升广　左绍开　何胜□

刘惠长助金壹拾伍员　杨浩廷　潘利荣　罗文桂　李宣号　陈儒文　李昌号　林遂应　罗朝开　邓就儒　李朝泰　梁承叶　黎盛诏　甘朝号　何广栋　冯可章　谢鳌三　□达号

怡合号助金壹拾伍员　叶振修　何达珍　简卓书　梁伟玉　黄源成　邓国钊　谭邦号　绍兴号　潘渭纶　程欣余　何发远　梁卓秀聘仝　邓广进　张观贤　黄元振　陈文芳　潘□□

正熙号助金壹拾肆员　阮达庇　吴维敬　黄彦歧　邓柱号　罗奇宾　罗文寿　陆上著　邓芳震　陈合昌　陈捷魁　伦允岳　阮昌亮　梁侯周　何梦瑞　蔡儒周　张超耀陈积宝仝　开礼□

周吉昌助金壹拾肆员　周简乡　何绍东　孔高万　邓琛号　刘亮先　秦裕瑞　郭达朝　阳同号　麦亮号　高源合　董弘泰　陈长敬　冯蔼元　潘当远　李廷辉　左绍开　何良□

邓琨号助金壹拾肆员　梁彩周　李瑞凝　同兴号　吴聚成　张发开　区世和　张超玉　冯升立　陈朝爵　刘衍平　黄彩华　谭德夫　潘寿号　黎爱昌　李发可　李泰号　黄见□

重建会馆碑记（接上页）

冯正玉助金壹拾叁员　陆会昌　徐升相　麦礼和　罗迺聚　陆汇昭　陈君賛　梁和号　白德鹏　陈弘祥　卢连号　李汝号　方永逢　李式英　冯护成　何元弼　何光然　潘在芝　以荣

何降号助金壹拾贰员　李元章　陈大荣　兆吕号　陈茂广　杨荣举　陈汉号　孔兴瑶　陆德沛远　罗万洪　邓彩天覃丽锦仝　谭高士　陈合盛　梁卓升　何元弼　刘戴号　劳子士　陈□□

龚开号助金壹拾贰员　杜衍嘉　罗德刊　冯本源　冯维号　何来君　孔尔翰　陈璧仁　黄华躬　黄彦广　叶荣清　冼广伍　吴斌元记　永合号　梁泰临　喜助工金壹中员列　李耀魁

潘梅沾助金壹拾贰员　罗开号　游朋号　麦际裕　梁秋号　何振翩　陈政英　黎用廷　李宗耀　黄时章　陈务炳　翁弘昌　梁祥立　义成号　杨简进　张广元　黄世林

张信丰助金壹拾贰员　合利号　麦思弼　崔元号　孔德万　麦宠乡　廖时超　冯松芳　陆文辉　何泽明　陆谋炳　谈天庇　邓国臣　李启生　黄胜号　麦广号　张荣远

张元千助金壹拾壹员　潘殿号　徐奕号　招珍号　潘泰隆　霍达荣　潘觉元　区瑞成　罗朝冠　何世登　钟萼茂　陈昌号　何兴万　劳朝修　苏万松　劳显泰　邓恒利

陈广昌助金壹拾壹员　潘华世　刘喜明　严飏元　黎朝升　林国丰　邓维本　温怀卓　何华章　陈国海　叶秀超　陈盛号　凌康锡麦弘号仝　麦惠英　邓亮平　吕尚赐　简云号

达泉号助金壹拾壹员　何源号　刘起鹏　梁宗启　陈遂斯咸登　梁演就万成仝　刘国昌　黄荣兴　周士华　郭兴达　潘训元　苏毓大　邓尊中　岑超润　区显弼　易降彩　谭智号

陈士达助金壹拾壹员　刘奕鸿　刘体万　关祐仁　冼文耀　陈协邦　苏源号李号仝　陈廷琳　梁教周　义合号　陈建万　邓士衡　何广良　李昌遇　左绍结　张爵瑞　关达彬

刘荣号助金壹拾壹员　叶飞熊　劳在胜　谈元号　邓作恩　区元长　黄广泰陈衍彰仝　黄彦宗　陈明亮　招公扶　冯裕乡　罗泰机　杨世宝　黄福谏　温则盈　冯广源　罗兆臣

刘奕端助金壹拾壹员　方宗眷　朱秀号　阮达光　麦贤臣　冯善号　麦桂良　马叶号　叶健珍　何文广　陈圣中　霍觐臣　何如弼　区恒长　何正士　麦彩元　吴僚刚

正昌号助金壹拾壹员　梁元号　区邦遇　潘源号　罗飨伦　李忠号　马汝开　廖贤长　陆朝号　何华斯　何堂君　梁煜载　梁佳士　陈合兴　潘翰籣　邵嗣霜　阮乔信

喜助工金拾员列　冯储贤　廖成号　喜助工金贰员列　马仕英　陆和容　钟应侣　谭允舜　林有唐　潘恩荣　钟景茂　陆富可　霍迪瞻　关文辉　黄居宜　阮乔可

马胜号　伦定号　潘秀光　陆作可　冼品昌　罗朝本　梁卓秋　潘成合　麦朝讲　程万章　袁罗号　黄克驰　梁桂溥　叶湛盛　霍达号　李沧文　卢君藏　梁意周

何益号　康凌云　喜助工金叁员半列　易琩号　罗朝聪　梁允江　陈宗客　黎宣礼　苏德诒　何用行　罗荣万　罗圣熙　罗伯鼎　曾超腾　吴有兴　罗奂聚　陈元贵

陆元号　陆辰元　叶源京　潘荣楚　李廷辅　张文达　李位高　岑合昌　吴帝臣　张渭汉　冯悦号　劳朝玉　李奕云　冯秀明　岑超联　黄朝聘梁日高仝　张连斌　陈连德

陈国俊十一大员　劳广汉　傅泽端　罗宗豪　岑梁号　李卓汉　梁殿号　简敬书　徐开明梁朝作梁文惠梁振廷　莫龄号　陈秀荣　邓拜昭　梁启逢　周尚巢　潘元瀚　邓辟招　沈仕朝

谭广胜　林燕号　叶正利　吴帝泽　罗转昌　王斌号　范亨号　孔卓位　李际秦　黄象山　潘万修　棠英号　罗伯兆　潘朝润　何桂强　杨纯公　黄居爱　刘光隆

维昌号　杨纯号　招公赐　关有丰　梁侯干　李发贵　张天敬何朝燕仝　陆国兴　潘日成　杨纯恒　苏广号

连胜号　李启盛　何茂号　潘会钊　冯遇堂　黄居敬　冯浩明

保昌号　游源号　辛圣号　王国绪　何永秀　潘梁同　梁同昌　陈德明　二益号　张敦号　冼卓忠　梁尧升　孔卓巧　潘超众　何亮号　潘渭尊　黄时号　甘恒胜

喜助工金捌员列　何辉光　何丁福　何长号　李信号　陈辉元　陈可嘉　区廷简　陈联兴　陆又滔邓冠三　杨永泰　梁学文　周奋□　陈贤号　简世号　陈賛先

李秉号　刘□相　冯名号　邓广惠　何坤然　何升然　邓佐号　陆德沛远　关彦德　邓超来　何逸号　陆贤一　何有超　徐作聪　谭亮号　冼彦号　张广彦　罗之汪

何泽号　瑞昌号　纯茂号　义和号　邓英汉　麦洪大　张君卓　潘升朝　梁满之　张敬号　梁程同　潘达谦　关信茂　潘奕千　潘仕号　何居号　廖仲芝　麦超河

郭源玉　麦穗城　霍平籣　霍平益　冯显英　黎贤号　苏荣璋　梁源汉　张仁宾　潘喜宗　卢宣文　梁经号　潘织昌　何荣斯　冯锡朝　杜清号　冯乡士　荆广成

黎明号　曾英文　关万华　应廷号　何长宽　李奕祥　罗盛号　杨存珍　龚郭号　梁英信罗意臣仝　梁桂号　黎殿章　梁宏长　谭昌号　吴泽新　陈元号　张联宾　潘正源

谦益号　陈联号　喜助工金叁员列　关兴号　何弼号　潘绍礼　潘仕鹏　苏德尚　陆焕号　杜钜兴　罗迺杰　潘仰杰　梁云端　区广号　陈维号　蔡明周　李潘号

正茂号　林乾号　霍国漳　易泰运　霍荣号　杜成号　关亨元　姚登　李仲号　黄昌洪　同昌号　苏兆宾　麦源云　陈君号　冯裕荣　叶茂伦　冯腾升　罗锦旋

苏荣裕　何朋号　黎书华　苏朝熙庸号　罗文始　邓荣熙　陶见弘　杨惠珍　邓瑞广　麦子刚　何居敬　黎元荣　罗文简　陈义信　陆有号　麦金成　潘达元　梁正荣

杜茂号　区邦远　王元号　莫凌山　岑盛号　区茂贤　何永达胜和　周万斯　和益号　劳荣号　罗琮巩　邓超良　潘其敏　陆联兴　潘亮兴　梁广泰　吴应翔　劳浚明

黎象升　梁启东　潘御超　卢崇号　杜文焕　陈其会　莫亨南　陈文号　王元号　岑景同　区荣君　罗士昭　梁昭爱　潘敦文　何圣朗　邵照号　伦宗国

喜助工金柒员半列　翁德成　陈国泰　徐联号　简元客　潘杰昭　永利号　张浩乎　黄文宗　卢达卓　徐文芳　联昌号　谭兴号　冯遇开　伦文号　黄建通　陈胜和

邓正亮　潘琏号　邓文昭　陈际号　叶健荣　陆君号　潘楚号　伦维号　邓荣超　和隆号　关兴振　黄允殿　陈遂礼　陈援号　陈余功　杨贤号　马洪源　颜振号

喜助工金柒员列　王帝源　黄位宗　何士衢　李挺号　梁星号　罗昭号　梁廷昆居玉　梁子有　陆国海　苏朝茂　黎显宁　潘明可　麦长元　罗衍光　林建邦　刘起腾

廖恩号　茂兴号　陆惠诚　陆荣仁　裕利号　毛泰号　张锡杰　郑大号　三合号　张振飞　梁国章　徐文光　冯锡明　梁冠天　冯强号　邓绍开　蔡隆本　罗明伦

和合号　苏圣翰　陈燧荣　霍元号　罗敬君　陆茂号　孔卓焕　梁恒号　超广容　陈奕金　梁公室　李瑞三　潘遇魁　谢燕诒　招敬号　邓光大　邓福招　张均猷

杜荣号　何光绪　麦远秀　欧阳邦彦　廖永号　彭殿伦冯文号仝　张朝号　潘始元　罗会臣　孔号　马济广　郭秀显　卢参号　潘敏号　潘杜号　陈振宗　陈秩贵　黄廷文

杜奇卓　正隆号　张就孙　徐声号　黎觐三　何华国　杜端冕　麦赞调　陈擢桂　梁演荣李长翰　杨福兴　阮昌燕　陈瑞合　方和万　关辉号　梁桂良　陈成华　李言韬

喜助工金陆员半列　杜英号　梁广义　景利号　陈日天　叶嘉号　冯柱谋　冼贤伍　曾礼长　黎忠瑱　阮茂波　何殿汉　方应万　劳鹏飞　冯爱宗　张霈泉　何源周

重建会馆碑记（接上页）

陆名号 伦盛号 何顺士 黄作兴 梁元海 冯际号 冯遇良 陈彩仁 连昌号 张衍千 刘文毓 潘奕贤 叶孟号 陈挺元 潘绍连 陆纯昌 冯迪伦 潘联瑚
喜助工金陆员列 颜联客 叶占鸿 潘宗号 陈永征潘怡合仝 陈汉号 苏松号 梁友信 阮昌炳 区贤远 陈勇祖 陈始然 陈凖仁 陆开士 梁先号 左方信 潘昆辅
苏显号 何言号 谭秉亮 三胜号 梁成忍 区三兴 陆纯仁 梁桂号 潘礼号 陈伯号 梁德裔 谈倡□ 陈奕佐 潘芝桂 温伦号 张承洪 潘英显 冯遇文
周昌成 崔润号 杨秀号 翁裕长 冯其万 冼正援 叶兴号 林修爵 黄正乡 翁张号 吴三兴 崔道连朝号 关元号 陈子孙 欧作号 陆作新 林遂成 陆清辅
李正昌 潘奕绪 伦嘉卉 李式和 一腾号 黎名号 潘联可 邓鹏大 冼升隆 黎兴郎 刘广昌 麦联迪 曾可大 黎圣仲 伦才可 杨廷广 陈永招 潘择周
区贤祐 勰怡号 黎惠长 潘尧斯 区贤琚 正益号 耀秀号 游广号 谢章号 潘衍昌 杨国宝 冼义利 梁维参 陈孙俊 陈统维 徐作聪 冯元照 潘绍聪
岑兴修 招公万 林茂郎 何衍瞻 罗广经 梁能号 潘殿昭 伦兴号 陈福仁 黎赞朝 何广升 黎荣锡 邓天球 李瑞经 邓绍祥 蔡能号 陈有能 黄彦号
谭联显 陈君有 廖曾偕 叶富京 梁广号 罗正合 高合利 程昌号 黎宗贤 谭兴华 喜助工金壹员列 陈用三 劳成吕 刘奕号 叶祈奇 劳明广 伦接伟
万荣号 协盛号 刘盛号 简殿宜 李植森黎达宗仝 黎式号 黄振刚 陈兴集 李宣臣 梁桂满 陈豪宗 钟圣可 姚德升 潘荣彦 吴明简 岑周号 邓时祭 张广澜
邓明号 麦时茂 黎明敷 程德合 麦兴干麦英干仝 黄玉璋 郑成号 潘帝源 关诚号 钟客茂 阮泰长 黄品号 马玉号 朱茂生 陈宰宸 白锡开 张宗贤 徐昌翰
郭玉号 岑柔长 杨德号 陈宗贵 潘兴西 陈杨新 黄琼宗 黄富合 梁宣长 潘昌茂 关源伍 黄浩俊 谢保号 方国万 梁陈仝 苏岐大 霍璧光 潘子恒
苏德吴 林益号 杜德号 潘挺康 冼懿文 邓汇伦 喜助工金壹员半列 林叔腾 陈朝源 陆而开 朱怀号 梁士明 陈朝会 邓能高 潘合号 黄朝号 麦洪就
张超号 孔平万 麦衍信 陈华相 梁显斯 麦远和 叶卓禄 梁朝源 邓士正显 陈正辉 黄万宗 梁毓泉 陈成大 邓德号 陈昭明 张迪斌 邓遂儒
喜助工金伍员半列 纶昌号 吴斌号 潘积南 梁则□ 潘睿祥 潘弘开 霍贵仰 陶绳斌 梁贤三 黄作章 梁文经 劳圣杰 杜祚连 卢君赞 蔡居儒 潘金号
左仲华 和昌号 李彰号 卢本友 潘琏章 陈超广 劳肇高 陈朝卓 陶王仝 陈应方嵩昌 陈达蟾 吴宗号 冯元明 潘兴相 杜日志 冯宰源 罗天宝 黄作坚
杜端兴 罗恒号 杜端诚 梁志德 霍铨章 黄兴号 冯奏号 关瑞号 余合号 吴荣芳 吴成号 苏德号 陆德荣 廿运广 李方号 冯遇宁 陈有富 潘绍登
符茂参 梁新号 三兴号 陈尚号 罗朝源 冯杰先 何进连 谢琰长 阮达锡 梁萃锦 陈体清 何荣周 麦智侯 林世睿 张成德 冯昌彦 陈升上 陈玉宗
广和号 廖国南 岑隆号 梁意锦 潘广就 邓元号 何泽仪 潘煜熙 林叔敬 区邦广 李天唐 陈文长 劳洪寿 潘福美 文盛佐 邓翰宠 杨天号
喜助工金伍员列 鲁元号 游联号 陈士弥 潘挺立 何宗号 冯元号 冯礼先 潘福相 陈廷长 罗荣号 陆世光 陈礼维 陈燕可 董联章 罗兴号 林庭号
罗端叟 郑庆仓 英敏士 刘荣号 何喜东 孔罗仝 潘社豹邓祖兴仝 邓朝偕 何英号 刘荣尚 陈启升 周扶盛 苏廷光 劳名远 曾建贤 刘振茂 陈炳修 吴廷号
富盛号 文盛号 杨继相 辛德兴 刘潘成 郑汝雁 简作明 何儒号 梁裕森 潘长斌 □□林 徐帝先 陈仲升 任水泰 郭仰仁 梁云号 □和号 陈居号
康裔号 康景璜 辛成合 辛广号 孔喜万 罗昌辅 龚齐号 帅名章 孔桐号 白天佐 □□恩 陈长怡梁荣秀仝 梁涧兴 罗乔号 何振思 麦洪成 陆汝圣 潘联裔
李江号 德盛号 辛德昌 叶裕蕃 潘公荣 罗宽盛 帅名杰 陈广汉 邓援蟾 陈汇杰 周光盛 廖喜明 林进阶 苏朋选 黄国振 劳朝干 谭振刚 何周蟾
陈□仝 国义号 陆儒纪 泗益号 罗爵盛 麦洪志 杜衍端 梁昌号 霍元志 梁宏华 梁淋周 陈舜琛 梁惠爱 杨开文 易华宽 白荣福 萧位清 严金号
陈子盛 霍柱臣 杨阑上 关陈仝 叶元可 同悦邦 岑节长 岑居先 关文光 何金华 潘建昌 何兆麒 李隆士 岑彩号 罗乃依 陈名号 邓明芳 陈盈广
张耀斌 梁学明 广茂号 吴廷华 伦以吕 霍英号 李彦昌 张赞会 何淑熊 义盛号 梁戡周 崔佐号 苏国光 陈名扬 左熙涓 李源隆 陈可仁 张广平
易瞻联 冯裕昌 万荣号 梁广智 伦万号 霍维号 三兴号 梁甲周 陈远大 李汉深 梁文玉 徐方号 黄起凤 陶聚儒 梁文号 李弼国 陆在兴 荣开号 吴覩振
苏宏明 邓叶臣 潘联枝 梁广智 陈文泰 梁居号 劳元声 陈光大 李池元 冯廷远 陈珍号 徐宗号 何正广 吴斌元 陆伟德 李玉明 周上维 邓时仰
梁德伍 李广森 莫荣号 岑凌长 潘荼仰 辰积号 陈善大 陈元盛 梁公怀 何定章 区贤琳 陈长琳 吴本敬 张胜号 林嘉壮 张德茂 杨能上 区兴杰
朱辉湛 邓国积 冯国仕 李乾泰 卢顺号 莫茂号 陈荣号 广兴号 叶永耀黎嘉燕仝 梁可号 劳聚明 罗宗存 冯日悫 邱作俸 张大犹 罗□敬 易隆显 黄源桂
各股事首列 陈大泉 刘志刚 李占魁 罗叶盛 梁惠恺 梁公位 置什物列 甲子年主会 林运爱 汤远膺 关心一 卢大荣 潘恒枝
第一股事首 易瞻联 阮达庇 刘荣号 潘兴东 潘利荣 第柒股事首 邓维本 朱秀号 苏德裕 张志刚 一置铺屋贰间连家伙什物仝在捷龙里北向 林嘉敷 黄吕广
第贰股事首 潘荣楚 麦海和 谭允舜 黎象升 陆合兴 第捌股事首 霍国漳 罗应文 应廷号 一置博古炉瓶壹副 油毯壹对 头锣壹对 花梨香桌壹张 吴自腾
第叁股事首 王灿修 邓正亮 何光绪 谭联显 第玖股事首 麦君卓 梁孔□ 周简绑 林元邦 一置锡大贡器壹副重壹佰余斤 酒壶贰拾个 茶壶贰个 贡盆伍个
连架 满堂光壹对 手焰拾贰个
第肆股事首 邓广惠 苏圣翰 陈大荣 陆大元 邓德琨 第拾股事首 陈华修 潘联可 伦爱积 一置镶玻璃锡宫灯贰对 大小纱灯共陆对 角灯贰对 大角灯壹盏
第伍股事首 陈陆仝 林益号 杨纯号 拾壹股事首 何顺士 杨惠珍 苏显敷 一置叶嘛缎绣金桌围陆张 坐褥拾贰张 椅垫拾贰个
第陆股事首 霍柱臣 杨秀廷 陈子盛 孔平万 拾贰股事首 何隆号 何显斯 何朋号 杜茂号 伦定积 一置力木长檯壹张 楠木八仙台拾张 椅肆拾张 春橙贰拾张
彩门壹架大柜壹个

乾隆贰拾玖年岁次甲申捌月吉日当年 值事 易泰运 苏宏明 刘体方 杜奇卓 傅泽端 陆作可 总理 邓□命 鲁元□ □□□ 杨吉□ 潘广□ □□□ 仝立

重建碑记

乙酉年收各助金芳名列

刘纯三助花钱三大员　何儒芳助花钱二大员半　何平斯助花钱二大员半

喜认助金花钱二大员列

广求号　黎贯号　茂榕号　应迁号　何昌号　何邦号　杨国彦　冯蟾号　何长梁士号　罗荣泰　麦上达　苏广号　孔合号

喜认助金花钱壹大员半列

陆胜号　廖黄远广昌仝　卢鸿号　陈明号　翁宽号　杜润号　邓作泰　苏兴元口　周元振号仝　陈衍爵　区配号　潘仲号　邓佐号　何叶仝　罗儒智关观号仝　刘义益　伦兴承　刘合成　何尧号　霍伟昌　简章礼

梁调号　黄闰号　翁昭号　陈德贵　劳海明　黄彦宗　潘合号　李兴号　潘贵号　邓弼号　梁秀芝　同兴号　谭高长茶作广仝　陈朝一　梁惠恺　梁公仕已上一员半

喜认助金花钱壹大员列

王俊号　义合号　陈友兴　霍明号　潘尧号　张义宾　昌盛号　怡济号　陈能汉　杨号　陈明远　劳智秋德成　徐文芳　陆朝宗　何翰刚　程方号　潘翔号　陈万兴作兴　卢悦号　潘源号　区琼号　徐文光

刘荣号　李荣号　黄凌光邓栢年　黄士元　劳宗号　冯应万　李合冯盛号　方爵文　谭京宪　白红福　罗荣彩　谭元广　何滔道　邓志开　谭兴荣　杜洪茂　冯君万　邓德辰　潘广祥　潘礼宗　联胜号

崔瑞昌　廖正浩长　潘干号　潘益号　杨朝佐　李迁宾　潘裕建　张诏开　冯光号　梁卓贤　梁远号　何泽昌　麦维琼　梁文号　高观号　周新号　关闰仰　麦孟余　何昌号　区科号　劭德号

喜认助金花钱一中员

王弘基　王文洪　邓仲士　何号　程文锤　陈能汇　黎士号　杜才号　何朝锡　劳士元　吴礼显　白贞远　梁李松　桂永兴　梁立信　何彦昌　刘振华　潘世号　梁则西　梁子松　冯达元

黄三号　冯式瑞　李白仓　陈洪号　劳作号　何兆乾　杨瑞章

合兴号银九钱　林瑶号银七钱二分　正贵号银五钱四分　罗秉洛银伍钱四分　梁　号银四钱五分

乙酉年先师主会　吴俊盛　林元邦　罗东翰　罗宗豪　黄朝欢　邓德琨　叶耀君　梁德伍　刘荣号　何显斯　张元千　德茂号

丙戌年先师主会　罗会臣　易瞻联　区贤祐　陆辰元　岑凌长　陈国泰　伦定积　杜端冕　游源号　梁礼君　杨辉赞　区璧口

丁亥年先师主会　陈大泉潘合昌叁大员　区邦远　罗口伦麦合顺二大员半　杜茂韬　李卓明　李廷辅　泰裕瑞　冯杰先　林国义　苏恒胙　吴三兴　林瑞昌

戊子年先师主会　翁裕长　陈国俊　霍柱号　何恩斯　李达忠　马胜号　邓国积　罗恒锦　恒顺号　林燕万　陈大联　霍国章

记碑建重（接上页）

己丑年先师主会 杜衍嘉 左德隆 龚开千 潘绍科 林纬作 何绍东 廖作恩 曾英文 緦怡号 吴允侯 潘兴东 陆挺仁

庚寅年先师主会 麦江茂 冼正援 冯胜昌 钟泉号 黎象升 何达珍 怡合号 邓鹏大 崔润德 谭秀芳 苏广号 游源号

辛卯年先师主会 潘华世 潘梅沾 杨秀廷 梁新周 阮昌燕 麦智侯 谭联显 梁文广 陈子盛 锦成号 岑兴修 潘兴西

壬辰年先师主会 陈可嘉 黄华躬 苏叶昭 孔平万 潘美玉 林燕茂 陈建万 罗湛宾 泗兴号 苏荣裕 梁昭爱 冯荣英

癸巳年先师主会 潘尧斯 潘义合 区国玉 严飚元 招公万 杨继相 何励斯 林修爵 何亮斯 高友同 陈毓秀 劳智昭

甲午年先师主会 黎忠兴 黄兴号 潘伟纶 麦海和 杜荣号 罗瑞叟 朱秀号 黄禄宗 徐奕忠 奕昌号 游朋号 郑成兴

乙未年先师主会 张敦号 张恒号 邓叶臣 孔卓会 崔康号 梁启号 潘昌号 张德茂 区贤槁 陈智盛 游朋号 杨兴号

丙申年先师主会 罗卓标 康修远 冯廷远 黄位宗 莫尚举 何顺士 邓广惠 苏绍庸 陈朝德 何广川 冯华瑞 潘恒维

丁酉年先师主会 麦君卓 何秋亮 苏御昌 关国友 刘惠芳记 罗衍梁 冯胜号 陈贤号 谢兴歧 关宏积 陈正兴 邓国彦

戊戌年先师主会 罗乔连 潘兴琚 苏朝茂 何大有 潘挺积 潘奇泰 崔三合 柯广纯 罗开号 罗正合 罗永显 同盛号

己亥年先师主会 刘御相 杨汇盛 杨振康 黄达秀 霍朝号 邓同兴 刘俊有 何茂国 合盛学瑞记 冯华英 合源阐德记 张朝号

庚子年先师主会 罗广辉 阮达先 谭高长 区贤琏 何朝品 梁伯茂 潘基廷 徐润都 谢文兴 叶位豪 陈挺长 潘凌洲

辛丑年先师主会 何润芝 陈斌宠 潘富远 霍泽都 陈镇锦 冯明号 何毅广 邓正泉 正昌号 陈能夫 周霭先 李东邦

壬寅年先师主会 杜文光 谢元荣记 易元登 梁甲周 何盛号 柯漠纯 周崇号 林仁号 潘绍彰 吴广惠 潘正熙 梁浩荣

癸卯年先师主会 广腾号 潘佐广 邓蕃礼 罗奇斌 岑隆修 昌正同记 何汉联 冯仲明 潘杰朝 辛宗钊 杜润光 陈贵参

甲辰年先师主会 麦朝光 杨纯恒 阮和益 杜联益 梁允腾 杨国宾 何德公 黄国文 何浩川 甘运积 潘始柏 吴受惠

乙巳年先师主会 卢健卓 孔锡万 陈宁宸 何体扩 何贤海 严成显 经鹿泰记 罗国才 梁廷长 何宗纯 同盛号 麦成东记

丙午年先师主会 陈演之 钟圣大 关殿德光 邓英俊 梁广兴 孔思万 劳朝修 卢成鑾 邓宜广 霍国祥 黄朝职仪章 梁兴成

丁未年先师主会 陈子登 陆文兴 区贤彭 王玉号 黎口昌 联胜号 梁万明 潘熙升 朱正翰 卢发号 何源远 陈联号

戊申年先师主会 陈光太 关权汉 杨源财 黄伯合浔记 潘昌润 义同号宾记 何章号 区源盛 刘储号 岑敦受 潘兴禄 何华记

己酉年先师主会 吴明简 谢合利口口记 锦盛号 潘广沾 粤昌号 董国号 义源号 邓可浩记 元茂号 罗开号 荣兴号 锦兴号

庚戌年先师主会 李淳元 李启开记 锦昌号 孔卓景 元吉号饶记 罗尧号 永昌号 岑义纯记 陈盛纯记 岑联号 吴茂号 潘卓怡

辛亥年先师大会 潘昌琪记 关茂号 邝朝高记 李援贤 黄信号 谢彤朝记 潘裕斌 邓富礼 邓昌作 林隆燕 罗异泮儒记 张合绍记

壬子年先师主会 潘儒亮记 广昌号蕃记 谭元鑾 陈在朝光记 潘裕兆 张绍籣 陆赞仪体景籍记 陆荣显 阮昌盈 邓贤智 何用贤芝宝记 何允洪记

乾隆三十年岁次乙酉腊月吉

锦纶祖案先师碑记

戊戌年主会捐金叁两六钱正　潘联伯　荣昌号　陈尚衍爵　杨贤任　经丽号　梁昭爱　邓荣超　梁荣腾相记　余登敬缙记　区骥彭　李援贤　邓昌作

己亥年主会捐金叁两六钱正　岑湣先　谢合利铨美记　扬源斯　区显弼华记　正华号　冯荣英　贵昌太记　黄朝成记　冯何号　陆景体仁　陆达号　卢发号

庚子年主会捐金叁两六钱正　潘明号　黄锡恩　岑超涧　任永号　谭邦元记　孔卓巧　陆鹿容　杨纯号　陈建茂夫　王广□全记　梁成　汇意桂全　何琼川

辛丑年主会捐金叁两六钱正　林修号　何扬号　三隆英记　罗尧胜记　杨简号　卢怀诒　陆合号　区源盛　潘广成　陈上宽　陆琳号　义益号

壬寅年主会捐金叁两六钱正　潘昌号　谭兴华　经隆御记　李启开记　陈朝德　李时号　康国斌　陆聚顺　粤昌号　冯严朝文记　谭兴浩积记　蔡聚士忍记全立

癸卯年主会捐金叁两六钱正　胜盛号迺记　杨世宝　陈泽协邦全　潘兴云记　成昌达记　罗晓章　纶兴汇懿全　袁宏壮　周合盛　梁荣纲　世隆号湃记　康日时永全

甲辰年主会捐金叁两六钱正　陈广纶　潘昭兴标记　冯进昌蕃　叶昌号　陆贤合滨记　李佐号　孔水号　陈纯泰全元贞　罗合号悉记　林隆燕　福合号

乙巳年主会捐金叁两六钱正　罗连号德记　陈汝汉　冯高万　何茂文国记　周敬修　区贤润　陈会荣　冯华英　麦超发昌全　陈朝秉炫　梁世斌　刘能三学记

丙午年主会捐金叁两六钱正　潘立朝　梁万秋　连昌号　伦魁号　粤元号　广昌号　冯达昌　谢文兴　合源闽德记　亿源号　梁顺号　大昌储记

丁未年主会捐金叁两六钱正　吴叶芳　邓国号　易广泰　沈东堂　岑超观　吴作仁广　杨赞宁　潘可参　宗昌阜记　义合卫腾记　周蔼先　何斯森□益记

戊申年主会捐金叁两六钱正　杨成珍　谢朝升　正盛号　周居泽超记　茂盛号　麦义合　潘绍彰　陈修号　正合号升岁记　锦兴琳记　裕益号　潘龙号炳允记

己酉年主会捐金叁两六钱正　陈绍登　陈维梁荣全　冯腾号　梁乙周　冼作超贞全　潘燕朝　陈子耀　冯广号　合来楚汉记　原昌德成记　陈悦来　岑声琛齐

庚戌年主会捐金叁两六钱正　经章号　甘运居记　黄创荣记　罗学保　吴广能　陆粤成　马腾君记　黎荣滋　陈国存　刘作广　梁怀浩记　潘广盛

辛亥年主会捐金叁两六钱正　福然号　岑超乙　邓永常　梁名成　梁广兴　世昌李昌进林世溥　邓长林　孔胜祥　高合昌　陈爱济煜记　敬昌号　辛公馨

壬子年主会捐金叁两六钱正　关芳贵　伦义隆爱上记　伦文超　何林现记　罗潮满　梁涧宗　恒茂何祥士高宗枝　潘爵文　黎建万儒全　邓琨老号　永兴号　陈容彩恒记

癸丑年主会捐金叁两六钱正　三益祯济记　梁万明　锦泉祯储记　何邦士　纯昌店　梁文裕成记　永顺润记　陆彦锡记　杨隆号　麦秀芳　彭廾号　罗国基

甲寅年主会捐金叁两六钱正　合盛号　陆沛然　关盛殿记　正秋逊记　麦超景　陈任正　杨清甫　梁顺调　孔振修兴记　梁仲攸记　麦福昌　杜贤行原记

乙卯年主会捐金叁两六钱正　何明通　邓挺秀何□恩　邓理兼　德利号　荣泽记　叶殿辉　允胜　老号显善记　何知贤　怡盛号允炳记　霍连号乾坤记　荣兴号　羽志超记　梁同号滔钊记　绍昌号泉记

丙辰年主会捐金叁两六钱正　黄其秋记　陆原号　区声岳　杜泰号　陆锦兴翟记　梁会号成合金伯记　何彩号叶记　何衍号　叶振号　吴顺号光记　潘英号智记

丁巳年主会捐金叁两六钱正　陈昌震　李萼清　陈珖廷　冯国纯　潘富贵南　何茂号　启国近　麦超进　李昌号进琳记　陈连号昭林记　梁朝德贵兴记　颜风举　锦□杨齐莫昱

戊午年主会捐金叁两六钱正　麦顺维秀记　黄明著　黎茂新记　左日昌记　孔泽齐记　陈年登　关启高　何正和世公泉记　李贤远新记　吴茂号光记　梁世滔　吴三合昌记

乾隆四十三年戊戌五月吉日当年主会立

锦纶先师碑记

癸丑年值事杜粹然　徐锦号　两德号尊记　李长文　德如号　梁成号　梁荣纲　罗合号　张儒号　黄满号　罗仰号　万茂号

甲寅年值事伦敦魁　粤元号　梁荣君腾记　谭礼夫　麦超癸昌记　岑超观　陈祥桂　孔登建　陈世彰　张绍桂　何斯号　恒昌号

乙卯年值事何□宽　陆时採　梁卓干相记　谢英遇记　程平兴　郭恒宾　方万盛　谭□巧　谢耀□珍记　高宗遇　杜宪章　关奇龄

丙辰年值事吴叶芳　马广泰　冼作超　张大隆　潘义合卫记　王纲立振记　李叶远　陈显朋　林茂远　□□义聚　杨修辉记　梁廷霖

丁巳年值事陈秉炫　区殿泉　茂盛荫记　劳友胜　张耀开　黄文开　邓擢升　张平贤记　劳世芳记　杜鸿章　潘合贤　恒泰号

戊午年值事冯合号　潘贤才　梁开国　梁世斌　刘润□　黄锦芳　麦荣彩　广泉胜记　梁合源　李宪侯　潘广盛　张时号

己未年值事梁瑛号　□□□　罗昌和仰记　高合昌　朱泽号　荣昌德成记　吴□□记　李恒昌记　谢昆号　杨挺号　陈源利发记　合隆号

庚申年值事罗保兴友号　高宗□　区□号　陈翘广记　陆章□远记　正兴号　孔振□□记　潘政恒华记　黄□成记　何齐号　怡盛号　潘简号

辛酉年值事冯荣茂记　麦弼高　陈广号　李燕号　陆彦□号　李明胜记　符锐景号　和□号　谢拯号　黄宇号　何知贤　冯容光记

壬戌年值事何邦士　何祥士　高胜君记　陈裕伦　陆□超　永顺号　杨济号　梁贵昭　陈尧弼　陈悦来　同盛文记　梁□思

癸亥年值事邓祯士　梁润荣　杨维纲　栢如□□记　何时义□记　邝俊昭　吴顺号　关茂珍琮记　陆彩华　德昌□怡记　林合□□记　陆作□

甲子年值事孔腾号　李得号　游成号　谭朝号　罗国号　裕丰秀记　协昌升记　林秀芝记　锦丰号　陈源麟茂记　何宇号　陆□号

乙丑年值事简经齐记　方仰坤鸣记　黎茂新□记　邓型秋记　锦兴号　永茂号　劳广号　梁□号　邓岳隆泰记　梁引号　中和号　祥合宾择植记

丙寅年值事刘□达则记　陈全合会伦仰记　郭□□记　冯恕信记　阮开号蔼记　麦欢号流记　刘兴号　陈□号章记昭记　梁世滔　梁仲攸记　麦顺号惟记秀记　联益号蔼记

丁卯年值事陈子雄　卢昌桂　苏汉昌记　义昌号　梁权号　同源号　和合号　全昌宪记　公昌号　宜昌号

戊辰年值事劳合闰记　黄　□英号　顺兴昌宗记　潘英秋海记　林兴□芝记　周意煜记　孔怡建　裕泰灿记　荣聚璋珍记

己巳年值事徐挺号泽记　邓兼号汇记　麦起号　陆荣号　□□号　李聚号　林联号　诚合号卓新记　源怡昌号

庚午年值事杨蹈则龙记　何深兴记　关　□万成彩秀记　陈盛肇礼记　□□□　罗福纯进记　陆智信裕记　潘智松记　麦乐号

辛未年值事周昌芳记　黎定号　梁振号　□泰记　朝伦□□　罗连泰灼记　刘登号　黄信经泰记　万隆号

壬申年值事潘君寿海带记　刘明号　叶广号　林　□文秀衍记　同顺明华记　联泰茂达秀杰记　符昌号

癸酉年值事黎华桂铨记　黄富号　张绪号　陆仕□　记　潘福号　胜合号　悦和德记

甲戌年值事左瑞永记　永泉号　陆智号　麦福学记　潘美永□　号　何顺仰记　长源睿臻记　陈桂正记

乙亥年值事罗广号　高发号　叶显号礼记　锦成翕记　黄　□中灿记　泗源卓记　记　冯麟才记　莫正号　聚和宏记

乾隆五十八年仲冬吉置

重修碑记

稽古衣裳组织设自轩辕而九章五章则因时捐益是织造非　博望侯始也我粤东创立锦纶会馆师事　张骞侯者何居尝闻上世
服色纯朴文饰彩章至周始备然当时后世尚论者咸称汉代衣冠　张侯汉臣也奉使乘槎渡苑得授支矶彩石归而售世组织之道
遂得精微之巧我粤锦纶诸弟子不能祖述　皇帝而宪章博望侯北面事之端为是欤第不创于前虽羡弗彰不继于后虽盛弗著斯
会馆也其经营建立及改作正座维时勷事前后诸先辈展心竭虑以成美举浔梦瑶昌圣何梁两夫子表扬赞讼勒碑刻石至今瞻仰
称羡不衰无庸赘及岁在丁巳日缠鹑火之次烈风暴雨吹塌眷面檐倾瓦解不堪寓目甚非尊师重道之诚意登斯堂目击兴怀也爰
是集议重修卜云其吉适逢其会行情振作天时人事两得其宜竹苞松茂不日成之皆莫非　先师在天之灵默护其间亦十二股诸
弟子踊跃诚心所至也总理值事等何功之有所剩余波留贮出息预备改作东厅费用或廓而大之后先济美以俟君子

司事弟子何翱然顿首拜撰

总理值事　何翱然　陈光大　邓广惠　何敬玉　陆浦然　麦顺号　陈秉炫　冯明瑞　易广泰　昌殿泉　黄明著　李茂盛　黎茂号　方万盛　左日号　劳友胜　张耀开　孔泽万　黄文开　陈年登　邓擢升　关启高　张纲平　何正和　劳名世　李贤号　杜鸿章　吴茂号　潘合贤　梁世滔　冯汝霖　□昌号

喜认工金开列

罗晓章式员　杜宗号　汇泉号　黄天广　张时号各一大员　遂合号四钱　崔三合　刘荣号　康行昌　刘荣昌　梁连昌　冯合号各一中员

各股起科工金开列每机壹钱

第壹股共银叁拾六两八钱　第柒股共银叁拾七两一钱　第式股共银叁拾七两六钱　第捌股共银式拾八两九钱　第三股共银式拾六两四钱　第玖股共银叁拾捌两七钱　第肆股共银叁拾六两三钱　第拾股共银叁拾四两五钱　第伍股共银叁拾七两九钱　第十一股共银叁拾六两六钱　第陆股共银肆拾两零一钱　第十二股共银叁拾四两二钱

朝蟒行弟子敬送

先师五彩穿金龙袍壹件金冠玉带全副朝靴壹对穿金彩纱帐壹堂

先师诞每户科灯笼金叁分係当年各股主会同该股演戏值事交收如有拖延该股值事是问不得抗众

丁巳当年

先师主会陈秉炫　区殿泉　茂盛号　劳友胜　张耀开　黄文开　邓擢升　张平贤记　劳名世　杜鸿章　潘合贤　恒泰号

嘉庆二年岁次丁巳桂月中浣吉旦总理值事仝立

锦纶祖案先师碑记

己未年主会捐金叁两陆钱正 潘光号 陈贤号 陆泰[illegible]记 潘杰□记 □泉号 □经号 潘佳合□

庚申年主会捐金叁两陆钱正 严就号 区贤广 周昌芳记 □□记 冯贤佀 元经典记 沈 日兴 陈泽芳 何成明 宏记 和合黄仕□邓敬□

辛酉年主会捐金叁两陆钱正 杜粹然 张式交 潘蓄昌 张儒宗 陈盛□ 茂[illegible]记 顺兴贵昌记 源兴□职记

壬戌年主会捐金叁两陆钱正 何宽号 富国号 陈□□ 基元援号 开连号 高来昌□记 □聚号 叶广号 符昌广昭记

癸亥年主会捐金叁两陆钱正 杨□号 何深号 邓记和号 孔□□ 沛昌号 高遇号 元兴号 吴 南裕号 吴昌号 长□□□

甲子年主会捐金叁两陆钱正 何广川彩记 黎大儒记 永和陆雄利林仝 徐景□□记 何成启仝 林沛号 麦弼有连记 林荣道茂记 黄信 陆超号 怡益叶记 钟光 □□□

乙丑年主会捐金叁两陆钱正 潘联福记 李华远 永泉号 刘君胜记 罗英登记 钟会号 福源苍记 和益昌□ □陆壮耀记 恒隆号 卢富隆号

丙寅年主会捐金叁两陆钱正 张东号 陆仰成 帅湛号 杜建号 杨挺思 张时号 聚合维和记 黎远达 麦盛号 合顺 何顺仰记 李新号

丁卯年主会捐金叁两陆钱正 梁仕容记 杨修号 源隆号 泗源卓记 李恒号 陆声号 黎文号 杜焕号 扬顺 冯悦号 莫正号

戊辰年主会捐金叁两陆钱正 郭昌号 邓昆茂记 刘显湛 怡和业羡蕃 李英号 黎远广 高振昌 福合勇记 陆辉 号 冯麟才记 颜联昌

己巳年主会捐金叁两陆钱正 梁宗雨 和生号 伦定泽记 同盛文记 甘崇礼 纯恒赞伟记 劳名世 黎伦满行记 福盛瑚琼记 潘润灿记 联合泰德记

庚午年主会捐金叁两陆钱正 苏文号 永利号 永源谅记 陈尧赞记 瑞伦号 广隆号 麦穗德记 成昌智记 彭兴 号 潘祥国记 和源茂辉记

辛未年主会捐金叁两陆钱正 陈在光记 叶魁礼记 张绍桂 李泽士 邓雄辉 徐结正记 梁贵上 关裔珍 张衍□ 和[illegible]记 周怡顺 梁敬思

壬申年主会捐金叁两陆钱正 怡昌号 彭干和顺记 彰荣有记 梁明耀记 同义号有连 陆章政记 荣益绍显记 杨栢光贞记 高耀□ 黎意瑞记 简经仰大记 和盛号

癸酉年主会捐金叁两陆钱正 罗荣宰 刘能号 游成显记 裕丰秀记 成章号 陈明号 林秀号 合和号 谭政号 源利号 顺合号 叶炬号

甲戌年主会捐金叁两陆钱正 梁定[illegible]记 邝俊昭成炎记 李永源经安记 罗霖然进记 恒益号 林义合持德记 冯荣[illegible]记 协□彩任记 卢新盛 谈启[illegible] 黎琪光□记 黄盛号

乙亥年主会捐金叁两陆钱正 高远显记 何辉刚泽记 莫秉瑞照记 胜合平记 冯合承纯记 邓岳[illegible]记 梁乔号 陆作祥 同德□记 黎杨庭德记 顺隆瓒成记 荣吉能仁记

丙子年主会捐金叁两陆钱正 徐挺泽记 霍兴号 黎昆号 徐聚元号 元茂号 林联号 和生正记 方彩号 正昌号 梁荣华记 源泰号 冯信号

丁丑年主会捐金叁两陆钱正 林昭号 联升号 黎华参记 麦乐号 邱茂号 和合黄援魁邓景维 沈聚合瑞记 陈子耀敬记 潘秀号 和兴时润记 冯华衡记

戊寅年主会捐金叁两陆钱正 梁振仲记 郭成玉 聚合连泰记 李聚润记 刘仲达 荣聚号 义合号 陈振号 □合号 梁荣熙记 关源兴 顺昌号

己卯年主会捐金叁两陆钱正 罗耀绍记 潘秀号 冯其祥记 陈明深 何赞号 全昌宪记 吴忠号 徐用湛记 □□记 恒顺茂丽记 林盛滔记 公兴平享记

庚辰年值事阴福堂张益乔记 左英号 冯泰号 徐彦汝记 陈兆合 梁恒兴 泰彰□记 何时号 麦援湛用记 元经康记 □升 □汉号

辛巳年主会捐金叁两陆钱正 黄祥泰记 刘宏江记 万利号 潘昭汉 陈伦号 德昌号 何行号 黄海号 李振盛 陈 合升宁记 梁各章记

壬午年值事崔成合湛记 何柏桂记 符贤本理记 李秀升超记 何正和腾光记 聚和宏达记 陈智焕记 道合源宏记 吉昌得□记 启成得□记

嘉庆伍年庚申五月吉日年主会

锦纶先师碑记

锦纶会馆创自雍正元年及至乾隆甲申
年买邓氏房屋弍间建立迨至道光乙酉
年再复添建西厅及后座其后墙外留通
天渠前面踊道宽广至于照壁四围本会
馆自留墙外滴水七寸诚恐日久被人占
盖故特此题明以使邻里相安也

锦纶先师碑记

己丑年值事 胜合平记 陈昌振记 潘高国记 泗源秉振怡记 黄祥应昌记 黎浴号 何宁坚记 梁荣昌宁能仁记 伦聚仁记 刘昌号 梁定标广胜秋记 陈建兆记

庚寅年值事 怡和羡记 陆进万记 高正顺泽记 永发莲记 邓琳勋勤记 梁会兄瀚廷记 林盛滔记 罗明礼廷记 和兴黄凝记 张勉满雄记 何赛光记 广和彰贯记

辛卯年值事 孔恭号 吴昌号 何宽本记 彭亮肇记 刘世号 王裕和 杨荣号 元经康记 源聚号 维利禄仪记 高雄号 陈養号

壬辰年值事 陈朝敏玉记 叶教号 引成可记 陈荣开记 曾祥赞记 罗恩号 福盛顺学记 关高万顺记 梁佩海记 信耀丛波记 万茂国记 陆彦礼记

癸巳年值事徐朝昌瑞记 张经兴逢记 泰源锡茂记 谈升漳泰记 采经敬孟记 何富兴秋记 梁昭赞荣记 黄建兴润记 冯泽念记 茂兴廷霖记 聚元锦记 冯合锦源记

甲午年值事 帅洪合元记 何朝元记 凝昌和进记 叶郁成记 黄昌吉记 冯达松记 广经镇佐记 何德元记 刘喜景记 大章成恒记 刘万携记 郭正顺万良同记

乙未年值事简政秀能记 麦援湛用记 邓合荣富记 义聚昌记 周杨广记 罗耀昭记 高远显记 周辉号 仇赞敬记 霍耀吉贵荣记 莫年锦记 理合号

丙申年值事崔秉浩淳记 何廷远记 叶荣兴记 南顺源记 陈新号 邓琛号 吴锦富泰记 严信泰记 高乂茂祥记 何容焕记 邓顺贤记 罗沛号

丁酉年值事黄珠新记 麦千志成记 福泰梁卓号晓新记 麦枝柏记 美昌作记 叶祥亮秀记 黎煜意善昌桐记 钟意合 敬茂开男 兆荣庆祥 罗兴坤志槐记 何俊权标□梈记 苑元宏舒景记 荣兴燕涛逵记

戊戌年值事松盛生记 麦泰锦荣记 杜金号 周德金记 陆新光记 冼栢锡伟敬光记 吴仕揖振记 孔遂佳记 陆铨能记 郭珍贯宽竖仰记 永源正琏卓记 元和永辉记

己亥年值事陈衍沛明记 全和英垣记 冼国泰泉邦记 何华文成记 区泰润记 成利棉维业记 何胜□谦□记 梁庆陆胜记 陈敬沛胜南记 合亿继培光记 和丰沛诚祥记 逢利光翰建记

嘉庆二十五年八月仲秋吉日置

锦纶先师碑记

丙子年值事徐源号　冯世号　黎广号　冼金　邓贤号　谭西号　冯朝琨记　何栢号　阮英号　和益元记　罗英兴记

丁丑年值事黎大儒记　游承号　陈宽号　黎伦　潘鸭行记　陆辉号　陆康号　冯慎号　罗振号　潘振时记　林芝号　黎滔号　杨纯恒　盛海桂记

戊寅年值事罗荣达　刘居胜记　关闰号　梁贵上　邵显万　潘国胜　罗荣乔　麦谦号　怡顺号　联德号宏记　合隆号　谢桂馨记

己卯年值事陈洪瑞记　郭昌号　陈和顺　何齐宁居记　冯胜洪宝记　杨意德记　冯爱号　何明珠记　黄经　满安金记　行和号　行丰号　和宁号

庚辰年值事彭干朝　吴亮号　梁瑞号　徐结正记　麦穗号　陈福号　广合号调福记　彭兴号　罗炳号　何枝号　顺合惠和记　潘斌号

辛巳年值事潘耀昌邦记　帅开銮昌记　陆和景记　罗爵号　冯新号　区海号聪记　梁尚号　何和号　惠沛号　黄寿号　李荣秀启记　周炳伟记

壬午年值事邓西灿记　彭联　芳明盛记　陈敬来遇记　符德肇记　谭政号　顺隆赞成记　源吉宪壁记　陈明耀记　泰吉泰赞记　梁保号　刘能号　德合应记

癸未年值事李泽士润桂记　邓雄植记　罗卓信记　福合琼光记　何同德　关景兴记　张升号　源泰号　郭赞号　严恩号　马洪号　彭荣吉

甲申年主会李聚润记　张怀来记　冯达号　何广昌号　胡正昌号　源利昌号　瑞纶泰记　锦行连珠记　刘公昌号　陈耀敬记　顺和富典记　潘全号

乙酉年值事谭耀义财记　李声合辉记　郭成玉　和生正记　德兴光泉记　霍赞润记　陈振号　黄和合　谈启　照滔熹记　梁荣熙记　泰合号　恒兴谦淳记

丙戌年值事刘陈汉　辉杨超记　梁恒兴号　麦秋号　黎琪永忠记　盈昌号　潘秀键记　黄才合记　何源錦记　麦茂号　符成达都记　公兴平亨记　逢源号

丁亥年值事怡和业懿德记　邓荣珖炜记　周昆号　徐用湛记　陈声号　何行号　生元　炳锦灿记　黄海荣汉记　李振盛　茂松栢记　麦时亨记　梁名章俊坤记　梁定明　茂荣俊记

戊子年值事邓光赞记　徐彦汝记　廖启煇益记　兆合荣记　潘汉号　何柏桂垣记　梁孟仲龙记　何和有记　冼政德记　宏泰强冠蔼朗记　景合　廷储贯广记　同德润记

碑馆会行纶锦建重（接168页）

何彩号三十三员 阮和益 罗连记源 黎儒号 已上三十员 李荣兴 黎伦广福记 黎广号 松盛号 和盛号 已上二十三员 已上二十五员 崔成合二十二员 黎万号 何正和 公兴号 合德记福 谭永源 沈霖号 永合号 陆泰记英 李贤号 纶泰号 怡益号 梁仲记佽 杨蹈号

莫正号 聚合号 高顺号 同合号 振茂号 启成号 陈洪号 麦欢号 和章号 荣泰号 何和号 杨维号 何翕号 全信号 陈朝号 冯合号 黎远记星 宏经号 已上十大员 何章号 阮英号 麦兴号 李启记开

林义合 陈智号 冯贤号 黄海号 徐结记正 黄才合 黎华号 麦援号 陈明记耀 陈在号 何知贤 罗德昌 叶振记德 梁大兴 何能号 绍隆号 岑多记平 徐用号 刘正号 霍祥记成 陈槐记遥 冯新号 何行号

联记 陈兆合 林盛记滔 梁合号 合兴号 李聚号 怡和记羡 元经号 罗昌号 陆作祥 罗斌记聘 潘广合 陈昌号 梁仕号 罗荣记昌 梁维号 全纶号 吴昌号 何富记兴 恒泰号 潘天号 梁振号 怡和蕃丛

邓惠号 罗国号 杨和号 已上三大员 邓振号二员半 永兴号 潘松号 远养记荣 陆和记景 潘德号 陈盛号 信兴号 黄信记开 高维记 吴华号 岑益号 林盛记昌 符德记肇 行盛号 源吉号 帅开记昌 李浔号 林联号

关洪号 苏桂号 泗源记秉 周昆江 邵起记光 徐琳号 文英号 潘智号 麦琼号 陈杰号 阮开号 何宁号 何源记锦 苏东南西北 廖祐号 区海记聪 已上一员半 周德号 潘兰号 梁保号 麦秋号 梁孟记仲 何松号

吴昭号 吴仁广 李燕号 罗恒合 何济华 张耕记农 叶显号 黎昇号 麦福号 叶海记廷 杜登记耀 冯腾昌 郭义记锡 罗泽号 陈昌号 谈萃号 辉合记启 振声号 马宏号 罗怡号 游礼号 潘悦号 郭锦号

黄聚号 罗启号 蔡和号 高强号 黎祖号 广利号 潘桂合 华昌号 胡华合 邓兴号 马祥号 麦时号 新盛记厥 廖槐号 梁庆号 冯富雄 陈敬号 李朝记太 邱侯援 邱侯枝 梁茂号 严超号 杜锡号

冯忠号 黄参号 邓光号 何茂记勤 冯润记富 陈明号 徐志元 陈朝记金 梁朝号 何坚号 郭粤顺 符茂记明 兰滨号 陈万号 兰隆记能 潘意号 罗柏号 区丰号 高合昌 黎和号 区绪记宏 关祯远 关启斌

麦日号 谭诚锦 郭昌秀 麦兴记伍 方和号 黎义合 方国号 罗明记祐 罗满号 陈鸿泽 黄瑞号 陈洪记杰 罗沛号 罗洪号 梁雄号 冯彪号 廖居号 黎振号 陆兆号 何义号 陆沛号 张茂号 彭式记瑶

李康号 陈琼号 陈廷号 梁杨号 冯祖号 梁文号 周援号 黎端号 陈合记 简正记秀 潘贤号 刘福号 黎义号 刘道记胜 元合号 潘宽记遇 黄榆光 徐文号 陆和记贤 潘广号 高日号 刘靖号 刘尊贤

黎文相 陈洪号 杨珮记明 黎元记锦 谈砚号 阮显记璧 谭可号 莫灿号 梁灶号 杨柏号 区福号 周和号 荣合号 陈茂号 杨英号 麦有号 邓雄号 马云号 黎寿号 何帝号 高焕长 周聚号 黎茂号

苏广记永 梁成号 罗俊号 黎培号 黎德记宾 谭忠号 潘魁号 罗润照 关宏记兴 同广号 张联号 振达号 丁满号 麦滚号 陆英和 高义号 孔振号 梁英号 洪昌号 麦宗锦晓 邓连成 冼元号 陈广昌

张应祺 何荣邦 何祥仁 区利号 陆朝号 冯茂号 郭正昌 万彰号 梁祐号 陈俊号 陈裕号 邓光号 陆沧号 怡和号 周端号 邓辉号 友信号 张时号 谢衡号 霍泰号 老养号 谢升号 李创号

杨璧号 李谦记刚 陈荣吉 程宪号 李镇清伟 吴腾号 瑞伦号 何汉号 张朝号 邓纯号 潘茂号 黄国记祯 潘熊记泰 孔来号 陈廷号 梁茂记拜 邓怡号 陆进号 罗聚号 苏德记廷 李茂号 李容号 麦建号

和彰记炎 高发号 聚元记锦 梁裔号 罗明号 罗德号 谢源号 潘茂号 刘炳达 麦贵号 黄爱章 陆□号 梁滔号 陆运号 陆万记锦 梁帝记宁 林文记敬 周永记安 何秀记耀 杨德记洪 梁应记元 徐梁记合 陆和记三

洪合号 润隆号 丁樑号 已上壹中员

刘陈汉 和兴号 邓岳号 黄祥号 方彩彦 德新号 冼宽记茂 彭满号 李同兴 叶明号 同昌卓兴 冯世号 信华号 谢章号 陈文号 邓锡记昌

梁世号 荣茂号 邓樟号 梁荣吉 霍兴号 陆满记爵 潘进号 杨邦号 何和号 冯泰号 关有号 程虒号 罗权号 何文记隆 焕兴记卓 徐进记标

重建锦纶行会馆碑

（←）

我锦纶行会馆之设由来久矣粤省人民辐辏百工技艺托业者寔繁有徒而郡城西隅业机杼者尤众斯固声明文物之地亦造物精华之气所特洩也尝于西来胜地构一堂宇师事　汉博望侯张子文论者谓子文乘仙槎至

天河得天孙支机彩石归而售世组织之道因以日巧锦纶诸弟子之师事　博望侯者端为是欤斯会馆也始建于雍正癸卯之岁乾隆二十九年嘉庆二年继有重修逮道光五年堂隘将圮又谋以新之添建后座重建东西

厅是年六月始工腊月告竣时叔祖湘如适同司事又以余先祖父皆托业于此嘱为文以誌之余思组织渊源萝瑶昌圣何梁两夫子及翱然何夫子三碑文讨论详明无庸勦说夫神灵千百世而不没庙貌数十年而一新是役

也革故鼎新增其式郭歌台绮阁结构弥工非徒壮庙貌之观实以为神灵之妥也而　博望侯之食报岂有艾欤

例授文林郎乙酉科乡进士拣选县知县冯士楷拜撰

重建值事通行公推锦纶先师三年六班值事董理轮班值日所需米饭各班值事自备合共计银壹百捌拾叁两柒钱九分

癸未年先师值事喜助工金六十大员　头牌两对连架全　李泽十四员　邓雄号五员　罗卓号三员　徐福合二员　何同德六员　关景号六员　源泰号十五员　张升号四员　郭赞号三员　严恩号二员　马洪号二员　荣吉号十五员

甲申年锦纶值事喜助工金六十七员　冯世号六员　陈宽号六员　冯纶号五员　罗壮维记五员　高引成五员　黎滔号五员　何赛光记二员　刘世号十员　永泰号六员　王裕和五员　福盛号十员　范荫号二员

甲申年先师值事喜助工金八十二员　李润千四员　张怀来记二员　冯达宁三员　何广昌十员　胡正昌三十员　源利昌记五员　康瑞纶泰记五员　锦行号三员　刘公昌三员　陈耀敬记十一号　顺和号三员　潘全号三员

乙酉年锦纶值事喜助工金壹百大员　长明灯壹盏　徐源泰记三员　何柏号五员　何宽号十五员　罗振号五员　和源纬记十员　维利元震清记五员　黄万茂十五员　逢兴润记十二员　采经号五员　永和号五员　刘润号十八员　冯朝琨记二员

乙酉年先师值事喜助工金一百五十员　谭耀财记七员　李声合八员　郭成玉六员　和生正记三十员　李德兴十员　霍赞号八员　陈振号十员　黄和合三十二员　谈启号七员　梁荣熙记十员　泰合号七员　恒兴号十五员

丙戌年锦纶值事喜助工金六十六大员　刘明号三员　何朝元记三员　益记三员　冯慎号十员　黄有和五员　叶郁号四员　苏其号五员　潘琨号三员　享和号十员　潘世号十员　刘能号五员　泰昌号五员

线纱行喜助博望侯满金头牌一对架全　头门挑花木彩　壹架工金一十大员　洋货敦仁堂喜认顾绣檐彩一度　工金三十大员　洋货接织行喜认神前琴枱壹张　中座长联壹对　锡八宝执事壶壹十六枝架棍全　工金二十大员

朝蟒行喜认先师蟒袍壹袭冠带全　穿花纱帐壹张　铜香炉壹个炉基全　宫宁线平行喜助工金壹十五大员　金彩接织行喜助工金十四大员　铜香炉壹个　本地牛郎放接行喜助工金壹十二员　素线约羽绉接织行喜助工金壹十五大员

元青接织行喜认敕印式座架全　工金壹十员　杂色八丝行喜认戏枱抱柱木联壹对　顾绣宫扇一持　接织牛郎行喜认抱柱木联一对　花八丝行喜助工金九大员　丙戌年先师值事喜认头门木联壹对　接织洋货行喜认大洋灯壹盏锡腊烛盘二个锡香烛台二枝

喜助工金芳名　陈乃合　钱合盛　师沾号　吴爵号　锦堂　方君号　张儒昌　梁瑞富记　凝昌号　潘品灿记　毛章号　严滔号　何耀雄　麦昭号　潘粹号　何建号

顺兴赵宗记杨连记一百员　茂兴号　谭政号　以上三员半　黎浴号　潘国号　林成号　张松杰记　谢德号　区爵号　刘添燕记　信成兴记　章源号　梁定腾秋　麦佳号　忠和号　何义顺

崔秉号柒十大员　吴景合　合昌号　陈建号　何德元记　罗建号　关高万记　义合英记　梁裔号　吴祖号　刘高达　麦滔号　梁世号　何三顺　麦基号　苏沛号　陈源泰

陆彦号六十大员　泗源号　顺隆号　黎高号　陆超号　霍辉号　邓西号　朝伦国记　潘光德记　梁辉号　张兰松记　麦鸿号　梁帝号　张益号　麦穗号　谭赞号　谭维号

麦荣号五十五员　李荣号　广经号　裕丰号　泰彰号　吴达号　王殿号　陈广号　梁洪广记　冯庄号　霍腾号　罗瑞号　陈振绍记　刘华号　刘彰号　兰计号　黎雄号

胡永昌五十大员　荣昌号　荣聚号　行昌秀记　泰兴号　以上二大员　潘参号　区钊号　麦学号　冯赞号　李泽恢　罗恩号　潘佳号　左琦号　叶广号　何安号　何理

符昌号五十大员　志合号　协和号　邓瑞号　潘正合　柯显元茂　周良携记　关宏号　林琼号　冯明星记　冼伦满记　麦茂铨记　符绍号　张远茂　梁从号　孔远号　张秉

吴顺号四十大员　王祥源　益彰号　元记　陈平号　恒兴号　泰昌号　罗明号　何达号　高定号　伦乔号　帅晓明记　陈宠号　张毓基　颜秀号　李开号　何林

何顺仰记三十六员　惠沛号　李健号　何辉号　梁会号　杨顺号　李友号　黎凌号　邓顺林记　高世号　周应永记　帅顺号　潘皋号　张赞修　麦庆号　高合纶　冯鑑中

张儒号三十五员　周怡顺　梁贵号　劳添秀记　方卓彦　东昌号　李茂裔记　潘秀号　李程富记　吴新号　李英号　周宾号　何魁和　陈合昌　周崇琦　谈英号　钱广然记

和彰号二十五两　锦豐显记　何邦号　和源号　麦谦号　关茂珍记　张绍桂　罗华号　李长号　黄有盛　李雄号　黎英同记　陈贞号　张廷豪　罗贵号　顺华元记　李是翀记

碑馆会行纶锦建重（接166页）

已上二十员 林枝号 张勉宗 徐彦号 林兴号 梁权号 周国号 何瑞渭记 广和号 黄爱慎记 李邦高 黄显号潘桂号 梁可华 孔遂号 阮锦秋记

聚和号一十五员半 同德闰记 新合号 徐挺号 关芳惠 冯荣号 杨挺号 陆东壁 丁恩号 谭喜号 罗衍号 高宜号 徐成号 罗邦号 李荣号 谭安冬记

源昌号 叶广号 已上五大员 罗雄号 左英号 邰万号 义顺意臻 李瑞号 同盛颜记 郭珍号谢彩号 冯启号 赵衍号 六合号 高猷举 吴刚允记

冯麟才记 已上八大员 关闰号 陆铨号 彭干和顺 罗琛琳意 黎文号 麦经号 黎昇号 李怀号 林美号 麦允合 叶远大 符秉号 霍祥伦 何雲衢汉

盈昌号 叶健号 符贤号 黎大号 冯贵昌 陈衍号 顺和号 王辉号 黄经号 徐德机 梁顺号 潘儒号 郭德景记 邓信号 潘自贵记 何显超

永泉号 高合兴 罗耀号 陈礼记 罗遇号符成号 潘斌号 李世清 梁卓炎富 吴达相记 徐炳号 邓合号 罗荣宰 潘钊号 林愰号 何显时

黄富柏记 陈錩号 宋广号 何华号 何尧号 冯允号 李秀昇记 邱建信记 区悦隆记 崔连号 甘松号 麦畅号 张芝号 梁恒号 林祐号 福隆胜记

已上十五员 已上七员 谈升号 范朝广记 潘英可记 兰旺全记 何齐号 纯邑堂 庞仰号 杨仲号 李秀钊 何任号 罗邦顺 周崇号 何炳调记 福隆保记

利源号 罗英号 罗英号 何信英记 锦元号 李振号 范元号 潘昭禄 潘济号 罗芳维记 甘端号 邓朗号 高发号 陆纯号 麦来号 杜正和 陈伦号

允经号 游成号 关联昌 罗三合 邝聪号 李惠号 杨修号 已上一大员 高祥德记 梁广文 黄锦号 冯伟号 陆诒号 麦海号 李九号 康旺号

罗霖号 何柏桂记 周昌芳记 陈新号 罗达号 何忠号 陈谦号 福源苍记 黎建福 陈光国章 李岐燕记 何洪号 梁定标 麦广号 罗修号 同合号

已上十四员 冼开政记 李振盛 何宗号 林济行 梁池洛记 潘广秩 梁基长 李水源 罗德号 徐维号 信成号 黎锦顺记 麦贵号 刘宗号 陈李合

梁名章记 关龄号 谭福号 邓祯号 何广昌 冯成号 郭恒号 谢源号 陆辉滔 冯应恬记 黎可荣 刘朝号 徐景廷记 何起号 刘连号 张王号

正茂科记 行和号 黎琪号 罗连号 李行顺 高挺号 张明信记 同合有开 黎明亨记 孔怡建 梁炳号 马启号 陈成号 何振号 潘廷号 潘廷万 刘吉号

已上十三员 陈錩号 陆章建记 李全昌 丁振号 荣益号 邓荣号 梁富号 永就号 刘居胜记 黎郁号 冼朝号 梁润华 何合号 罗英富 陈光号

行丰号 潘汉号 徐居号 林隆号 张志号 冯本号 陈阜号 李耀号 怡昌号 邓奇浩记 李行泰 谢爵明记 梁来昌 何意号 傅锦赞 成合号

麦乐号 合隆号 吴忠号 罗顺彦记 合利号 游成号 张润昌 李雄号 陈利号 陆广呈记 秀合号 陈谋号 周辉号 麦明号 李世清 贵洪号

已上十二员 孔兴号 杨意号 谭昭号 林贯逢记 和源辉记 张翰洵汶 陆明本记 区英满记 悦隆号 西合号 陈显号 孔参号 王胜号 徐景廷记 黎万号

区源盛十一员 钱义聚 已上四大员 陈声号 罗达号 方绪号 杜丽号 罗存恒 冯远号 冯江号 黎茂号 高英和 陆泽号 何秀号 邓成就 冯春长

已上六员 和合号三大员 已上二员 陆衍号

李帝号 邓茂允 黄荣盛记 陈南辉 黄有号 陈闰养 何志谦 莫迪号

麦贵号 黄爱章 陆科号

道光六年月浣谷旦勒

锦纶祖案先师碑记

己巳年纶锦关帝值事 梁力苏记 郑荣记 符致森海洪松记 彩合桐贞唐利记 李南盛珽琛瑚记 黄铨胜球松记 林业永福茂记 梁协华昌盛记 何英林星济记 梁成賓昉记 吴顺邦记 康行昌宏泰彰记

癸未年值事 何信英林记 黎溶号 麦元泰 荣泰号 何翕号 长源臻睿记 怡合号 劳添腾泉记 和兴凝黄记 罗国志兴记 阮英号 陆彦俊宏记

甲申年值事 冯世号 陈拔宽 冯纶号 罗壮维 高引成 黎滔号 何赛光记 刘世号 永泰号 王裕和 福盛号 荫范昌记

乙酉年值事 徐源泰记 何柏号 何宽本记 罗振号 同源伟记 维利元清震记 万茂国荣记 逢興润记 采经敬仲顺记 刘润号 永和位记 冯朝琨记

丁亥年值事 区钊号 荣茂记万 童源记惠 陈新记海 罗连灼泰记 何富興记秋 广经佐镇记 德隆号 茂興号 聚利培贵金记 何能柱朝记 杨维记开

戊子处值事 孔茂锡耀记 罗荣乔记发 杨和记全 关奇龄 麦谦号 叶健号 林贯记逢 范朝记广 卢麟记盛 泰昌干能培记 霍耀荣吉贵记 陆章记建

巳丑年值事 罗雄寿正锡记 陆铨培能记 陈衍沛晓明记 潘坚新记 方卓发记 恒泰振常记 惠沛同珍记 潘德落记 陆运登记 张志能记 高义祥茂记 公泰永悦富记

庚寅年值事 崔秉淳浩记 黄珠新记 林启灼怀昭记 陈敬南胜坚记 关宏盈启栢记 李荣启秀记 罗权茂铃林记 何华成文记 郭珍宽贯记 范元宏舒景记 何焕容记 吴仕楫振记

辛卯年值事 福泰梁卓记韩应芳 黎煜善意昌记 甘华昌魁敬君广记 荣兴显镐涛记 梁权号 梁庆胜记 麦同合墉宁记 钟意合敬开福茂开凤记 泰纶德同慎记 联经号 何建达号 聚和号

壬辰年值事 张怀来记 关景兴记 黎万相杨记 麦泰号 周德金记 麦兴泽朗铨记 陆新号 冼国泰交润记 耀和贯记 罗源号 陆兴永楚记 潘美秀彰记

癸己年值事 刘陈汉珍扬辉记 罗德炳合秋焕远裕记 黎达泰湛记 全和号 垣英记 昌纶号 顺泰明记 张洪号 杨英号 成利业泽记 潘英樟湛锦记 和丰诚灼记 逢利号光翰建记

甲午年值事 关茂来明江记 +正茂祥记 潘宽遇记 陈富号 陈辉科玲允记 何旺顺记 联兴康元记 忠益号 黄信合记景 叶振德然锦记 同仁义仲记 江盛号

乙未年值事 全泰兴正遇记 何帝礼记 吴达雄记 合兴端兴记 徐卓亮雄泉记 张杨合记 同合才开记 谈萃号 纶兴贤记 罗华泰记 宜昌彩开记 梁明有茂承号

丙申年值事 万利志记 同和显锦荣记 陈声号 梁绍启记 符成源达辉记 潘恒益记彦 杜同福记佩 何和有记 联盛西记 三和号义记 恒合号记猷 仁昌号

丁酉年值事 周国弼业记 冯达宁 李邦顺柱记 陈德铭辉华记 杨荣号 源经瑶芳记 茂隆锦显记 黎全信业记 毛始章记 经昌应隆记 陆裔晖记 李同合霈源然记

戊戌年值事 周昆号 罗彦号 潘斌号 梁松记瑞 东元章朝记 梁福全魁记 叶显记礼 李炳记茂 麦新记容 正顺记泽 梁会号 陈腾佐岳记

己亥年值事 黎锦腾记 经和敬记 罗恩茂记 张勉雄记 关祯号 廖祐锦记 成美号 合和安昭记 邓光灿记 朗泰旺有桂记 联和号 何正华萃英文记

庚子年值事 叶教号 傅扶风山陵松记 黎荣信裕记 仰恒号记同 钟振号金记怡和记德 李时记秋 联和球达记 合益号 杨泰记绪 振合号记荣 源益号益记

辛丑年值事 冼昌本明记 何和号 关高号 何德记元 何广顺 梁成记在 徐朝瑞昌记 何锦和尧记 郭正顺良万同记 源合杨癸记 胜和强森经记 德章满和记

壬寅年值事 董振珮瓒记 华兴荣记 和昌用昭棉荣记 暨辉成记 罗明兴记 经元钊记 洪合正裕保记 仇赟敬斌祥记 源霖得泽记 冼章祈平记 徐结炳宁号 吴景合绪相祥樟枝记

癸卯年值事 义聚昌记 阮恒昌 邓有叶记 陈陞江安记 周辉号 帅启合记和 源盛云记进 梁滔益记敏 许耀元记 何宽号 阮和益记元 刘培爵记泰

甲辰年值事 纶合茂记 邓耀逢源记 罗正号 麦枝柏记 梁经利斡记 信源号 黄江记 和泰富应记 吴锦益荣泰记 潘相琦记 陈盛浩记 何源明润记

乙己年值事 冯义合品崑记 昌凝号邦和昭记 刘万携记 大成怡辉记 李带容炜记 全盛兴记 陈通炎记 简政应能秀高记 潘宏兴开记 冯合锦培源记 南顺号 何和荣记

丙午年值事 冯世时荣记 李尚记尧 麦千记芳 何胜鎏深记 阮全记泰 李茂满金就记 陈肇记锡 和昌智标记 其源崑义记 协和隆泽辉记 元和记潮 麦标号

丁未年值事 梁荣昌宁能仁记 陈恩远记 黎儒谦记 中和谦记 周德广记 黎定光记 元和永记 区洪世记 彭遇成记 周文怡记 荣兴敬记 京盛培权记

戊申年值画 何俊彰能记 钟肇让记 高远显允禀 同兴享荣德记 卢义林赞记 刘美和栢泉记 合源荣和贤清 邓兆宝柱记 安泰崧灿发记 冯达松松根材记 广吉亮藉镛诚 刘振恩金明辉记

道光六年月日浣榖旦勒

添建碑记

从来事以率由旧章而尽善亦有制度随时代以少更而尤善者因革损益之宜审时度势之法非可以一律拘也粤稽我锦纶会馆始自前人于雍正癸酉年择城西西来胜地一隅而卜筑之庙宇基址深两大进左旁为厅厨右旁为横门出入之路前建照墙头进门外留余地以为东西来往行人经游通衢地形广延规模宏丽坐向得宜其所以妥祀　汉博圣侯张骞先师之灵使其享庙食于无穷而利赖后人者诚甚善矣厥后乾隆二十五年嘉庆二年两次重修仍照旧址迨至道光五年后人见其局势浅狭遂添建后座迁　先师圣像而安奉焉改右旁为西厅左旁为横门崇其垣殖其庭伉其门栋宇辉煌堂局舒展气象似颇胜于前惟是渐次人事垂张舆情少洽爰集酌议寅延南色　邑庠陈子刚老师　冯芝彦老师合为订论金曰　先师圣座及横门之路俱以照鼎建始基章程为佳至于右旁有受杀之处宜于照墙余地东南隅高建一财星楼以镇制则福荫自靡艾也斯时人心勇跃有三年值事协同鼎力勸签鸠工庀材不数月而此事遂成始于道光十七年七月报竣于是年十月动用浩繁功成甚速非藉　先师之灵何以有此此虽于旧章少有爰易而其斟酌尽善相地度刑因时损益以利后者岂不较前而尤善哉是当勒之于石以垂永久

喜认工金芳名列左　经昌号　周德号　潘广合　胡昌号　高义号　顺隆号　华昌号　何行号　□□号　黎远泰记　罗泰记

接织洋八丝洋货行助工金壹百五拾大员　吴忠号　麦枝号　何翕号　同仁号　廖纶茂　逢利号　何德元记　何海号　有和显记　陈陞号　永和号

接织福潮港行助工金叁拾五大员　罗荣昌　陈声号　麦滚号　冯世号　陈德号　徐结号　吴锦益记　周昆号　梁成号　邓维号　钟儒号

接织元寿行助工金拾四大员　忠益号　粤顺号　麦镇号　吴仕号　叶祥号　黎溶号　吴锦号　罗沛号　钱彭号　陆兴号已上壹中员　游承号

接织杂色素八丝行助工金拾大员　仇赞号　成昌号　范元号　中兴号　锦盛号　黎伦福记　源昌号　李茂号　陈在号　梁元号二两五分　陆衍号

接织素绫绸行助工金四大员　广经号已上一员半　符饶号　三和号　荣聚号　关联昌　纶兴号　泰源号　万茂号　黄瑶号　和昌号　谭政号已上二分

何正和　行丰号　永源正记　合德福记　胜和号　义聚号　何朝号　陈敬号　永兴号　黎文号　怡和懿记　合兴号　谭合号

吴景合　行和启记已上壹员半　仲记　和兴凝记　荣兴记　康行昌　梁会号　益彰号　陆义和　黎端号　刘昌号　潘美号　陆泰英

全和号已上四员半　陈富号　钟意合　陆辉号　关景号　何赛号　岑成号　严信号　罗彦号　冯达号　同泰号　何广顺　陆裕和

莫正号　谈升号　沈霖号　刘世号　源泰号　莫年号　何俊号　梁植号　黄元记　莫凝昌记进　罗达号　潘汉号　元和永记

陆彦号已上三大员　协纶号　联盛号　永泰正记　同德号　裕章号　万利志记　联和号　郭珍号　聚元号　张怀号　冼章号　麦兴号

信和号　松盛生记　罗权号　永泰眷记　源益号　高远号　张勉号　关祯号　陈伦号　和益号　黄昌号　陈辉允记　陆才号

福盛号　惠沛号　梁明茂记　高顺号　陈盛号　怡和德记　麦泰号　何胜号　和兴霖记　吴昌号　梁聚号　谈萃号　黄霖号

李荣号　麦乐号　永泉号　福泰号　陈新号　怡益号　陆裔晖记　冼国号　何正华　陆信兴　恒昌号　吴华号　梁永记

黎儒号已上式员半　黄珠号　同和锦记　杨邦号　何顺仰记　梁昭号　郭成玉细达记　吴协源　陈腾号　梁正号　关论号　陈泰号　全和栈

阮合兴式员零两　美昌号　何廷号　邓岳号　李炳号　徐源号　岑泰号已上壹大员　同发号　叶教号　黄祥号　邓有号　潘广合调记　区方号

刘万号　和丰号　张儒号　何和号　梁庆号　邵庆号　陆和景记五两　永泰宏记　罗英号　李邦号　谭雄号　罗信兴　岑端号已上一两八分

霍耀号　何宽号　成利号　宜昌号　陆琼号　邓信成　关茂珍记五两　瑞纶号　徐朝号　锦泰号　□高号　黄信开记　王长源一两八分

高正顺　陈礼号　同合源记　松泰号　恒泰号　符成号　杨明号　邓贞号　冯朝号　林和号　□连源记　罗琼号　杜同合

王裕和　李德兴　郭正顺　黎万号　梁福魁记　何柏号　区洪号　富记　游成号　杜同福　黎煜号　全泰国正记　谈启号

维利号　麦拔号　关铃洪达记　耀和号　何和号　理合号　梁世号已上四两八分　梁仲攸记　源经号　冯合号　邓惠号安泰号　泰昌号

罗振号　杨荣号　恒合号　罗兴号　信记　邓顺号　关铃号四分　钟德号　周国号　潘德号　大章恒记　陆然号　岑益号

崔秉浩记　叶荣兴　恒益彦号　陆章建记　黎德号　邓琛号　和章号三分　周扬号　程敬号　何桂号　何华号　罗顺号　范朝号已上一分

阮和益　正纶号

道光十七年十一月吉日立

先师碑记

庚子年值事梁寿记　梁滔垣记　麦奂铨炳记　罗权铰记　有和显兴记　孔旺记　罗德焕远裕记　黎远耀记　信合记　永和记　吴文记　叶华郎记

祥　满　朗泽相　铃　廷　科　炳合秋　明　景　位　荫　占

辛丑年值事程镜号华记　苏东霖记　耀和贯记　张杨合记　何正昌荫记　杨英号　纶奂贤正记　岑泰利庸球记　何全号　阮合兴灿兴记　梁明承□记　时合琚璋记

壬寅年值事闰茂达江记　刘振恩其记　陈辉允玲科记　联奂元记　阮忠益号　杜同福佩记　黎合源清荣贤记　黎德泰升记　联盛号　仁昌号　冯启号　刘美和泉记

癸卯年值事周国业弼号　谢会诏文记　同和荣显记　潘朝鸾记　源昌才汉记　陆万钊深记　同仁号　潘湘景记　宜昌开彩准记　方昆挺记　康行昌任诉侃霈记　吴景合绪记

甲辰年值事高源恒泽记　陈干荫记　徐建全记　永兴富记　陈富和记　顺泰明记　恒泰振记　麦森尚记　梁福□记　义盛秉壁记　陆彦成钟记　宏益登记

乙巳年值事吴达号　李源绪记　毛章号　潘顺荣记　联和号　何田铃记　永合忠记　潘业锦简记　刘盛记　德泰号　吴荣合　黎廷联记

丙午年值事黄仕依记　仰恒号　梁绍启记　冯福裕佐记　安泰受荣记　杜润仕桃礼记　关良记　李沾维权记　陆邦秋德记　冯永调晚记　刘经允辉景记　经和号

丁未年值事刘锦号　卢德号　潘思泽海云昌记　谭江炳澧敬森记　潘遇作曜梁炳记　梁泰连记　李业贞欣记　黎锦沾记　忠昌明湖　何昭汉惠朝记　致和兴礼耀纯记　周润和记

戊申年值事谈萃宜记　松泰章柳记　董能号　和昌棉用槐记　何正华文英萃记　冼章祈平辉记　张式廷桂记　梁用力琰显记　何顺仰记　徐结宁炳记　杨郎铵恒成高忠记　景合祥绪樟相芝记

己酉年值事帅启槱忠记　三兴祥勤记　洪合保正裕记　杜顺高昌记　梁滔益记　何锦尧和记　伦永泰宏锦轩根记　黄源盛云进津记　陈衍沛钊铨深记　陈腾岳佐滔记　全合宽福记　源经球璋记

庚戌年值事区福流煜樑记　恒昌启记　梁锡森记　林庆祯荣祥记　梁荣远华记　罗明兴滔衔记　中兴德成记　广合仁柏腾□□记　陆良承葵德记　合昌开钊记　广纶恒畅记　振合德业榦记

道光二十年吉旦立石

锦纶先师祖案碑记

癸亥年先师值事 梁纶贯珠记 陆河粹钊熙烈记 何林堃联记 梁力号 联和栈霖干五俊记 麦千成记会 永泰远和瑶畴标记 符德祥昌记 关茂号记欣 福泰明杰煜炎记 帅茂和能泰英广记 冯衍棠建亨记

甲子年先师值事 杜同合记正 徐悦号 谈广记海 黄和合球羽中记 陈辉广科记 梁广和记恒 黎达成辉志记 罗耀兴记 谢齐全万记 华经田江宽潼记 李信蒲才斯钊桂记 何文根乾华森记

乙丑年先师值事 何联经记昌 英和绍瑯掌记 陈远宵坚记 符潜河林记 许裕隆凌远猷记 胡郁仰降皆鉴记 孔清乐记贤 刘栋号 李清坤相培记 潘雄善浩记 钟高祐成记 刘振金明记

丙寅年先师值事 陈光晋记 文泰隆汝焯记 冯骥席序廉记 黄世宽记 黎平英进枌记 黄炳霖根记 黎煜省廷记 李许科灿记 陈栢京胜记 谢继填湛汝记 吴顺汝东昌球记 黄配良延记

丁卯年先师值事 陈显清记 何耀镛霖记 符炳朝栢成记 关联昌号 谭三合号 陈贞钊耀斗记 朱文相华记 李勤汉记 杜琚桐松记 刘灼荣记 潘秀培高濂斌记 杰怡忻记

戊辰年先师值事 杨宏汝杏汉记 广和记浩 凝昌就德权记 经安和记祥 郭保和 冯掌亟高江记 冯翱号 祥益敬容记 周福记康 祥纶业 何富汉记 黎祐铨烜记

己巳年先师值事 同和锦记 李贵玖记 常福盛 谭生合骚俊记 简昌枝達琛记 亨记号 纶亨翕桐愰记 绍和仁记 麦森湛祖仁记 潘广合铜泽记 何恒贞记 炳合和宣汪滔记

庚午年先师值事 杜合兴湛开恒记 福和桥全记 何善号享经记 黎迪昭□□记 李贤号钢记 祥和安记 同源棠高尧记 张广经 黎枝号全提记 霍发号炳信记 谢朋号业钰记 简成林炳记

辛未年先师值事 区福彰棠荣记 麦正缙记 关昭九培记 纶和昌慎广记 黎诒湖裕潜叶记 黄昌合荣壮记 黎枝记宾记 胜茂昌坚灼记 邓祥伦炳泰琳记 何泰昌谦贞记 同德安 谈升合

壬申年先师值事 刘艳恒记 张钟元记 陈文号 李存信 王财盛河作记 潘兴利正勳记 陈升福协计时进记 陈盛号 谢卓栋泰记 潘和昌 冯成敬 永盛祥

咸丰元年九月上浣吉日立

（←—）　记碑案祖师先纶锦

辛亥值事罗正号　周端和　记河　李带　章保　记　关成　恒开　记　潘占宾　应理　记　刘旺号　源霖成　和浔　记　和泰　应富　记　刘培　能泰　记　冯合培　锦源　记　董振　珮瓒　记　叶恺　培德　记

壬子年值事　陆琼　韬桂　记　李茂　满成就　记　麦新　养镛　记　陈献　援样镛钓　记　锦益　绍荣联　记　梁福　珠合启　记　梁朗　南昭　记　荣聚　茂居端　记　基彬　记　陈肇记　和昌标记　大成怡记　李尚尧记

癸丑年值事　褶同兴王记　陈恩远记　黎儒谦记　周德广记　冯彪翱记　凝昌和记　何鹏号　区洪世记　刘珍钰记　周秋号　泰康　记　茂昌海记　何和号荣记

甲寅乙卯年先师值事　同兴荣记　关润　相金森　记　盧义　振霖　记　徐鳌绢记　陆彦号　泽记　煜燃　记　中和号　福琳合记　陆纯　利均　记　周文元记　简政　应高　记　正合根记

丙辰年先师值事　冯世　满时　记　黄澄世记　周福康记　帅洪合　记元　同利　洵绪　记　联奂矩记　何六合　焜章　记　麦敬号　和兴生记　叶亮尚记　协隆　就和　记　麦望溢记

丁已年先师值事　邓耀　永明达　记　李烑　彪金王　记　陆华　成洪潮　记　程昌　炜辉　记　刘葵　凌荣　记　陆全广记　梁祐　栻鑑便　记　梁联　会仰　记　安和　海潮昌　记　同源　松棠深　记　关安尧记　永合华　庚秀顺　记

戊午己未年先师值事　梁永记　黎扬友记　和生正记　章纶号　广吉号　高远显　允禀　记　何任日记　潘朝玲记　和盛来记　黄利显记　梁饶矩记　黎诚爵记

庚申年先师值事　何国　镜渭　钿论　棉　记　刘茂高记　陈堂为记　何秀　礼成　永祺　记　林乔盛记　协和隆　荣复　耀安　记　大纶　合英　洪福　记　梁芳　友益　记　陈庚　昌炎　记　何桂德记　罗沛锦记　均纶　猷樑　记

辛酉年先师值事　黄寿号　云怀　记　叶永昌　已恒祥　记　郑荣号　潮鑑　记　邓年号　梁邦泰　刘陈　乾能　记　广万亿　记朗　梁揖　杞唐　记　潘日号　梁润号　恩籍　记　茂纶生记　永盛号

壬戌年先师值事　左国　亭达赐　记　昌盛　均琛　记　顺昌　健和福　记　潘世　锟远鑑　记　协和　福辉泽　记　潘昌　梓相　记　昌源盛　桂垣林　记　张允骥　勤荫　记　梁柔生记　罗瑞　松海　记　陆才泰记　林业启记

锦纶先师祖案碑记

己酉年关帝值事　源昌恒记　顺泰扬记　冯合锦记　梁吉沛记　黎德文升泰记　何全号　周福号　帅福号　何华文记　康行昌沛任良记　同合号　孔遂泽记

庚戌年关帝值事　徐建合记　高远号　陆万深钊记　麦森栋恢记　徐明合记光　泗源秉良广振记　福纶号　安昌奂业沛记　李姚满金玉记　何瓒其丁　潘湘林景陞记　陆彦和沃记

辛亥年关帝值事　德隆记　陈惠镜镛记　黎成爵记　其昌灼迪记　吴荣合　高新号　潘业简锦记　叶华郎占记　谭西号　郭安顺　和盛宏蕃记　德元坤舆銮记

壬子年关帝值事　孔旺科记　陆邦号　何枝祯记　刘连文楠东修记　和生正记　黄瑶元高记　高源恒泽记　黄仕奕记　潘经河清洲才记　陈礼允记　源泰祚记　宏泰源朗记

癸丑年关帝值事　潘顺清添记　义益英记　何田英鈔记　何昭号　全昌诜记　符炳朝栢成记　潘义盛璧记　陈堂号　溢昌号　大纶合源记　顺昌福和记

甲寅年关帝值事　何启朝记　杜润际作仕记　黎绍源琼炳锦记　董能号　陈欣昆耀深记　梁用琰力显记　福泰明修煜记　何永灯汀记　胡郁佳绪仰记　何林堃联记　梁邦泰焞宁记　陈能胜福乾记

乙卯年关帝值事　李纶珍记　郭顺通远记　徐金继记　陆才泰记　公和为炳记　潘雄浩记　刘瑞锐记　何联经昌瑞记　致和耀光记　陈衍沛深铨钊记　梁滔垣明森记　梁柔生记

丙辰年关帝值事　何恒桢鉣记　朱松泰柳彰记　永泰轩和远记　何安添乐禄松记　霍发炳信记　麦祥德记创　高信合柏兆记　钟高成记　何新潮记　梁业号　谢齐全万记　关茂乔记

丁巳年关帝值事　区福良煜流记　广合佽鹏茂仁泽树记　陆良安德承林记　潘秀朗诚高庆培濂记　合昌权能开汉记　黎贵滔汝记　广和恒记　合益锦祥记　关联昌记　昌盛球记　李满信记　罗明纯延记

戊午年关帝值事　杜顺号　李茂锐细记　麦联汝成记　黎祐铨烜记　诚新本镇记　徐琳光继记　华经记杰　李清贞纶裕记　胜茂邦滨淡朋记　陈用记远　关纶兴松　潘占应俊理记

己未年关帝值事　何权奴记　梁远惠记　符贤记　简昌容记　何高芳记　黄炳瑞记　厚纶滔记　麦发达记　合利文杞庄记　美纶燕记　潘远杜记　永合荣忠记

庚申年关帝值事　黎枝庚振保记　周秋榕康记　陈显作记　何耀镛林记　茂昌益康记　怡纶信聪记　董振珮瓒记　锦益泽健枝记　绍和仁记　锦昌炳记　永隆耀纯记　德纶钜记

辛酉年关帝值事　张式廷桂记　冼德太记　致和栈添常六记　谭生合记俊　邓绍祥镶记　罗儒辉志记　潘贤合荣福记　冯掌号　黄昌合芳记耀　麦祖湛森仁记　陈盛沛谦润记　黎攸相桂记

壬戌年关帝值事　谭福兴显记　周标旺记　福林合记　梁永源寿记　中和元记　何善铿泾记　黎迪炽昭记　祥和安　麦汉智记　邓祥纶炳琳业记　潘正合根记　潘庆号

癸亥年关帝值事　简成林记　何联兴记钜　常福盛　广经华　潘雄安记　亨记号　福和号　陈明耀记俊　马源和记时　钟元金康记　梁泰锡记　炳合和记汪

甲子年关帝值事　何六合华章焜记　区福浩镑建记　陆盛扶焕记　同利珣□记　张能谋记　同源堂松换桂记　黎灼稷记　邓乾万衡记　徐鳌绢记　方昆泰记诚　陆华潮清雄成德记　陆全广记

乙丑年关帝值事　益源号　潘志号　纶和昌　裕丰泰闰记　黎诒湖记　黄利显记　李亮广泰富根记　兴利广炎记　程昌炜辉记　何景仰记　马宜泰记　谈升合灼迪辉记

丙寅年关帝值事　刘艳悦宜连记　同益全楠记　维與耀记　何秀永祺礼成记　简经贞毓记　李存信记　严炳昌星贤记　梁泗合异记　范贵赞记　怡源郁仁昭记　冯成有敬永源记　广昌楠琛栢记

丁卯年关帝值事　廖源锡荣泉记　广兴隆昌裕记　成兴昌正荣记　经昌锟记　麦镛怡養记　郭敬福应记　梁芳友文益恩记　麦华秀记　陈庚昌记　黎爵记　广宝礼源耀记　刘葵荣记

戊辰年关帝值事　郭忠记　潘朝记龄　关宜号　冯达记林　金纶号　福和泰　福隆正锡记　崑纶号　叶尚记赞　正昌和　梁楫记杞　维利号

咸丰元年九月上浣吉日立

重修碑记

盖谓山龙藻火 圣朝隆黼黻之文锦绣丝纶南海美衣冠之盛溯勋猷于原始事在蚕缫而被温煖于
苍生业由组织启先觉后普美利于无疆报本追源合瓣香而供奉此我锦纶行会馆崇祀
汉博望侯张先师所由来也粤自国初鼎建历代相承递乾隆癸未之初至道光乙酉之岁数弓添拓三度重
修极堂构之辉煌起楼台以歌舞都哉盛欤迄今香烟仍旧而庙貌匪新扉鱼日灸而红皴瓦兽 风颓而
碧落墙犹虞圮 神何以栖爰集众妥商筹资修复幸而公囊有积蚨已成群每机略科裒成集腋从此
宏开东阁广增东壁之图书润色西厅不亚西园之翰墨客冬启事闰夏告成□答 神庥共成众美弟
等叨承公举敢誇制锦之才用竭愚诚聊效治丝之术云尔是为记

重修值事后学王广成敬撰

进历年留存灯笼金银伍百四拾四两叁钱正 支洪源泥水工料银陆百玖拾五两叁钱五分
进放卖行科机头银式百式拾柒两五钱五分 支文元油漆银壹百伍拾五两正
进接织行科机头银壹百壹拾柒两壹钱正 支添换神前锡器银叁拾捌两陆钱正
合共进银捌佰捌拾捌两玖钱五分 合共支银捌佰捌拾捌两玖钱五分

总协理重修日逐米饭甑係值事捐囊自备

翕和祥 张联盛 万昌号 怡源号 梁泰号 成利号 罗纯记 魁恒兴
麦正隆 梁全记 冯达号 梁楫唐 文茂恒 永泰轩
王裕和 联和顺 黄世号 行丰恒 刘乾记 冯合号 何秀号 陈子和

重修值事总理

协理范贵记 黄配号 合昌开 联和顺 罗耀记 广兴昌 仝立
祥纶泰 黎伦福 潘志号 遂丰长 吴纶号 邓福胜 茂纶号 开茂欣
董振号 崐纶号 麦华号 景合号 泰昌号 李清记
梁允记 陆全号 罗宽号 潘秀号 锦兴号 泰源号 何扬满 潘和昌

光绪二年闰五月吉旦

二品顶戴两广盐运使司英

广东通省釐务总局　广东布政使司张

二品顶戴广东按察使司魁　为

二品衔广东督粮道延

出示晓谕事案照出口土绸绣巾一项前经省河补抽局议定章程督饬安顺堂商人何载福代报代缴于光绪十八年间详奉
院宪批准饬遵办理在案兹据出口土绸绣巾行协恭堂具禀请将应抽坐厘经费归回本行自抽自缴仍照旧商办法所有华商报运附载轮船港澳渡出口土绸
缎疋绸绉绣巾等项不论花素各色一律每货百觔抽厘金银五两台砲经费银四两由补抽局督同抽收如有走漏准其指名禀究若扶同隐匿情甘重罚等情出
具阖行保结禀由省河补抽局核拟禀办前来查土绸绣巾等项为出口货物大宗若能核寔抽缴自以归回本行为便查核所拟不出原定章程之外应即准予照
办以顺商情自光绪二十四年正月初一日起将安顺堂公所撤销由本行协恭堂自行抽缴仍责成省河补抽局督率稽查如由流弊随时禀明办理除详报
两院宪立案及谕饬协恭堂商人遵办外合行出示晓谕为此示仰出口土绸绣巾行商人知悉尔等须知此项坐厘经费现归本行协恭堂自行抽缴系为便商起
见务须遵章完纳毋得走私匿报致干究罚切切特示

光　绪　二　十　四　年　六　月　初　九　日　示

永远不得
别立名目
再行征抽
□□□碑

广东省长公署布告第二号

照得开源公司承办省佛土制丝品坐釐一案已奉

大元帅谕饬取销尔等丝业工人亟应安居复业除令财政厅遵照外着即知照此布

中　华　民　国　十　三　年　一　月　九　日

广东省长廖仲恺

广东省长公署布告第三号

照得开源公司承办省佛土制丝品坐釐一案现奉

大元帅谕饬取销当经布告知照兹据土制丝品各行工人代表关兆康等联呈请再给示保护嗣后对于土制丝品各行

除原有釐金台砲经费及出品关税外永

远不得别立名目再行征抽以杜奸商等情应予照准合再布告仰丝业工人一体遵照此布

中　华　民　国　十　三　年　一　月　九　日

省长廖仲恺

慨自抽捐百出商业凋残乃有商蠹开源公司违反定章瞒承省佛土制丝品坐釐对于我行有绝大关系遂设立工商联合维持会会议检出前清创办广东通省
出口土绸绣巾坐釐原定示谕为据援理力争一议决而省佛西樵伦教容奇沙滘各埠丝业同人到会者万余人联赴大本营省长公署财政厅请愿求免重抽历
两昼一夜当冰天雪夜风餐露宿于省署前皆无倦容志良苦矣幸当道明察立予取销立案并给永远不得别立名目再行征抽之布告爰泐石遵守以垂久远此
誌

中华民国十三年岁次甲子仲冬吉日　　广东全省土制丝品各行同立

附 录 十二

整体移位记絮①

最大的和最小的“石头书”

锦纶会馆在广州清代的会馆中可称得上数一数二的行业会馆了，奇怪的是有关它的历史沿革在广州的地方史志中却未见只字记载。幸得在会馆的砖墙中嵌留着一批石碑，至今还保留19方共21块碑石，碑文几万字。其中最大的一块（高198.5×宽128.5cm）立于清雍正九年（1731年），碑文记述了有关锦纶会馆创立经过与当时西关一带丝织行业兴旺发达的情况。该碑全文共7000字，仅刻录的商号（包括人名）就有1338个。最小的一块石碑（高31cm，宽21cm）高不过尺，碑文却记录了“锦纶会馆创自雍正元年”，到乾隆二十九年扩建，至道光五年再添建西厅和后座，同时还“特别题明”锦纶会馆的四周界至。从平面的面积相比较，这块小碑仅相当于那块最大石碑的1/392的大小，碑文只有93字，却把锦纶会馆早期的史地沿革与馆址的界至所及记录得清清楚楚，可说是锦纶会馆史的袖珍版的上篇。毫不夸张地说，会馆内保存的这些“石头书”，每一块都价值非凡。难怪，在今次的平移工程中对它们特别关照，制定了一套“量身定做”的保护措施，与砖墙一起安稳地平移就位。

做个“托盘”搬水豆腐

当入住锦纶会馆的133户人家全部迁出之后，你可见到两边的山墙留下一排排的圆洞，这是原住户凿墙搭建阁楼的留痕，有的山墙洞口大开，这又是住户需透光透气而穿墙开窗的结果；再加上会馆已年久失修，石柱、木柱有歪斜的，有下陷的，墙体也多数有变形，真的是一片百孔千疮、残垣败瓦的情景。于是有人主张，开马路需要，先把它拆了，再找个地方重建，但有更多的人认为，这样做它的历史价值必定受到破坏，只能算是用旧料建起来的一个新古董。参与“锦纶会馆整体移位可行性研究报告评审会”的专家组组长吴仁培教授说得好，他认为这座古建筑的墙体是空斗墙，灰浆的粘结力几乎等于零，目前的状态倒像是一堆转头垒在一起。柱子的下面没有基础，只是放在石凳上一样，没有固定物联系。这样简直像块“水豆腐”，一碰就裂开。但拆了重建没意思，采取整体平移的办法最好，我们保护的目的就是要保存它的原样，这是它的历史价值。虽然有困难，但在技术上是可以解决的。比如在它的下面用钢筋水泥做一个大“托盘”，把这块“水豆腐”托住才搬，我看是可以解决的。吴教授生动形象的比喻，一语激起千层浪，与会者都赞成他的论点，并从多方面对报告提出补充完善的意见。

给它“五花大绑”

这块“水豆腐”在“托盘”上平移，如何保证它的整体在移动过程中不散不塌？从事文物保护的、建筑工程的专家们和参加平移工程的技术人员一起商量，他们想出了许多办法，归结起来有：托、撑、裹3个字，叫

① 本部分由广东民间工艺博物馆谭有余执笔。

它“三字经”。简言之，凡有下沉或有倾斜的柱子，把它托住、撑住；有变形的墙体，从外到内撑顶住；又为嵌在墙上十分珍贵的碑石和凸起来的山墙镬耳等先用软体物外加木板将它密密实实地裹住。会馆里里外外的各部位都托住、撑紧、裹实，它们相互牵连，形成一体，这块“水豆腐”已动弹不得，加上下面有“托盘”来“兜底”，平移中就不会乱蹦乱跳，乖乖地听话。有人戏问鲁班公司的老总李国雄：“锦纶会馆到底犯了什么天条大罪，要给它‘五花大绑’？”老总笑答：“只要它听话，搬到新址后会松绑的，而且还要给它一剂‘十全大补’（大维修工程），它真的要补补身子了。”

岿然不动

整体移位全过程的监测是由广州大学岭南建筑研究所汤国华所长专责的。8 月 18 日上午举行试移的启动仪式，7 台水准仪和 2 台经纬仪分布在会馆四周，从不同角度瞄准移动的引进方向，进行动态监测。试移之前，汤老师（人们对汤国华教授的惯称）还把一个铜垂球悬在梁上，球尖正到下面平放的一把水平尺，在尺的一端再放上一个乒乓球，这是特意补加的一组监测“土”仪器。有关人员已各就各位，8 时 30 分工程指挥李小波一声令下，推移的关键设备启动了——共 10 台担负前推后拉的电动液压千斤顶，每台可发力 100 吨。1 秒、5 秒、15 秒，停！技术人员马上分头检查：一切正常，已移开一条宽缝。但在现场的众多“观礼”者却不见这座庞然大物有过丝毫的动态。再启动，1 分钟，2 分钟，停！技术员拉开钢卷尺在轨道上一量，已移动 15cm（相当于每秒向北移动 2.5mm）。用了整个上午“五花大绑”的锦纶会馆才向北走出 0.97m。在场的文物专家苏乾笑对黎显衡说：“我看，比乌龟爬行何止慢十倍。”黎专家应声回话：“安全第一嘛！”一直聚精会神盯着那套“土”仪器的汤老师认定：垂球没有摇晃，乒乓球没有滚下来，连水平尺的气泡一直未见离开中线，他高兴地对在场的人们宣布：“根据观测结果，房子岿然不动，试移成功！”

力士举鼎

整体平移的第一步，实际走了足 14 天，向北纵移 80.04m，平均每天走出 4.4m，相当于人行的 6 步。进入第二步的顶升阶段，简单说来就是要请些大力士把这座平面有 668m^2 的房子举起来，然后放到选好的新址上。可是，说来容易，做起来就不是那么简单了，正如时任鲁班公司工程技术顾问的华南理工大学冯建平教授所强调的：进入顶升工程阶段，这是整个平移过程中难度最大、风险也最大的关键时刻。因为在这个庞然大物的下面安放有 142 个液压千斤顶及机械千斤顶，作为顶升的动力，或者说请来了 142 位大力士。这些力士们力大无比，一般都能发力 50 吨，有的超级力士发力可达 100 吨，其他的准力士也能发力 20 ～ 32 吨，把它们分布在“托盘”之下相应的位置上发力顶升。估计这座房子的总重量在 1800 吨左右，有这么多大力士在一起，所以再增加几百吨也不成问题，关键的问题还在于顶升时它们真的要个个都发力得宜，以防失稳。我们不妨借用古代力士举鼎的故事做个比喻。战国时，即秦始皇的先祖秦武王，他喜好与臣下如孟贲等大力士举鼎赛力，孟贲本来就是一位能生拔牛角的大力士，要举起几百斤的青铜宝鼎，对他来说是绰绰有余的，但秦武王就不同了，他举鼎时可能因发力不周，把脚的胫骨也弄断了，秦武王的失败留给后人一个“举鼎绝膑”的警句。就是说，在顶升时不能有任何的失稳，否则房子就会移位甚至倒塌而前功尽弃。所以我们要求现场的全体技术人员一定要切实监控，调整好这批大力士的发力和工作情绪，要求每个力士在起跑时不得“偷步”（抢先发力或顶过头），也不得像缩头乌龟缩著不跑（卡壳不动）。顶升从 9 月 14 日开始，到 9 月 16 日内整体升高 1.085m，平稳到位。总结这次顶升的成功经验，用冯教授一句精辟的话：要监控调整好每个千斤顶的受压是否均匀，每台千斤顶的发力是否均匀，要记住在顶升工程中‘稳定压倒一切’！”

改“斜”归正

上了年纪的古老建筑物，多少总会有点毛病，何况已有三百年历史的锦纶会馆，加上后期的使用不当，问题就更多了。会馆祖堂东面的山墙是承力墙，向东倾斜比较严重，在外边贴靠着的东厢房，它的东立面墙体都有不同程度的倾斜情况，墙顶沿纵向变成如“S”形的弯弯曲曲。

墙体的倾斜如何处理？多次专家会议围绕三个方案进行优劣的比较，第一方案是拆除重砌；第二方案是在墙体的东面浇筑一堵钢筋混凝土墙，顶住倾斜的墙体，在混凝土表面贴旧青砖片以保持旧墙效果；第三方案是整体纠偏，要在墙脚新浇钢筋混凝土梁把整堵墙托住，利用垂直于托梁两侧延伸出来的若干混凝土小梁作杠杆，在杠杆端部放置液压千斤顶，用千斤顶把倾斜墙体一点点地纠正回复原位。经过反复论证和模拟实验，最后确认整体纠偏的处理可行。

2003 年 11 月 12 日对东厢房东山墙首先进行纠偏，还通过局部增加或减少顶升高度以调节不同的倾斜度，矫正墙顶上的弯曲状况，检查墙体没有出现新的裂痕，一次成功。

取得经验，有了信心，接着 13 日对祖堂的东山墙和紧贴着的东厢后座西墙进行纠偏，墙体出现了微小的移位情况，立即叫停。紧张啊！专家、工程师、技术员等都在现场，经过分析、研究，找到问题的产生在于千斤顶放置的位置不当。18 日再次进行纠偏，弯斜的墙体终于回复至垂直状态，纠偏成功！参加了这几天“纠偏”工程的一位工人深有感触又赞赏地说：一个人如有行差踏错，要知错即改；一堵倾斜的墙体也要改“斜”归正，因为它既是承重的墙，偏了怎能安全？！物事与人事都是这样的道理。

关帝爷留下的麻石“仓库”？

维修文物建筑，能找到同年代、同类型的建材作修残补缺当然是最理想的，不说别的地方，就在珠江三角洲一带的古祠古庙的维修，真的是旧砖旧瓦不好找，何况平整大块的麻石板就更难寻了。

在维修复原青云巷和西厢房的工程中，因缺失近 100m 长的墙脚麻石板而发愁，改用“斩假石”办法实不可取，以新石板填补也不合适。施工单位曾发动员工四处寻找旧的麻石板，但问遍邻近的大小建材商店，都无存货，在老城区内和近邻的农村中穿街走巷地查访，也毫无结果，将要面临停工待料的困境。

山重水复疑无路，柳暗花明又一村。一天傍晚，施工员和几个员工在会馆南面相距不到 50m 刚拆完了房子的空地休息，又聊起找麻石的事，有位员工无意中见到在遍地破砖瓦堆旁露出一点石板的样子，“有麻石板啦！”这个员工冲口而出的叫起来。马上有人到工地拿来铁锹，几个人齐动手，清理出该房子有过半墙基的墙脚麻石板，每块长 2 ~ 3m，宽 0.28m，高 0.43m，总长度多达 90m 左右，够用了。后来听这里的老人说，留下墙脚麻石板的房子，是西关最早关帝庙的墙脚石，这里已是第二次改建的房子了。一经提示，大家才恍然记起锦纶会馆内保存最早的那块雍正九年（1731 年）立《锦纶祖师碑记》碑文，落笔就告诉人们：“郡城之西隅，业蚕织者宁仅数百家。从前助金脩建关帝庙于西来胜地，以为春秋报赛及萃聚众心之所。迨后生聚日众，技业振兴，爰于癸卯之岁，集众金佥题助金构堂于关帝庙之左，以事奉仙槎神汉博望张侯焉。”今次的石板得来，全赖关帝庙。五华建筑一公司广州分公司的经理一直在问：关帝庙已毁，原地经过两次建房，为什么大部分墙脚石板都会保留下来？真难以解释。李继光笑对他说：“你要多谢关帝爷留下这个‘麻石仓’，我们才得以用旧补旧、修旧如旧。也许他老人家知道在 272 年之后，我们要维修复原锦纶会馆而“预留”的，信不信由你。我告诉你：这批石料的发现还有重要的一点是，清初西来初地的关帝庙是坐西朝东的，它是锦纶会馆的前身，它的准确坐落位置今天终于找到了。真是皇天不负有心人！

落地生根

锦纶会馆是一座三进深的古建筑，平面如“目”字的矩形，当它向北纵移时，在兜底的“托盘”下面构筑5条下轨道梁就可以了。但顶升之后转轨向西横移，这时会馆呈“目”字形，横向平移时行进方向难以掌握，要把下轨道梁增加到16条，以利于“纠偏”。横移是从2001年9月25日启动的，到28日凌晨5时走出22.4m，不偏不倚地到达了预定的新址位置，就是华林寺旁一座新建的地下停车场的顶面。它就这样放着肯定是不行的，一定要它“落地生根”——两边承重的山墙与停车场的顶面连合。问题来了，它的“托盘”下面有上下轨道梁的槽钢，还有用来滑动的钢辊轴，要不要卸去？如果都拿开，可以减轻顶面的荷载，也不用担心这些钢铁日后会生锈带来影响，但这样落位风险太大，最后决定通通不拿，干脆就用轻质的混凝把“托盘”之下填满封实，与停车场的顶面合成一体。平移易地保护的锦纶会馆，它的根基真是稳如泰山了。

锦纶会馆整体移位及维修保护碑记

锦纶会馆创建于清雍正元年（1723 年），是广东省惟一保存的丝织行业会馆，它见证了历史上广州丝织业由鼎盛到式微的历程，是在广州南海海上交通贸易史迹中重要的文物建筑。

中国是世界上最早饲养家蚕和织造丝绸的国家，在 2000 多年前中国的丝织品已输往西方。史载，西汉武帝时张骞奉命两次出使西域（新疆），开辟了通中亚转达罗马各地横跨欧亚的陆上丝绸之路。广州是海上丝绸之路的发祥地。1983 年广州象岗发掘南越王墓出土的丝织品就有当地产的超细绢和涂染织物，还有来自西亚的金器、银器、饰物、乳香和原支的非洲象牙等舶来品，这表明广州在古代通往南海的东西交往，不晚于南越国时期。

鸦片战争前，广州的丝织业达到顶峰阶段。其时，各种行业的行会（或称公所）如锦纶会馆等相继成立，以因应行业发展的需要。在清代雍乾年间，仅老城区西关的“机户”（东家）有织机 4000 多台，锦纶会馆就是东家行的同业组织；受雇的“机工”有数万人，丛信馆为西家行最大的组织（原在中山七路，已毁）。机户与机工是雇佣关系，这时中国已出现资本主义的萌芽。

锦纶会馆不见于史志文献记载。有幸的是，封藏于会馆壁间的碑刻尚存 19 方，立碑的年代由雍正九年（1731 年）到民国十三年（1924 年），前后延续 193 年。碑文的记载以锦纶会馆为主线，内容丰富。其中既有会馆创建、修建、添建的经过和光绪二年（1876 年）最后一次维修，填补了会馆的历史空白；又有会馆例规和独特的理财运作方式（预排主会名录，预收捐金，有的长达 39 年）的翔实开列；还有反映劳资矛盾的乾隆年间“机工”（西家）状告“机户”（东家）克扣工资，以及政府的裁决全文。这批碑文资料对研究明清时期广州的丝织手工业发展与对外贸易关系等方面有特别重要的研究价值。

根据市政规划安排，2000 年要开辟一条贯通西关南北的康王路，以舒缓老城商业区的交通挤塞。锦纶会馆适处规划路线当中。文物要保护，城市建设要发展，这个矛盾怎样解决？专家们提出了多个方案：规划路到会馆可从两侧绕行；或从会馆下面穿行；或先拆卸再迁易地重建；或就地选点，整体移位保护。从这几种方案的利与弊及其可行性进行研究，认定整体移位的方案，既得以保存建筑本体的原真性，又可不失会馆原来的史地环境信息，于是提请广州市文物管理委员会第五届第二次委员会审议同意，并委托广州大学建筑与城市规划学院制定《锦纶会馆平移可行性研究报告》，再于 2001 年 3 月 14 日由广州市建设委员会邀集市建设科技委员会与规划、建筑、文物等 13 个相关部门的专家和工程技术人员，对《报告》进行专题研究。补充修改后，又委托广州市鲁班建筑防水补强有限公司承担会馆整体移位工程的设计和施工，然后上报市政府和广东省文化厅批准。

整体移位前，先在会馆内外进行全面的装顶加固，又在房基之下构筑轨道梁，以承托起整座建筑。2001 年 8 月 18 日，整体试移成功，接着向北平移 80.04m，然后顶升 1.085m，转轨再向西平移 22.40m。这项备受各方关注的整体移位工程，经过 40 天的精心组织，紧张而有序的施工安排，于 2001 年 9 月 27 日凌晨五时平移到位，整体坐落在华林寺地下停车库的顶面上。

锦纶会馆自 1958 年由民政部门接管后，入住 30 多户民居，有在室内加层的，有于屋旁搭建的，在平移动工之前都已悉数拆除，加上会馆已年久失修，损坏严重，但建筑的整体格局无改。当整体移位完成之后，维修工程于 2003 年 4 月 17 日动工，上至屋顶，下及地面都进行了修残补缺，还有梁架校正，墙体加固等，以“不改变文物原状”为原则，严格保持建筑本体的原状、原构、原貌，尽量少干预，尽力存续历史文化信息。至于碑文有载，会馆前原有照壁，因其有阻交通与消防而不作复原，但在西厅小院处则加建边廊，这是考虑维修以后的实际使用需要而定。维修工程复杂而细致，历时 15 个月，于 2004 年 7 月竣工。接着，搜集整理这项历时 4 年工程的全过程资料，编纂为《广州锦纶会馆整体移位保护工程记》，这是集工程报告、经验总结、会馆建筑与碑刻资料研究的总汇，堪称完整记述这项独特文物保护的一本专著。

文物是历史的载体，是不可再生的资源。锦纶会馆整体移位保护工程，在我国传统古建筑维修保护工程方面尚属首例。我们希望此首创范例和取得的经验会有助于今后文物建筑的维修保护的参考与借鉴。

陈建华

中共广州市委常委、宣传部长

广州市文物管理委员会常务副主任

2006 年 4 月

编后记

本书从筹备到定稿出版，前后经过了一年半的时间。

2005 年 2 月 2 日，历经整体移位和复原维修两大工程的锦纶会馆由广州市文化局正式移交给广州市荔湾区管理。在移交仪式上，当年为锦纶会馆两大工程群策群力的领导、专家和工程人员再度聚首一堂，大家在无限欣慰之余，一致同意，作为现代化城市建设中文物保护的一次成功尝试，锦纶会馆的整体移位和复原维修经验为今后的文物保护工作提供了许多可资借鉴的地方，值得好好总结，于是将锦纶会馆保护方案制定的始末、整体移位方案的制订和实施、维修方案的设计和施工，以及锦纶会馆保存碑刻的历史价值等等内容研究归纳、编纂成书的工作很快就启动了。

在广州市文化局陈玉环副局长统筹、博物馆处曾志光副处长协助工作下，文物、考古专家麦英豪研究员，华南理工大学建筑学院吴仁培教授、冯建平教授对编纂工作给予了很具体的指导；广州大学建筑设计院汤国华教授、广州市鲁班建筑防水补强有限公司总经理李国雄先生积极地参与了编写工作；市文化局文物处、广东民间工艺博物馆和广州市文物考古研究所的有关领导和业务人员多次参与磋商、研究，制订了此书的框架、结构和目录，并据此作了分工。经过一年多时间艰苦的资料搜集、录入、研究和文章撰写工作，现在终于成书付印。

本书是一部名副其实的集体之作，各章的执笔者如下：陈玉环（第 1 章）、汤国华（第 2、3、5、7、8 章）、李国雄和李小波（第 4 章）、李继光（第 6 章）、黄海妍（第 9 章）。

广州市委常委、宣传部部长陈建华为锦纶会馆撰写的《锦纶会馆整体移位及维修保护碑记》，已收入本书中。广州市副市长、广州市文物管理委员会副主任李卓彬在百忙中为本书作序。谨在此一并致谢。

本书的统稿、定稿工作由麦英豪、吴仁培、冯建平、汤国华负责。冯建平、汤国华还修改和审定了工程部分的图纸和专业术语。

广州大学岭南建筑研究所和广州市鲁班建筑防水补强有限公司提供了锦纶会馆有关的图纸和部分照片，广州市文物考古研究所、广东民间工艺博物馆、 广东省五华一建广州分公司也提供了部分照片。

作为广州市地上文物建筑保护与研究的第一部专著，本书不可避免地存在着一些缺点和纰漏。因此，在此书完稿付梓之际，我们除对所有参加本书撰稿和关心本书写作的同志的真诚合作表示衷心感谢之外，还祈望得到社会各方人士的批评和斧正。

编　者

2006 年 11月 2 8 日

錦綸會館

錦纶会館

图版

（一）整体移位前的锦纶会馆

1-1　锦纶会馆旧照

1-2　会馆夹杂在民房当中

1-3　俯瞰平移前的会馆(开马路周边房子先拆除)

1-4　拆除周边房屋

1-6　平移前的头门

1-5　拆除周边房屋

1-7　平移前的中堂

1-8　曾作民居的添建物

1-9　祖堂东墙

1-10　西廊墙壁和石碑(墙工穿空为后加添建筑物所凿)

1-11　东廊墙壁和石碑

1-12　头门镬耳山墙

1-13　主体建筑基础

（二）整体移位保护工程

2–1　平移可行性研究报告评审会

2–2　搭建平移施工外围排栅

2–3　搭建平移施工内部排栅

2-4　平移施工前拓印碑刻

2-7　用槽钢夹稳柱础

2-5　施工前封盖加固碑刻

2-8　搭建平移施工外围排栅

2-6　用钢管夹稳柱础

2-9 祖堂西墙包扎加固

2-10 会馆东墙包扎加固

2-11 会馆东墙和后墙包扎加固

2-12 俯瞰已内外包扎加固后的会馆

2-13 专家和技术人员现场研究平移技术问题

2-14 专家和技术人员现场研究平移技术问题

2-15 原会馆基础木桩

2-16 地面开挖后在原基础下敷设钢筋

2-17 用槽钢夹稳柱础

2-20 头门下的钢筋混凝土托盘

2-18 敷设托盘梁钢筋

2-21 会馆东侧下的钢筋混凝土托盘

2-19 浇筑钢筋混凝土托盘

2-22 铺设平移轨道

2-23 平移用的钢滚轴

2-24 上下轨道梁和钢滚轴

2-26 用于平移的电动千斤顶

2-25 平移施工现场指挥台

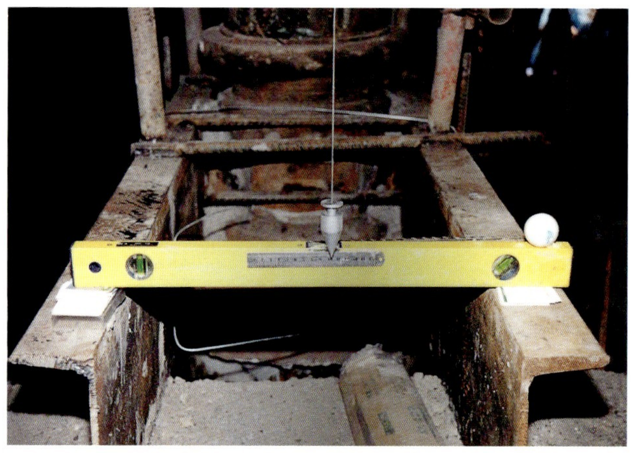
2-27 平移动态监测

2-28　向北平移80.04m到达预定位置

2-29　顶升施工中

2-30 成功顶升到1.085m的预定高度

2-31 会馆新址的基础施工

2-32 向西平移定位的新址位置

2-33 向西平移中

2-34 向西平移的轨道梁

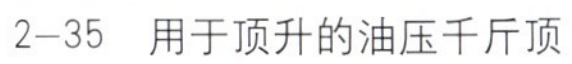

2-35　用于顶升的油压千斤顶

2-36　顶升施工中

2-37　向西平移22.4m到达新址位置

2-38　整体移位后的会馆

2-39　整体移位后的中堂

2-40　整体移位后的会馆北立面

2-41　整体移位后的会馆西立面

2-42　整体移位后的会馆东立面

（三）整体移位后的维修工程

3-1　有关领导与专家、技术人员在研究维修方案

3-2　“松绑”

3-3　西侧墙体已部分“松绑”

3-4 “松绑”后的头门

3-5 柱础的固定物即将“松绑”

3-6 石柱置换新基础

3-7　木柱置换新基础

3-8　拆除“托盘”的连系梁

3-10　俯瞰正在整体维修中的会馆

3-9　“松绑”后及时对倾斜墙体的支撑

3-11　残损严重的镬耳山墙

3-12　残损严重的屋脊

3-15　残损的中庭东廊屋脊和灰塑

3-13　残损的垂脊灰塑

3-14　残损的头门正脊灰塑

3-16　残存的头门墀头砖雕

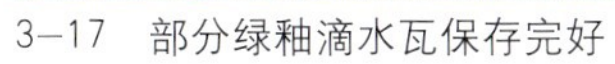

3-17　部分绿釉滴水瓦保存完好

3-18　保存完好的木雕

3-19　残朽的檐柱梁架　之一

3-20　残朽的檐柱梁架　之二

3-21　残朽的檐柱梁架　之三

3-22　残损的中堂木柱

3-23　作民居时墙上开窗凿孔

3-24　东厢墙体残损

3-25　维修中的头门

3-26　残存的头门西阁楼

3-27　残损严重的东厢阁楼楼梯

3-28　重修头门东阁楼

3-29　头门木构件重新着漆

3-30　重修中庭东廊

3-31　重修中庭西廊

3-32　重修中堂屋面

3-33　祖堂屋面更换部分檩条

3-34　重修头门梁架

3-35　修补中堂木柱裂缝

3-36　校正提升祖堂檐柱

3-37　校正提升祖堂檐柱

3-38　祖堂檐柱上段更换木柱

3-39　祖堂檐柱上段的木柱复原

3-40　祖堂后楼天沟加铺铜皮

3-41 东厢残损状况

3-42 重修东厢屋面

3-43 重建西厢

3-44 重修西厢屋面-沿用实木瓦拢

3-45 重修西厢边廊

3-46 重修西厢阁楼

3-47　重修西厢楼梯

3-48　重修屋面

3-49　墙体纠偏实验　之一

3-51　墙体纠偏　之一

3-50　墙体纠偏实验　之二

3-52　墙体纠偏　之二

3-53　专家现场研究墙体纠偏技术问题

3-54　祖堂屋面上有彩绘，表明过去重修时曾降低屋面

3-55 沿用传统技法，用铜线拉结瓦当

3-56 祖堂屋面重铺琉璃瓦件檐口

3-57 重修祖堂正脊灰塑

3-58 重修垂脊灰塑

3-59 重修釉陶塑屋脊

3-60　重修屋面——筒瓦抹灰

3-61　加固碑石的边框

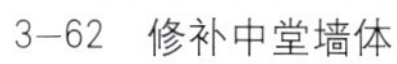

3-62　修补中堂墙体

3-63　填补砖缝

3-64　修补外墙

3-65　重铺头门台阶石板

3-66　重铺中庭地面石板

3-67　重铺室内土制大砖

3-68　利用原关帝庙基石重建西厢

3-69　采用传统技法开辟石料

3-70　复制金钱形渗井石盖

3-71　衬瓦面涂上一层石灰水

3-72　用稻秆石灰沤制灰浆

3-73　修复梁木

3-74　加工檩条

3-75　仿制修复角替

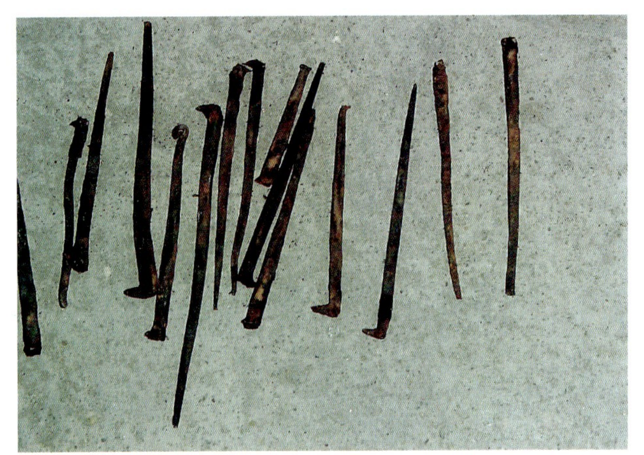

3-76　重修屋面用的铁钉

3-77　修复破损的釉陶脊

3-78 利用旧陶脊复原屋面

3-79 原檐口板多已残缺不全

3-80 用旧檐口板复原屋檐

3-81 选取旧檐口板复原屋檐

3-82　旧檐口板的雕刻纹饰　之一

3-83　旧檐口板的雕刻纹饰　之二

3-84　修复破损的窗格

（四）修缮后的锦纶会馆

4–1　整体移位维修后的会馆

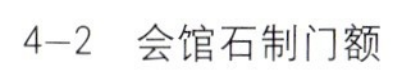

4–2　会馆石制门额

4–3　会馆正面

4-4　东边青云巷

4-5　会馆的东侧面

4-6　会馆的后面

4-7　头门屋面正脊

4-8　头门西山墙博古脊饰

4-9 博古垂脊下的灰塑草尾

4-11 头门梁架

4-10 头门内门厅

4-12　头门门厅东阁楼

4-14　中庭西廊

4-13　中庭

4-15　中庭西廊石碑

4-16　中庭东廊

4-17 中庭东廊屋面灰塑

4-18 中堂脊饰

4-19 中堂

4-20 中堂梁架

4-21 中堂两次门的拱门

4-22　中堂前轩

4-23　后庭东边廊

4-24　后庭西边廊

4-25　校正修复后的祖堂檐柱

4–26　祖堂陶脊　之一

4–27　祖堂陶脊　之二

4–28　祖堂梁架

4–29　东厢和阁楼

4-30　东厢阁楼

4-32　西厢边廊

4-31　西厢天井和边廊

4—33　西厢天井“花基”

4—34　西厢和阁楼

4-35　头门档中

4-36　档中木刻纹饰(正面)

4-37　档中木刻纹饰(背面)

4-38　头门档中上的花格

4-39 西厢花罩 之一

4-40 西厢花罩 之二

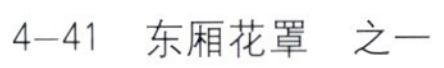

4-41 东厢花罩 之一

4-42 东厢花罩 之二

4-43　东厢隔扇

4-44　东厢便门

4-45　便门的木栅

4-46　西厢隔扇　之一

4-47　西厢隔扇　之二

4-48　西厢隔扇　之三

4-49　西厢隔扇　之四

4-50　西厢隔扇　之五

4-51　东厢隔扇

4-53　西厢的窗户

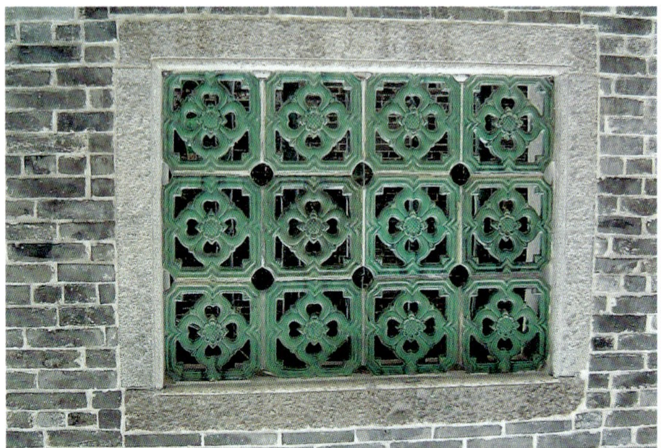

4-54　西厢天井的绿釉窗花

4-52　祖堂的云母片透光窗格

4-55　门头装饰　之一

4-56　门头装饰　之二

4-57 石础 之一

4-58 石础 之二

4-59 石台阶

4-60 墙界石碑

4-61　整体维修后的会馆

图书在版编目（CIP）数据

广州锦纶会馆整体移位保护工程记 / 广州市文化局编.
北京：中国建筑工业出版社，2007
ISBN 978-7-112-07613-0

Ⅰ.广... Ⅱ.广... Ⅲ.公馆会所—整体搬迁—广州市
Ⅳ.TU746.5

中国版本图书馆CIP数据核字（2007）第001377号

责任编辑：马　彦　李东禧
装帧设计：楚　楚
责任校对：沈　静　王雪竹

广州锦纶会馆整体移位保护工程记
广州市文化局编
*
中国建筑工业出版社出版、发行（北京西郊百万庄）
新　华　书　店　经　销
北 京 嘉 泰 利 德 公 司 制 版
北京方嘉彩色印刷有限责任公司印刷
*
开本：880×1230毫米　1/16　印张：15½　字数：500千字
2007年3月第一版　2007年3月第一次印刷
印数：1—3500册　定价：108.00元
ISBN 978-7-112-07613-0
(13567)

（邮政编码　100037）
本社网址：http://www.cabp.com.cn
网上书店：http://www.china-building.com.cn